第一部分

概　述

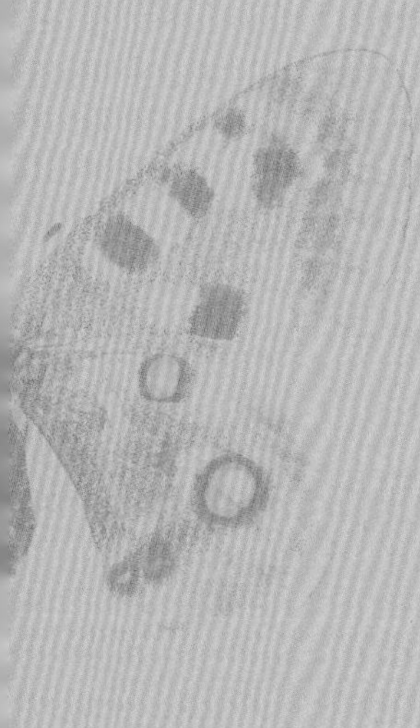

标本有两个功能：一个是实物的科学记录，另一个是永久的科研材料，这两点对于生命科学研究是至关重要的。地球有100亿年的进化历史，生命有46亿年的进化历史，人类看到的标本只是在地质年代46亿年的一个瞬间，这个瞬间有大量的现生生物存在，但具体有多少物种目前还说不准。在它们所构成的生态系统中，从最早的猿人到现在的人类有400多万年历史，人类文明出现了5000多年。在这个大生态系统中，许多物种支撑着人类的未来和可持续发展。现在每天都有物种在灭绝或消失，当生物消失到一定程度以后，对人类的支撑可能就要崩溃了，这就是为什么在世界范围内制定了《生物多样性保护公约》，没有生物多样性就没有人类生存。这就给生命科学提出一个更高的要求，也给传统的分类学提出更高的要求，所以一定要继续把这项工作做下去。这项工作有三个基本内容：第一，这项工作是什么；第二，它在什么地方；第三，为什么会在这个地方，以及它所处的环境条件，包括历史的和现实的环境条件。这些资料都可以用标本的形式完整地保存下来。

标本和标本馆是伴随着人类文明进步和发展而产生的。现代意义的标本馆起源于16世纪30年代的意大利，博洛尼亚大学于1532年建立了世界上第一个植物标本室。中国最早的现代标本馆是法国神父韩伯禄（Pierre Marie Heude）于1868年筹建，1883年建成的上海徐家汇博物馆，此馆1933年新建并搬迁后更名为震旦博物院，其收藏的标本于1956年被分别送至今天的中国科学院分子植物科学卓越创新中心上海昆虫博物馆、上海自然历史博物馆和中国科学院动物研究所国家动物标本资源库、国家动物博物馆收藏至今。其他早期的还有1910年钟观光先生建立的北京大学植物标本室；秉志、胡先骕等1928年成立的静生生物调查所植物部标本室；刘慎谔、林镕等1929年建立的北平研究院植物学研究所标本室。1928年成立的中央研究院于1930年建立了中央研究院自然历史博物馆，1934年7月1日改名为中央研究院动植物研究所（包含动物研究所和植物研究所），抗日战争爆发后，先后迁至湖南南岳（今属衡阳市）、广西阳朔（今属桂林市）、四川北碚（今属重庆市），1944年5月分立为动物研究所、植物研究所。新中国成立后的1950年，静生生物调查所、北平研究院植物学研究所和中央研究院植物研究所的一部分合并重组成立了中国科学院植物分类学研究所，其标本室也就是今天中国科学院植物研究所植物标本馆的前身。在接收静生生物调查所、震旦博物院、北平研究院动物研究所动物标本的基础上，1950年10月成立的中国科学院动物标本整理委员会是今天中国科学院动物研究所国家动物标本资源库、国家动物博物馆的前身。1950年，以原中央研究院动物研究所为主体组成了中国科学院水生生物研究所。陈焕镛教授1928年建立的中山大学农林植物标本馆是现中国科学院华南植物园标本馆的前身。

新中国成立后，我国的生物标本馆事业也随着生命科学研究的发展而发展壮大，生物资源保藏水平持续提高。科技基础条件资源调查数据显示，截至2016年底，我国已建成

316家植物保藏机构、96家动物保藏机构、90家微生物保藏机构以及国家级人类遗传资源数据中心，还有作物、林木、微生物菌种、人类遗传、家养动物、水生生物等8个生物种质资源领域共享服务平台。我国建有各类标本资源保藏机构近600家，其中包括地学（含古生物）100余家，菌物15家，动物110家，植物354家，在国家层面建立了国家标本资源共享平台。约3100万号动物标本保藏在110余家标本馆或博物馆，近40%的动物标本收藏在中国科学院系统下的9家标本馆，其中收藏动物标本最多的是中国科学院动物研究所国家动物标本资源库、国家动物博物馆，有930万号。约1992万份植物标本分别保藏在全国354家标本馆中，居世界第五，主要保藏于中国科学院植物研究所等54家单位，约占全国馆藏标本量的79%，收藏植物标本最多的是中国科学院植物研究所，有287万份。中国科学院20个生物标本馆的馆藏总量约2284万份，占我国生物标本总量的50%以上，有我国25万份模式标本中的绝大部分。20个生物标本馆较为合理地分布在我国的不同地区：北京4个、广州2个、上海1个、南京2个、昆明2个、西双版纳1个、青岛1个、沈阳1个、武汉2个、成都1个、九江1个、乌鲁木齐1个、西宁1个。其中，位居北京的国家动物博物馆、植物标本馆、中国古动物馆、菌物标本馆和位于青岛的海洋生物标本馆是亚洲同类标本馆中保藏标本数量最多的。

我国科研人员依托标本馆开展了成绩卓著的科研工作，一大批科研成果达到了国际水平，为国家科研和经济发展做出了巨大贡献。其中编著的书刊共计有2000余册，包括《中国动物志》《中国植物志》《中国孢子植物志》及《中国真菌志》59卷（1987—2020，包括《黏菌志》2卷）的编研，生物区系研究方面的系列专著和地方性动物志、植物志、经济动植物志；一些针对某一研究类群或学科，关于中医药学、民族医药学、人体寄生虫学方面的专著等。我国一大批自然科学期刊也是依托各标本馆及其科研人群的条件所创办的。以标本馆保藏为依托，科研人员还发表了大量的研究论文，据不完全统计，中国科学院各研究所科研人员依托标本馆保藏共发表研究论文两万篇以上，发表学术专著上千部；获得各种奖励数百项，其中国家级或国际性奖励近百项，最具代表性的有：植物学家吴征镒院士获得2007年国家最高科学技术奖；《中国高等植物图鉴及中国高等植物科属检索表》《中国蕨类植物科属的系统排列和历史来源》和《中国植物志》分别获得1987年、1993年和2009年国家自然科学奖一等奖；《中国经济昆虫志》《中国兰科植物研究》《中国西南地区高等真菌重要类群的分类与新化学成分研究》《中国龙胆科植物研究》《中国苔藓植物研究》《硬骨鱼类起源与早期演化研究》《两栖动物系统学研究》分别获得2001年、2002年、2003年、2004年、2008年、2013年、2014年国家自然科学奖二等奖；对“三志”编汇工作有杰出贡献成就的科学家1996年获得香港“求是杰出科技成就集体奖”。

各标本馆还与世界上许多国家和地区的相应机构建立了良好的合作关系，极大地推动了依托馆藏标本开展的科研工作，同时也向世界积极展示我国自然科学研究的进展和取得的成果。

一、生物标本是重要的国家战略资源和国家科技综合实力的象征

生命科学在21世纪科学发现中占有极其重要的地位。我国国家目标中的农业、能源、信息、环境、人口与健康以及可持续发展等问题，都与生命科学基础理论研究和应用研究直接相关。在生命科学研究中最基本的科学问题是生物物种及其相关问题，认识和研究生物物种的重要凭证与原始材料是保藏在生物标本馆的标本以及植物园、动物园、种质资源库中的活体和样本。

生物标本是地球某一时空瞬间的物理采集记录，标本不仅携带生物物种、群落性状和产地环境的数据，而且是地球生命形式和过程的直接反映，是人类认识自然的历史见证和档案。标本是开展生物系统分类及区系、物种多样性、生物地理、进化、种群、群落等生物学研究的基础，在生命科学研究中具有不可替代的重要作用。通过分析标本信息不仅可以探索物种自身的演变历史和规律，还可以反映自然环境以及人类社会活动所产生的影响，从而揭示物种、环境及人类活动之间的相互关系，为濒危物种以及生物多样性保护决策提供客观的自然历史依据。生物标本的数量、质量、采集范围、保存条件、管理水平和应用程度被作为一个地区文化与科学文明的标志之一，是一个国家生命科学研究水平和综合国力的重要体现。

1. 生物标本馆是生物学研究的基本支撑

标本馆是自然历史资料的保藏库，是研究生物自然历史和物种多样性的重要条件。地球上的生命形式经历了漫长的进化过程，形成了多种多样、丰富多彩的生命形式——物种。标本是物种名称的载体和存在的永久凭证，是发现、记录、描述和鉴定生物物种与物种多样性的主要证据，是数百年来大批专家学者辛勤工作所积累的人类自然遗产和珍贵的永久性实物记录，是系统生物学、进化生物学和自然历史基础研究必不可少的第一手基本数据源，并为生态学、资源学、生物地理学、物种动态监测、生物多样性保护和可持续利用等研究提供基础参考资料，为物种多样性保护政策提供科学依据，其作用是其他文字记录、图形、DNA、指纹等难以取代的。例如，作为主要证据之一，中国科学院昆明动物研究所与美国科学家合作分别查看并研究了藏于中国、美国和英国的7个博物馆的122号长臂猿标本后，于2017年1月宣布保存在美国自然历史博物馆的1917年4月采集于我国云南高黎贡山红毛树的白眉长臂猿标本系一个新物种——高黎贡白眉长臂猿，这个标本被采集100年后身份才得到了最终确定。

标本馆是收集、保藏采自不同地点、不同时期生物标本的中心，制作和保藏条件良好的标本可以保存数百年。馆藏标本主要包含三方面的经典信息：一是鉴定信息，就是标本属于哪个种；二是采集环境信息，包括产地、生境、海拔以及植被环境等；三是标本本身携带的形态等信息。标本用来精确描述物种名称，提供分类学基础的实体证据。通过分析在不同时间点采集的标本，研究者们可以重建不同历史时期的物种历史变化情况，反映自然环境的变迁，向科学家开启了一扇面向过去的窗口。因此，标本馆既是自然历史档案馆，也有类似图书馆的功能。生物标本是解剖学、染色体、化学分析和分子系统研究的原始材料库，更是研究及编写各类志书、名录和分类学专著的最重要基地；标本提供的基础数据还可以与现代数据比较并产生模型预测未来变化。因此，从18世纪开始，世界范围的博物馆、大学和其他研究所就不断积累标本。全球已知动物标本资源约4亿号，如英国自然历史博物馆仅昆虫部收藏的标本就达6100余万号，涵盖全世界昆虫已知物种的70%以上。英国皇家植物园菌物标本馆和法国国家自然历史博物馆均收藏了百万份以上的菌物标本，美国农业部国家菌物标本馆和纽约植物园菌物标本馆为西半球最大的两家菌物标本馆。根据《世界植物标本馆索引》，植物标本藏量最多的依次是法国巴黎国家自然历史博物馆的800多万份、美国纽约植物园标本馆的780万份、俄罗斯科马洛夫植物研究所的718万份和英国邱园的700万份。全球280多万份植物模式标本中，保藏最多的标本馆依次为英国伦敦自然历史博物馆（50338份），美国密苏里植物园（25116份），英国爱丁堡皇家植物园（16700份），澳大利亚墨尔本皇家植物园（10741份）（Daniel et al, 2012）。中国34000多种高等植物中，约15000份模式标本保藏在国内标本馆，其余模式标本保存在英国、法国、俄罗斯、美国等国外标本馆中。

随着人类社会的发展，经济活动日益频繁，对自然环境的干预和破坏也不断在加速和加重，导致愈来愈多物种濒危甚至灭绝，许多馆藏标本已经很难在同样的区域再采集到，有的标本因其自然种群已非常珍稀、几近灭绝或已灭绝而极其珍贵，如微生物所的青藏高原真菌和南极地衣标本，水生生物所的白鱀豚和中华鲟标本，昆明动物所的滇金丝猴标本，海洋生物标本馆的极地（南、北极）海洋生物标本，动物研究所的云南闭壳龟标本，古脊椎与古人类所保藏的“北京人”头盖骨化石，南京土壤所的南沙群岛、西沙群岛土壤标本，等。因此将物种以标本的形式保存下来，对于我们的后代研究生物的自然历史有重要意义。

生物标本馆不仅关系到系统生物学本身的发展，而且关系到整个生物学的发展。生物标本是研究物种分布及其历史、现状、系统发育、演化以及物种多样性等的实物证据资料，不仅系统生物学家从事分类工作离不开标本，医学（寄生虫学、流行病学、诊断学）、农学、园艺学、资源管理、环境科学、土壤科学、生物技术、动植物检疫、有害生物测报、植物保护等领域的科技人员也要用到标本馆的标本，而且生理学、生物地理学、生态学、遗传学等学科也与标本馆有密切的关系。生物标本馆不仅关系到系统生物学本身，而且与整个生物学的发展都密切相关。

生物标本馆是保藏和研究未知生物资源的重要场所。人类生存所依赖的很多物质都直接或间接来自生物资源。据不同科学家估计，全世界有500万~3000万个物种，现已经被科学家记述的仅约180万种。农作物、经济作物、家养动物、食用和药用菌物等是人类迄今已大规模利用的生物资源，它们为人类提供了食物、药物和工业原料，成为人类生存和发展所依赖的基础。更重要的是，在大量的未知物种中，可能还蕴藏着影响人类社会和经济建设持续发展的资源。而对博物馆标本相关信息的整理和发掘，是开发利用生物资源最直接、最重要的信息源之一，将对未来资源开发利用产生深远影响。

标本馆是生物物种的基因库和信息库。随着现代分子生物学、生物信息学，以及现代计算机和互联网信息技术的发展，使得标本的信息量呈现爆炸式增长，传统标本馆升级为重要的生物基因库和信息库。标本以未曾料想的方式为我们提供了新数据或新用途，帮助我们解决了更多紧迫的科学问题。而且，未来的新技术还将使研究人员利用同样的标本去回答新的问题。

“数字生物标本馆”技术的快速发展和推进，使每个标本的上百项描述信息都得以数字化，研究人员可以跨越时空，全方位、多层次地检索全球任何一个标本馆的标本信息，为系统分类学打开了新的窗口，不仅开阔了生物区系分类及生物地理学的眼界、推动了新假说的形成，还可以方便地与自然因子、其他生物信息相结合，解决生物多样性及其保护的难点问题。生物标本信息以新的方式迅速发送、传播和共享，可以快速地为科学研究和生物多样性保护提供决策依据，以及为公众认识物种和利用物种提供优质高效的服务。“数字生物标本馆”还彻底改变了标本馆传统的研究方法和管理模式。

新的分子生物学和生物信息学技术使人类有可能从几根毛发、少许皮屑等微量材料中分析生物物种的基因结构，使标本馆中保藏的物种标本成为可能的物种基因保存库和群体遗传学的研究材料，可以提供种群如何变化，分析物种如何受威胁的原因等。对于已灭绝的物种，也有可能利用其有用基因，甚至作为复原该物种的唯一材料。

2. 生物标本馆与国民经济建设和社会发展密切相关

经济发展要求系统生物学家提供越来越多的资源信息。随着我国国民经济建设的飞速发展，各行各业要求生物学家提供越来越多的生物资源信息，标本馆在其中发挥着无可替代的作用。

在农、林、渔、牧、种植业生产方面，各类生物标本馆保藏着各种农作物、木材、养殖品种、种植品种等的种质资源标本和野生种质资源标本，为作物品种鉴定和育种提供了可靠的实物依据；同时，生物标本馆藏有大量各类作物害虫和天敌标本、动植物病害标本，以及养殖对象病害、寄生虫标本，在害虫及病害的鉴定、预测、防治等方面发挥着决定性的作用，特别是在可持续发展的生产活动中，从标本馆标本数据中发掘害虫天敌资源等尤其显得十分必要和迫切。

在医学方面，各类药用动植物和菌物标本馆保藏了我国各民族传统医药标本，为我国传统医药的发展和壮大保存了大量的基本数据，为鉴别天然药材提供了最直接可靠的实物。研究人员还借助标本馆保藏的药用动植物和菌物标本，探讨各类药材的炮制方法，积极开发新、特药，并利用标本馆收集的假冒伪劣药材样品为各级医药管理部门、医疗单位和病人鉴别药材真伪；各类医学动物、医学昆虫标本馆则在寄生虫病、流行病和中毒的确诊、防治方面发挥着重要作用；各类有毒动植物和菌物标本，是人们识别有毒生物，有效防治食物中毒的重要凭证材料。这些对保障人民健康都起到了不可替代的作用，标本还可以用来追溯新传染病的原因等。总之，标本是人类与疾病斗争和改善卫生安全的重要资源之一。

方便快捷的交通运输手段对全球经济发展至关重要，但随着贸易货物和人员往来不断增加，所携带的外来物种常常威胁所到之处的作物、生态系统和动物及人类的健康。如美国估计有超过5万的外来物种，每年导致约1200亿美元的环境损害和丧失，并且会向动物或人类传播疾病。在边境、海关对来往货物和人员进行检查时，人们常常借助标本馆收藏的国内外标本和资料，来发现我国无分布但有可能对农、林、牧、渔和食品安全等行业生产有毁灭性危害的害虫和病原菌，将有潜在威胁的害虫或病原菌拒于国门之外，或积极参与这些有害生物的检疫和防治研究。如早在抗美援朝时期的1952年，我国系统生物学家就通过标本鉴定，确切地发现在朝鲜和我国东北地区带有细菌的植物载体只分布在朝鲜半岛南部，从而证实这些带菌树叶是美军空投的，向世人揭露了美军发动细菌战的罪行和铁证。南海诸岛历来是我国领土不可分割的一部分，早在20世纪40年代我国土壤学者就考察了南沙群岛和西沙群岛并采集了珍贵的土壤标本保存在南京土壤标本馆内。再如英联邦昆虫研究所1951年将我国列为苹果毒蛾的分布区，在随后的40多年里，一方面我国的梨和苹果被限制或禁止出口，另一方面一些确有此虫分布的国家要求我国进口；在我国昆虫学家依据标本馆标本证实我国不是苹果毒蛾的分布区后，我国梨和苹果的出口额在成果发表后的5年内就增加了50亿元，而之前40多年的经济损失，显然不是笔墨所能统计的。

生物标本的保藏和研究关系到人类生存质量及生存环境的改善。不仅人类的衣食住行与生物资源休戚相关，而且人类的生存质量及生活环境也与生物资源密不可分。随着生活水平的提高，人们已不满足于温饱，还希望穿得更漂亮舒适，吃得更可口、更有风味，希望居住的环境没有污染和公害。满足人类多样性的需求，极大程度上依赖于生物资源的多样性。而生物资源多样性的发现、描述和开发利用建议，是在标本馆工作的系统生物学家的职责。

经济的加速发展往往对环境造成破坏，人类已受到了无数自身行为的惩罚，迫使人类提出“回归自然”的理性呼唤。例如，导致人们认识到必须在农业生产中严格控制农药和化肥使用的，正是源于来自英国博物馆中收藏的19—20世纪鸟蛋标本的蛋壳厚度的比较研究成果。一方面，人们重新注重从生物资源中开发天然食品、天然药物、天然农药；另一方面，人工养殖的品种普遍存在种质退化现象，野生近缘种对防止种质退化和种质改良具有非常重要的作用。标本收藏可以为天然产品研发和野生近缘种研究提供基础材料和信息。标本包含土壤、空气和水条件的信息，可以帮助我们回溯污染源甚至模拟环境的未来变化，以便进行更好的管理。

标本还是人类文化生活的形式之一。标本本身是自然的产物，许多标本具有很好的艺术研究和欣赏价值；有些特殊类别的标本具有重要的历史和文化意义，既是人类文化活动的一部分，又是人类文化活动和科学活动的缩影与结晶。因此，对标本的重视和研究不仅有助于推广、普及科学知识，深入开展科学研究，而且能增进人类的文化情趣。

3. 生物标本馆是生物科学知识教育和普及的重要基地

生物标本馆的另一项重要功能就是生物科学知识教育和普及。标本馆凭借丰富的馆藏标本及图书资料，以及定期或不定期的专题讲座或专题展览等，可以为大学生和研究生提供生物分类等相关课程的学习与培训，使教学与标本室工作、植物园工作和野外工作结合在一起，达到最佳学习效果。

标本馆为我们的子孙后代提供了一个认识自然、认识生物的生动课堂。孩子们对五彩缤纷的蝴蝶、甲虫，憨态可掬的熊猫，歌喉动人的鸟类寄予厚爱，对姹紫嫣红的奇花、千姿百态的蘑菇存在天生的喜爱，但自然界的生灵在人类对自然剧烈的干扰活动中已离城市愈来愈远。我国地域辽阔，野生生物资源极为丰富，但遭受破坏和外流的现象也极为严重。生物标本馆不仅可以为我们的孩子们，而且可以为每一个成年人提供认识自然、认识生物的理想课堂。人类对生物的了解和认识，会逐渐唤醒人类保护自然、保护生物的意识，进而保护人类自己。

二、国家支持是生物标本馆科技支撑能力的保障

1. 加强生物标本馆建设是国家需求

我国生物标本馆及其藏品是我国几代生物学家心血的积累，是国家的无价之宝。因此，重视生物标本的收藏、改善其保存条件、加强管理和人员队伍建设、健全其管理体系和标准化、加强生物标本的数字化管理和信息共享，是利国、利民、利科学的大事。

我国标本馆所存在的问题与国际上多数标本馆（博物馆）所面临的问题是具有共性的。英国大英博物馆的豪伊（Howie，1986）在其有关自然历史收藏品状况的报告中估计，共有

15亿份的标本收藏在全世界的博物馆里，而据英国的调查，约有1/3的标本保藏条件很差，或者正在明显地受到损毁，即便在著名的博物馆里也是如此。尽管人类在18世纪和19世纪早期积累了大量的标本，但是今天在博物馆里已经很难找到1850年以前采集的标本了。导致这种令人震惊的情况的原因主要还在于恶劣的储藏条件和由来已久的不科学的标本预处理技术；另外，没有档案记录的预处理和后期处理也严重影响了人们对标本损毁原因的分析和防范措施的制定。霍克斯（Hawks，1990）也指出，全世界博物馆和标本馆在过去300年积累的自然历史标本中，前150年采集的材料已经消失，最近一个半世纪的标本也处于危险之中；我们决不能再失去这些标本，更不能让现在采集的材料面临同样的命运。当我们耗费大量精力从自然生态系统中采集标本的时候，必须记住我们还有责任和道义管护好这些标本；否则，它们会像在野外一样，在博物馆里也出现濒危。

在2000年，国家启动"中国科学院生物标本馆网络建设项目"之前，中国科学院的生物标本馆同样由于缺乏专项经费的支持，以及重视程度的不平衡，存在很多致命的问题亟待解决，主要表现在以下几个方面：

（1）保藏空间严重不足

由于馆藏面积有限，大量标本积压在库房、走道、地下室、卫生间里或堆积在实验室各个角落里的情况在各个研究所里比比皆是，如各地标本馆因空间问题导致数百万份标本无法入库，约有100万份分散在专家手中，无法对其进行有效整理，不仅查阅标本不方便，给科研带来了困难，而且标本的霉烂破损等问题时有发生。有些标本馆因储藏面积有限只好停止野外标本采集工作，对深入开展系统分类学研究工作产生了负面影响。

（2）保存建筑物年久失修

多数标本馆都没有专门建筑，不能满足标本永久保藏的基本要求。少数建有专馆的建筑物也大多因年代久远出现各种严重的建筑安全问题（如动物研究所之前的标本楼已成危楼），典型的问题如地基下沉、墙体错位、楼板开裂、漏水、下水道堵塞、内外墙面脱落等。建筑配备设施不齐或老化也会严重影响使用功能，有的标本馆缺少防火、通风和防潮设施，有的门窗不严，达不到密封要求，不符合储藏标本的要求，这些对需要永久保藏的标本来说都是致命的。

（3）标本柜陈旧或破损严重

标本馆的标本柜大部分都是20世纪五六十年代，甚至还有40年代制作的，不仅破损严重，而且不密封，标本易遭虫蛀或霉变，造成严重损坏。

（4）馆内设备缺乏或老化

馆内一些常规的保藏和查看需用的设备缺乏或较陈旧，如除湿机、排风机、消毒设备、杀虫设备、显微镜、解剖镜等都不完备，不能满足起码的保藏、维护和查看需求。

（5）工作环境恶劣

为防止标本发霉或虫蛀，很多动植物标本都用福尔马林浸泡或用剧毒物质熏蒸；部分化石标本采自地层，具有一定量的同位素放射性；而由于办公空间不足，许多标本馆管理人员和科研人员就常年在标本馆内工作，健康受到了严重损害。

（6）缺乏科普条件和设施

中科院生物标本馆曾经普遍存在重视科学研究、忽视科普教育的情况。除极个别标本馆外，大多标本馆都没有科普功能，与国外差距太大，无法与国际接轨。

（7）管理方式和手段落后

没有制定统一的标本采集、制作、保藏和管理规范，没有一个标本馆具备符合信息系统现代化建设需要的设备条件，如服务器、计算机、数码照相机、数码摄像机等，基本上采用手工管理，只建立了少数单机使用的标本数据库，严重制约了标本信息的院内外和国内外交流，被发达国家远远抛到了后面。

（8）从事系统学研究的人才和队伍萎缩

与我国丰富的馆藏标本和生物资源相比，标本馆由于缺乏稳定和必要的经费支持，许多从事系统分类学的科研人员纷纷改变研究方向或出国不归，加上老一代科学家相继离退休，后备人才不足，导致系统学研究人才队伍面临严重萎缩的局面，许多类群已无专门的研究人员，有些具有重要经济意义或重要科研价值的生物类群因缺乏专门的研究人员而在国家有需要时难以发挥作用。

为了彻底改变和解决上述问题，在党和国家领导的直接关怀下，我国2000年3月正式启动了“中国科学院生物标本馆网络建设项目”，国家财政投资3.13亿元，加上部分地方政府匹配和单位自筹资金，项目总投资达到3.5亿元。在中国科学院党组领导下，在中科院生命科学与生物技术局、基本建设局的管理和组织下，在科学院26个参建标本馆所属研究所的共同努力下，项目已经顺利实施完成，26个标本馆及配套设施均已在2006年前陆续投入使用。

此后，2002年国家又启动了以推动标本数字化为目的的“国家科技基础条件平台建设项目”，于2005年启动了以解决标本馆稳定发展为目的的“国家战略性生物资源项目”。

为将中科院标本馆改造成集保藏、科研和科普为一体的综合性标本馆，满足科技人员和广大公众的需要，在国际上占有一席之地，在多次讨论集中的基础上，中科院在标本馆建设项目的筹备阶段就制定了标本馆建设指导思想：“纳入创新体系、改善保藏条件，引入现代管理、投身科普教育”；以及建设原则：“突出重点、抓住特色；保藏为先、完善功能”。重点改善生物标本保藏条件，全面提升标本管理和使用功能，同时有重点地加强科普场馆建设。

2.科技支撑能力和作用得到了根本提升

在执行国家项目时，中科院实行了统一领导、统一规划、统一设计标准、统一数据标准、统一管理要求等措施，不但使标本馆硬件设施达到了发达国家的中等水平，更重要的是极大地推动了标本馆的相关学科、管理水平以及人才队伍的跨越式发展，为标本馆未来的可持续发展奠定了坚实的基础，为中国科学院知识创新、知识传播和知识转移能力的飞跃做出了特殊贡献。

（1）硬件设施和管理水平已经与国际接轨

通过国家项目的实施，中科院各标本馆的整体面貌焕然一新，建筑、标本柜、仪器设备、信息系统设备等达到了发达国家的中等水平，属亚洲一流，部分单项进入了国际先进行列。

建筑：中科院生物标本馆建筑面积总计约9.34万平方米；其中2000年项目新建或扩建面积4万多平方米，其余的也全部进行了维修改造。标本馆的建筑及配套设施建设确保了使用功能的大幅提升，馆藏空间预计能够满足未来30~50年的保藏需求，为今后的可持续发展奠定了基础。

标本柜：通过国家项目购置或更新标本柜3.2万多套（件），新建和扩建馆都采用了密集式标本柜，大大提高了建筑空间使用率；修缮馆更新了破损的标本柜。家器具的添置改善了标本馆管理人员的工作环境。项目通过大量调研和研讨工作，形成了符合国际标准和我国实际情况的生物标本柜与标本盒（瓶）等的行业标准，现已在全国范围内得到了广泛的认可和推广使用。建筑和标本柜等达到了永久保藏标本的要求，进入了国际先进行列。

仪器设备：各标本馆添置了一批用于标本保藏的配套设备，以及查看标本的仪器设备。设备投入使用后，利用率较高，总体运行状况良好，为标本馆运行及科研工作保障奠定了良好的基础。

管理：①健全机制，保障队伍。各研究所在标本馆运行机制以及管理和经典分类学研究队伍建设等方面采取了一系列新的政策和措施，对稳定标本馆管理和分类学研究起到了积极促进作用，提高了各馆在国内和国际的学术地位与影响力。②规范化管理。各馆参照国际通行标准和规范，编制了本馆工作手册，将管理工作制度化并在日常工作中落实，保证了规范化和科学化管理，涉及模式标本管理、标本安全管理（防盗、防霉、消毒、杀虫、消防）、标本借阅制度、标本数字化、标本馆信息化管理、标本馆开放共享等方面，以前各标本馆各自为政、手工管理的状态全面提升到网络化、信息化、集成化管理，为研究人员提供了信息化科研环境，达到了国际同步水平。

（2）已成为我国知识创新的重要支撑

自20世纪七八十年代起，欧美发达国家就开始标本资料的数字化、信息化建设，把海量的实物标本数据转化成有效的、可查询的、易于传递和共享的数字化文字、图片或视频信息，实现了标本数据记录、存储、传输和共享的网络化，一定程度上减少了标本实体的展示及查阅操作次数，保护了标本并提高了其利用率，打破了实物标本使用的局限，成为当今国际发展趋势。

中国科学院在20世纪80年代就开始了生物物种编目和标本数据数字化工作。进入21世纪以后，在"中国科学院生物标本馆网络建设项目"，特别是"国家科技基础条件平台建设项目"支持下，标本数字化建设进入快速发展时期。"国家标本资源共享平台（NSII）"设植物标本、动物标本、教学标本、保护区标本、岩矿化石标本和极地标本6个子平台，截至2020年参加单位共92个，涉及中国科学院、教育部、国土资源部、国家海洋局和国家林业局等部门，其中植物和动物标本的牵头单位都来自科学院，基本囊括了国内的主要标本馆。至2020年9月，已整理录入并上线共享植物标本1107.79万份，动物标本434.94万号，约占全国现有标本的1/3，标本数据数字化比例和能力皆步入世界先进行列。项目分门别类地对我国生物标本资源的收集、整理、描述与录入等制定了统一的数字化标准和规范，在此标准和规范下，各标本馆分别对馆藏标本进行系统整理，对采集信息和鉴定信息进行核对，对标本实物进行测量、拍照，对相关的文献资料进行归纳总结，然后逐一录入数据库，并将数据信息网上共享，形成了标本资源管理机制、共享机制和共享联盟，使我国标本资源的共享逐步走向规范化、法制化和社会化，培养和锻炼一批相关领域的专业人才队伍，实现了与国际接轨并步入了先进行列。这为专业研究人员与公众提供了相互交流的基础平台，向公众提供科普知识、技术咨询以及生物标本的远程鉴定等服务，如中国数字植物标本馆（CVH）网站日平均访问就达到3万次，极大地方便了国内外相关领域专家学者有效地利用我国生物标本馆藏资源，为中科院和国家科技管理部门服务，为全国科技人员服务，为全社会服务。

随着标本馆自身能力的增强和研究人员的增加，其组织和承担国家与地方任务的能力也不断增强。标本馆作为科技支撑平台，成为中科院所承担的一大批国家项目、国际合作项目、中国科学院知识创新项目、院地合作项目、省部级项目和横向项目的重要保障。据不完全统计，2016年中国科学院生物标本馆所在单位就有约350项国家各类科研项目依托于标本馆实施和完成，各馆每年接待国内外科研人员通过各种方式检视、借阅标本超过上万人次，有650余万人次访问这些标本馆的数据库。

（3）已成为我国社会和经济发展的重要支撑平台

各标本馆常年为科研单位、政府机构、公安部门等单位提供对外商贸、资源开发以及行政执法等内容的咨询、鉴定和解答疑难问题等服务。

2008年六七月间，在奥运会帆船比赛就要开始之际，青岛沿海暴发的大量绿藻随潮汐堆积在近海和岸边，直接影响到奥运帆船比赛的顺利进行，引起党和国家的高度重视，海洋生物标本馆的海藻专家首先确定了大规模涌入沿海的绿藻为浒苔（*Enteromorpha prolifera*），是一种广泛分布于沿海地区的可以食用的海藻，为其后进行的浒苔大规模暴发的原因、生态环境调查研究以及最终浒苔暴发的处置提供了科学依据，保障了2008年8月奥帆赛的顺利举行，受到山东省和青岛市的表彰。动物研究所利用标本馆的930万号动物标本以及人才和技术储备，在稻水象、美洲斑潜蝇、蔬菜花斑虫、椰心叶甲、麦双尾蚜、松材线虫（松墨天牛）、美国白蛾、褐纹甘蔗象、棕榈象、红火蚁等我国重要的外来入侵物种的鉴定、预警和控制技术方面做出超前性研究工作。2008年3月，广州海关对一批进口海参的关税难以确定，货主以每公斤仅几百元的南方海参报关，后经海洋生物标本馆从事棘皮动物分类学研究的专家鉴定，确定这批海参为仿刺参（*Apostichopus japonicus*），是质量上佳的食用海参，市场售价每公斤高达8000元左右，广州海关据此对这批海参重新核定了进口关税，为国家挽回了经济损失。中国科学院植物研究所2003年为公安部物证鉴定中心鉴定了一起涉枪案件中现场遗留的一粒植物种子和一小块植物叶片物证；为中国人民解放军陆军航空兵研究所鉴定机场建设中影响飞行的杂草植物；为最高人民法院司法鉴定中心鉴定一起索赔案件中的植物；2004年为甘肃省天水市张家川回族自治县公安局破获的一起非法种植毒品原植物案件中鉴定出毒品原植物大麻；2006年为浙江省金华市公安局婺城分局一起非法种植毒品原植物案件中鉴定出毒品原植物罂粟；2007年为北京市公安局朝阳分局刑侦支队技术队破获的一起案件中鉴定了现场遗留物——二种禾本科植物颖果。武汉植物园标本馆参加了三峡工程环境影响研究项目，调研完成了翔实的三峡库区植被类型和植物区系报告；为宜昌大老岭和神农架龙门河国家森林公园的建设提供了区域植被类型和植物区系状况资料；还为南水北调中线工程的建设和生态安全、为华中地区（重点在川东—鄂西地区）的濒危和特有植物的保护研究做出了重要贡献。2019年昆明动物研究所针对外来入侵物种草地贪夜蛾的入侵向国家提出预警建议方案，为及时防控做出了贡献。

（4）已成为我国生物知识传播与普及的生力军

通过国家项目的实施，中国科学院的科普能力得到了全面提升。中国科学院各类标本馆在为科研和经济建设服务的同时，还依托各标本馆丰富的馆藏标本及较强的科研背景优势在项目实施时选择少数基础好、影响大的馆建设成为博物馆，积极开展科学普及和知识传播工作，如国家动物博物馆、中国古动物馆（北京）、昆明动物博物馆、南京古生物博物馆、上海昆虫博物馆等；在不同地域建立了一批极具特色的生物科普馆，如中国科学院水生生物研究所（武汉）、青岛海洋生物馆、中国科学院新疆生态与地理研究所标本馆（乌鲁木齐）、成都动物园两栖爬行动物馆、青藏高原野生动物园海洋馆（西宁）、中国科学院南海海洋研究所南海海洋生物标本馆（广州）、中国科学院微生物研究所菌物标本馆（北京）等。中科院生物标本馆的科普专用建筑面积从原来的数千平方米增加到约3万平方米，展品增加了数十万件，同时各个标本馆都开办了网上科普站点。

在开展的各类科学普及活动中，标本馆专业人员向参观者和参与者深入浅出地介绍生物学、医学、地学相关知识，宣传保护我国特有的珍稀物种和濒危物种，展示生物在国民经济发展和国际交往中的作用，介绍祖国传统医药的辉煌历史和充满希望的明天，传播辨别真假药材的方法和预防寄生虫病的常识，推广识别可食和有毒动植物与菌物种类的知识，标本馆的科技工作者利用各自标本馆的有利条件，配合中央和地方电视台、科教电影制片厂和报纸、电台及有关社会团体，开展了多方位的科普宣传活动，成为我国公众科普的主要公益平台，打开了科研机构与社会公众交流的大门，现在每年都有数十万大中小学生和群众进入研究所的科普场馆。由于标本馆在科学传播方面的重要作用和所做出的突出贡献，中科院标本馆被各有关部门授予国家或省（区）、市级的科普教育基地。

作为各地的科普教育基地，各馆为当地科学知识的普及做了大量工作。如国家动物博物馆承办了全国科技活动周“科学之夜”活动，在充分展示中国科学院自身科研创新和高质量发展成就的同时，针对公众对科技日益多样化的需求，推出了10余项充满科学性、体验性和互动性的趣味亲子科学嘉年华活动，受到了公众的一致好评；昆明动物博物馆为全国文化科技卫生“三下乡”开设专场原创科普课程，针对外来入侵物种知识为云南少数民族同胞开展一系列科普活动，并积极配合“公众科学日”“全国科普日”“中科院科学节”等平台举办了多场异彩纷呈的科普活动。昆明动物博物馆“走进动物王国”科普项目获 2019年云南省科学技术奖（科技进步奖）三等奖；新疆生态与地理研究所参与组织的科普活动荣获中国科学院第十五届公众科学日优秀组织奖；由水生生物博物馆牵头主编的《青少年环境教育系列科普读本》获湖北省科技进步二等奖；由植物研究所植物标本馆编写的科普图书《台纸上的植物世界》入围“2018 年度中国好书”榜单；等等。

（5）已成为我国对外交流与合作的重要窗口

中国科学院保藏的标本、模式标本、重要类群和特有类群标本数据数字化并且可以网上共享后，不仅对中国系统生物学起到重要的推动作用，而且极大地方便国内外相关领域专家有效地利用我国生物标本馆保藏标本资源。中科院各个标本馆的国际交流和合作明显增加，研究范围更加广泛：①与周边国家或重要的国家、地区频繁开展合作与交流，如组队到俄罗斯、澳大利亚、越南、印度、韩国、蒙古国、哈萨克斯坦等国野外考察、标本采集或访问，补充我国缺乏的生物标本。②通过与国外标本馆签署合作协议书，加强馆际间的标本交换和学者互访。全院每年共收到国外标本馆交换植物标本为6000余份、动物标本500余份，菌物标本馆每年与国内外进行馆际交换、接受和赠予标本约200份。

中国科学院标本馆的标本保藏条件、综合配套设施和装备达到了发达国家中等水平，标本日常管理和数字化水平进入国际先进行列，科普设施和能力达到国内一流水平，为国家科技创新提供了强有力的科技支撑，成为我国知识传播和对外合作与交流的重要窗口，必将为国家经济建设、社会进步和社会发展做出更大的贡献。

三、生物标本馆未来的可持续发展

1. 组建国家自然历史博物馆联盟

21世纪是“生物经济”迅猛发展的世纪，谁拥有先进的生物技术，谁就将占据科学的制高点，就将取得生存和发展的主动权和有利条件。生物资源被公认为是国家战略性资源，生物资源的占有和保护利用研究的深度被看作一个国家国力的象征。人类对物种资源的积极保护、持续利用和深入研究，不仅可以保留濒临灭绝的物种，保存对人类和自然重要作用甚至还是未知的基因，帮助人类克服生态和其他危机，而且对于推动科技进步和促进国家社会经济的健康、可持续发展，维护生态安全，建设人与自然和谐社会起着至关重要和不可替代的作用。

近百年来全球生物物种资源正在加速减少和消亡，据2021年世界自然保护联盟（IUCN）发布的全球物种红色名录，在全球已评估的142000多个物种中，受到灭绝威胁的物种占28%，其中34%的两栖类、18%的爬行类、13%的鸟类和23%的哺乳类面临灭绝威胁。据2021年出版的《中国生物多样性红色名录》，在我国已评估的近3100个物种中，38%的两栖类、30%的爬行类、10%的鸟类和26%的哺乳类受到灭绝威胁；除鸟类外，其他类群的受威胁物种比例均高于全球同类的受威胁比例。据估计，我国的野生生物正以每天一个种的速度走向濒危甚至灭绝，还有部分生物物种通过各种途径流失海外。任何一个物种或基因一旦从地球上消灭就不能再造，对生物物种资源若不及时保护和合理利用，必将对国家生态安全和生物安全造成极大的危害。而标本馆就是生物物种保藏和研究的核心技术平台。

世界上各个发达国家甚至许多发展中国家都有国家自然历史博物馆，如美国史密森国家自然历史博物馆（National Museum of Natural History, Smithsonian Institutions, NMNH），建筑面积14万平方米，保藏标本1.28亿份（其中植物450万、无脊椎动物3500万、昆虫3500万、脊椎动物590万），2014年参观人次700万。

美国自然历史博物馆（American Museum of Natural History, AMNH），建筑面积12万平方米，馆藏标本3415.8万多份（其中无脊椎动物2335.8万、脊椎动物442.3万，近5年年均增加7.8万），年参观人次500多万。

英国自然历史博物馆（Natural History Museum, London），建筑面积4万多平方米，保藏标本8000多万份（其中模式标本100多万、植物600万、昆虫3400万、其他动物2900万），2014年参观人次540多万，外展参观人次230多万。

法国巴黎国家自然历史博物馆（Muséum National d' Histoire Naturelle），建筑面积9万平

方米，保藏标本6800万份（其中模式标本80万、植物800多万、陆生节肢动物4000多万、脊椎动物140万），年付费参观人数207万。

德国柏林自然历史博物馆（Museum für Naturkunde Berlin），馆藏标本3000多万份（其中模式标本1万多、无脊椎动物2500万、昆虫1500万、脊椎动物46.3万），年参观人次50多万。

这些国际著名博物馆，拥有大量的采集自世界各地的生物标本和完善的保藏条件，在科研方面云集了世界级的权威专家队伍，发表了重要科研论文或专著，取得了重要的科研成果，具备超强的科研实力，起到了引领时代潮流的作用。

中国科学院20个生物标本馆在建筑规模和馆藏量方面已属亚洲一流水平，建筑面积（含科普部分）合计约9.34万平方米，保藏动物、植物、菌物、化石等标本合计约2284万份，模式标本23.8万份。但与欧美一流标本馆或博物馆相比，无论是建筑面积，还是馆藏物种、标本、模式标本数量都与发达国家的同类博物馆或标本馆存在很大差距，甚至还无法与发达国家一个单独的馆相比。

建议以中国科学院生物标本馆为基础，组建“国家自然历史博物馆”体系，充分发挥我国举国体制的优势，将中国科学院生物标本馆已经形成的诸多标准与规范在修订后成为国家标准与规范，实现馆际之间，特别是科普展品的相互交流展出，成为国际上最具实力、最具魅力的国家自然历史博物馆。

2. 对分类学研究给予稳定的支持

认识物种是利用生物资源和实现可持续发展的基本前提，生物分类和系统学依然是21世纪生命科学发展的基础以及人类认识自然、利用自然的基础。近年来，由于缺乏稳定的研究经费支持和相应的科研绩效评价机制，生物分类学很难获得稳定的项目资助，研究队伍出现严重萎缩和短缺，部分类群的分类研究后继无人。研究表明，1970—2010年发表的有花植物新种中，仅有16%是在其标本采集的5年之内发表的，而有25%的新种发表距其标本采集时间已超过50年。以此推断，在预估的待发表的7万有花植物新种中，有超过一半的标本已经采集并保藏在标本馆中了，因而应加强对已有标本的投入和研究（Daniel et al, 2010）。

为了更好地发掘我国生物资源，摸清家底，使有价值的生物资源在生物经济时代为我所用，从国家层面对生物分类学进行全面规划、稳定一支高水平的生物分类学科研究队伍已刻不容缓。中国科学院占全国标本数量的60%，从事分类学研究的专家也较集中，标本保藏条件良好，国际交流频繁。建议率先在科学院开展国家现代生物分类研究体系建设试点，设立国家自然历史博物馆生物分类学岗位，使我国有一支稳定的专职从事生物分类研究的科学研究队伍，并主动有效地向生物学家和大众传播系统学数据，向公众和决策者宣传系统学在应对生物多样性丧失危机中的重要性，在生物经济时代和全球生物资源竞争中做出贡献。

基于标本的系统学应主动与生物信息学、DNA系统学和基因组系统学等新学科相结合，在进化机制以及生物多样性保护的深层次问题研究中发挥更大的作用。建议建立由系统分类学机构主导的生物多样性资源数据库，借鉴国际基因库的经验，整合以标本为基础的数据，同时发展在线资源和生物多样性信息学工具等，及时发布有关物种命名和物种分布的高质量权威信息，使分类学和生物多样性信息能够为生物学家和公众及时获取，特别是那些具有社会和经济重要性的类群。

3. 对标本馆标本采集和运行给予稳定支持

国家标本馆的规模和水平，直接反映了各国政府对生物科学基础研究以及对社会和经济可持续发展的重视程度。从国际上看，世界各国的国家生物标本馆都得到了政府持续稳定的财政支持。如英国皇家植物园（邱园），馆藏标本700万份（其中模式标本35万份），并以年均3万份的速度增加。美国密苏里植物园植物标本馆2006年工资费用为80万美元，非工资性费用（如日常运行费以及水电和维修保养费等）支出67.5万美元。法国巴黎国家自然历史博物馆2007年支出为6500万欧元，其中政府拨款4000万欧元。伦敦的英国自然历史博物馆2014年总收入7653万英镑，其中政府拨款4338万英镑。美国自然历史博物馆（纽约）2015年总收入1.83亿美元中，政府拨款为1830万美元。

目前中科院标本馆和分类学研究存在的主要问题有：①馆藏标本物种数不足，物种平均标本数量远低于世界平均水平，还有不少空缺类群，一些科属的代表性标本收藏不足，如我国海洋动物中有约1/4的科尚未进行系统研究，科以下类群空缺就更多；②我国标本采集还有很多空白区，地理区代表性不够，普遍存在边远地区以及周边国家标本空白的问题；③许多馆，特别是动物标本馆仍有大量的馆藏标本未经分类整理和鉴定，造成了极大的科研资源浪费；④专职分类研究人员和专职管理人员不足。

建议将自然历史博物馆（标本馆）的基本运行费和考察采集费列入国家财政预算给予稳定支持，主要用于：①标本馆专职研究人员和专职管理人员工资，适于标本保藏的建筑维护（如温湿度控制、消防等）、标本保藏器具的维护（如保藏家器具、容器等）、标本直接相关仪器设备（如消毒灭菌、标本查看等）的维护更新等；②每年有计划地组织有能力的标本馆到我国的重点生物地理区进行生物标本采集工作，对全国关键生物类群、研究薄弱或空白的生物类群以及生物多样性丰富但考察研究不足的区域进行专项考察与采集，彻底查清我国物种资源的家底；③开展周边国家或跨界国际合作，特别是与生物资源丰富的东南亚国家的合作，有计划地组织国内外与同行联合进行生物考察并采集标本，充实标本数量，为我国的科学研究和经济建设发展提供翔实的基础材料。

4. 继续专项支持国家数字标本馆建设

标本数字化建设现已成为多数标本馆的日常工作，几乎所有欧美重要博物馆和大学标本馆的信息都已能在网络上查询检索到。"澳大利亚数字植物标本馆"（AVH）是全球首个实现全国标本数字化信息共享的，它使用统一软件对全澳（现已包括新西兰）主要标本馆的数百万份标本实施数字化，并通过网络实现标本信息与环境信息的关联及共享，极大地推动了澳大利亚植物分类学及生物多样性研究的发展。英国自然历史博物馆（伦敦）于2014年启动"数字馆藏计划"，当年完成了其8000万份馆藏标本中275万份的数字化，自2015年以来，已有超过455万份的标本实现数字化，计划到2020年完成2000万份标本数字化。哈佛大学标本馆在20世纪90年代就已实现馆藏模式标本及其重要参考文献的数字化及网络化共享。

我国的"国家数字标本馆"建设应在已取得成绩的基础上继续给予持续稳定的支持。标本数字化既需要分类专家努力付出，也需要大量训练有素的专业技术人员，人工成本较高。许多博物馆由于缺乏人手和数据量巨大的问题而正在艰难地进行数据录入中。公众可以借此了解多姿多彩的生物世界，认识生物对于人类的重要性，从而更好地保护并合理利用生物资源，在很大程度上增强生物资源对于社会和科学的贡献，具有较明显的社会、生态和经济效益。中科院标本馆的标本数字化和现代化还要付出很大的努力。

5. 专项支持自然历史博物馆（标本馆）科普能力提升

由中国科协发布的我国第十一次公民科学素质抽样调查结果显示，2020年我国具备科学素养的公民比例为10.56%，比2010年的3.27%有了较大提高，进一步缩小了与西方主要发达国家的差距（美国具备科学素养的公众比例2000年为17%）；公民参观过各类科普场馆的比例依次为：科技馆等科技类场馆（22.7%）、自然博物馆（22.1%），与2012年美国公民参观科技馆等科技类场馆比例（25%），参观自然博物馆（28%）的比例大致相当。

中国科学院有17个标本馆建立了博物馆或展示馆，对于普及生物多样性知识，进行爱国主义教育起到了很好作用。这些馆设施优良，开放程度高，展品丰富，使中国科学院生物标本馆同时具有了标本保藏、科学研究、科学权威性和科普教育的四大功能。存在的主要问题有：一是在展出空间、展出手段、展出内容和效果等方面还远远不能满足社会需求；二是博物馆或陈列馆的运行资金没有保障或不足，一些博物馆在完成一次性投资建设后，无力再进行展区和展品的更替和布置等；三是全院标本馆中专职从事科普的人员不到百人，与3万平方米的展出面积和数万份展品不相符。因而建议专项支持以提升中科院博物馆的科普能力。

美国和欧洲的发达国家都拥有国家自然历史博物馆，这些博物馆以保藏和研究为主，兼顾科普教育。这些博物馆的标本采自世界不同的国家和地区，不仅进行标本的保藏和研究，而且每个馆都有对外展示的展览馆，对公众普及生物多样性知识。国际上的博物馆主要采用主题展示法（Thematic exhibition），用STS（科学、技术、社会）理念采用多学科（自然科学与人文科学）的知识集中体现主题，并把全天域电影放映系统、多媒体放映系统、有线电视系统、3C幻象剧场（Computer, Communication, Control）、虚拟真实系统等高科技视听手段设施应用于展示，使人更容易接受。为此，有人把博物馆比喻为群众论坛，意思是说人们通过参与性的活动不仅可以了解过去，更重要的是可以感知未来。自然历史博物馆展出规模宏大，极具吸引力，在普及生物学知识、提高公众文化素养方面发挥了重要作用，在公众中享有极高的声誉和影响力。

中国科学院生物标本馆标本数与馆面积统计

名称	标本数(万)	模式标本数	已数字化标本数(万)	标本馆面积(平方米)		
				保藏	科研	科普
动物研究所国家动物标本资源库、国家动物博物馆	930	10400	239	8688	—	6650
植物研究所植物标本馆	295	20000	180	6048	5084	—
昆明植物研究所标本馆	160	13000	78	3898	1384	670
华南植物园标本馆	115	7297	85	2800	1500	—
海洋研究所海洋生物标本馆	86	1475	50	2320	1800	800
昆明动物研究所昆明动物博物馆	93	6518	51	2111	349	6000
沈阳应用生态研究所东北生物标本馆	63	1528	20	1500	300	100
西北高原生物研究所青藏高原生物标本馆	57	342	29	2200	50	300
微生物研究所菌物标本馆	55	4481	38	1007	200	123
成都生物研究所两栖爬行动物标本馆、植物标本馆	52	660	28	4100	1800	680
水生生物研究所水生生物博物馆	41	3452	25	2300	1100	1100
武汉植物园标本馆	30	652	18	751	1049	—
古脊椎动物与古人类研究所中国古动物馆、标本中心	41	5000	13	4800	—	3000
南京地质古生物研究所南京古生物博物馆、标本馆	47	160260	10	800	—	4100
西双版纳热带植物园植物标本馆	28	961	24	1200	84	25
庐山植物园标本馆	21	576	14	694	210	60
分子植物科学卓越创新中心上海昆虫博物馆	127	1119	38	1500	—	2000
南海海洋研究所南海海洋生物标本馆	23	182	18	1500	100	700
新疆生态与地理研究所标本馆	20	93	6	1000	1000	2000
合计	2284	237996	964	49217	16010	28308

全世界所保藏植物标本达200万份以上的机构

名称	机构代码	标本数(万份)	国家
法国巴黎国家自然历史博物馆 Muséum National d' Histoire Naturelle	P	800	法国
美国纽约植物园 The New York Botanical Garden	NY	780	美国
俄罗斯科马洛夫植物研究所 V. L. Komarov Botanical Institute	LE	716	俄罗斯
英国皇家植物园（邱园） Royal Botanic Gardens	K	700	英国
美国密苏里植物园 Missouri Botanical Garden	MO	650	美国
日内瓦植物园 Conservatoire et Jardin botaniques de la Ville de Genève	G	600	瑞士
维也纳自然历史博物馆 Naturhistorisches Museum Wien	W	550	奥地利
英国自然历史博物馆 Natural History Museum	BM	520	英国
哈佛大学植物标本馆 Harvard University	GH	500.5	美国
美国华盛顿史密森博物馆学会 Smithsonian Institution	US	500	美国
荷兰国家植物标本馆 Naturalis	L	500	荷兰
意大利自然历史博物馆 Natural History Museum	FI	500	意大利
瑞典自然历史博物馆 Swedish Museum of Natural History	S	457	瑞典
里昂第一大学 Universit é Claude Bernard	LY	440	法国
比利时国家植物园 Botanic Garden Meise	BR	400	比利时
柏林植物园 Botanischer Garten und Botanisches Museum Berlin–Dahlem,Zentraleinrichtung der Freien Universität Berlin	B	380	德国
蒙皮利埃大学 Universit é Montpellier	MPU	350	法国

续表

名称	机构代码	标本数(万份)	国家
席勒大学 Friedrich-Schiller-Universität Jena	JE	350	德国
芬兰赫尔辛基大学 University of Helsinki	H	329	芬兰
慕尼黑州立植物园 Botanische Staatssammlung München	M	320	德国
乌普萨拉大学 Uppsala University	UPS	310	瑞典
爱丁堡皇家植物园 Royal Botanic Garden Edinburgh	E	300	英国
中国科学院植物研究所 Institute of Botany, Chinese Academy of Sciences	PE	287	中国
丹麦植物园 Botanical Garden	C	270.7	丹麦
美国大地自然历史博物馆 Field Museum of Natural History	F	270	美国
瑞典隆德大学 Lund University	LD	250	瑞典
布拉格查尔斯大学 Charles University in Prague	PRC	220	捷克
美国加利福尼亚大学 University of California	UC	210	美国
乌克兰国家科学院 National Academy of Sciences of Ukraine	KW	204.8	乌克兰
捷克共和国布拉格国家博物馆 National Museum in Prague	PR	200	捷克
印度尼西亚生物学研究中心 Research Centre for Biology	BO	200	印尼
苏黎世联邦理工学院 Eidgenössische Technische Hochschule Zürich	ZT	200	瑞士
美国加利福尼亚科学研究院 California Academy of Sciences	CAS	200	美国
印度国家植物调查 Botanical Survey of India	CAL	200	印度

主要参考资料

[1] Baum BR. 1996. Statistical adequacy of plant collections: innovative concepts of collection, preservation, and storage of plant diversity. In: Stuessy TF & Sohmer SH eds. Sampling the Green World. New York: Columbia University Press. 43–73.

[2] Carine, Gerrit Davidse, David J. Harris, Elspeth M. Haston, Malcolm G. Penn, Steve Cafferty, John R. I. Wood, Robert W. Scotland. 2012. Big hitting collectors make massive and disproportionate contribution to the discovery of plant species. Proceedings of the Royal Society B, 2269 - 2274. Doi: 10.1098/rspb.2011.2439.

[3] Daniel P. Bebber, Mark A. Carine, John R. I. Wood, Alexandra H. Wortley, David J. Harris, Ghillean T. Prance,Gerrit Davidse, Jay Paige, Terry D. Pennington, Norman K. B. Robson, and Robert W. Scotland. 2010. Herbaria are a majorfrontier for species discovery. Proceedings of the National Academy of Sciences ofthe United States of America 107, 22169–22171.

[4] Hawks CA. Von Endt DW (1990) Mercury and mercury compounds in natural history collections: an annotated bibliography. Nat Hist Conserv 5:4 - 19.

[5] Thiers, B. Index Herbariorum: A global directory of public herbaria and associated staff. New York Botanical Garden' s Virtual Herbarium. http://sweetgum.nybg.org/science/ih/. (October 12, 2016)

[6] Wen, J., Ickert–Bond, S. M., Appelhans, M. S., Dorr, L. J. and Funk, V. A. 2015. Collections–based systematics: Opportunities and outlook for 2050. Journal of Sytematics Evolution, 53: 477 - 488. doi:10.1111/jse.12181.

[7] 贺鹏，陈军，乔格侠. 中国科学院生物标本馆（博物馆）的现状与未来. 中国科学院院刊，2019，34（12）.

[8] 覃海宁，杨志荣. 2011. 标本馆的前世今生与未来.《生命世界》博客. http://blog.cdstm.cn/288982.

[9] 姚一建. 生命科学发展的分类学基础. 光明日报. 2016–7–15.

[10] 杨永. 我国植物标本历史采集特点. http://blog.sciencenet.cn/blog–70461–548412.html.

[11] 杨永. 我国植物模式标本的馆藏量. http://blog.sciencenet.cn/blog–70461–545839.html.

[12] 张莉莉，陈军，乔格侠. 2016年我国生物标本馆现状与展望. 世界环境（5月增刊）. 88–90.

第二部分

馆藏精品集萃

一、古生物篇

笼脊球 *Caveasphaera* sp.

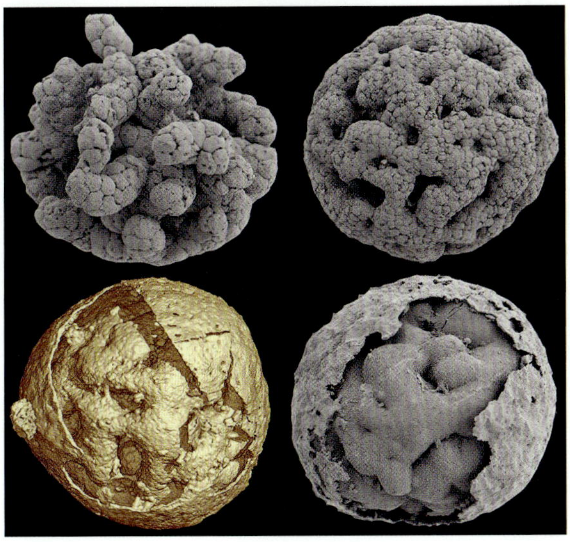

分类地位	动物界 Animalia
采集地点	贵州省黔南布依族苗族自治州瓮安县
地质年代	非地质年代
馆藏独特性	记录了动物由单细胞向多细胞演化的关键一步，为有细胞和组织分化的动物出现奠定了生物学基础
保藏地点	中国科学院南京地质古生物研究所南京古生物博物馆、标本馆

鉴别特征

笼脊球整体呈球形，直径不到1 mm，保存了精美的多细胞结构。它们在一个充满母源营养物质的厚壁囊包中发育，不同标本代表了不同的发育阶段。

贵州始杯海绵 *Eocyathispongia qiania*

分类地位	动物界 Animalia，多孔动物门 Porifera
生活习性	海洋底部，营固着生活
采集地点	贵州省黔南布依族苗族自治州瓮安县
地质年代	埃迪卡拉纪（震旦纪）
保藏地点	中国科学院南京地质古生物研究所南京古生物博物馆、标本馆

鉴别特征

整体外观呈缠绕的管状，由3个独立的腔室和它们共用的一个实体基座组成，每个腔室都有一个向上的开口。此生物体已发生明显的细胞分化。化石表面不同区域覆盖的细胞具有不同的形态和定向，其表面的扁平细胞和现代海绵表面的扁平细胞无论是细胞形态还是细胞之间的连接方式都十分一致。细胞之间发育了数量众多的小孔，这些小孔直通有开口的腔室，在腔室内壁上还发现了类似现代海绵的领细胞结构，这些小孔和腔室一起形成了简单的水沟系统，为生物体提供了与外界进行能量交换的通道。

雾河管 *Wutubus* sp.

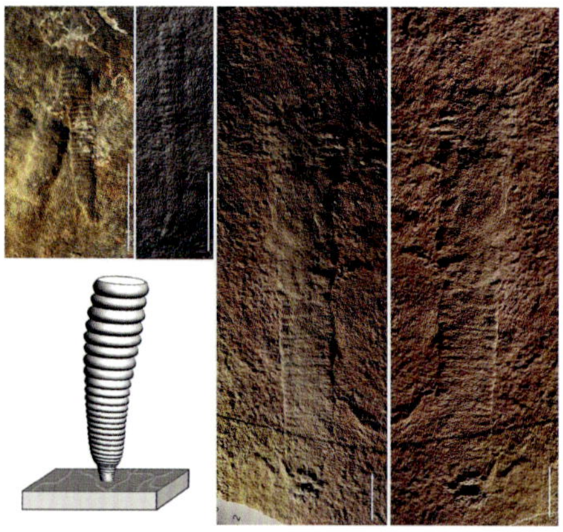

生活习性	海洋底栖生活
采集地点	湖北三峡地区埃迪卡拉系灯影组的石板滩生物群
地质年代	埃迪卡拉纪（震旦纪）
馆藏独特性	中国埃迪卡拉动物群中丰度最大的软躯体化石。形态奇特，科学家现在还未确定是什么生物，推测可能附着在海底直立生活
保藏地点	中国科学院南京地质古生物研究所南京古生物博物馆、标本馆

鉴别特征

雾河管是一种管状化石，直立或稍微弯曲，长约20~180 mm，宽3~32 mm。底部有个锥形的尖部，往上逐渐扩大，上部像圆柱形。它长得像蚯蚓，但中间是空的，由一个个圆环垒叠组成。

夷陵虫 *Yilingia* sp.

生活习性	海底爬行
采集地点	湖北三峡地区埃迪卡拉系灯影组的石板滩生物群
地质年代	埃迪卡拉纪（震旦纪）
馆藏独特性	夷陵虫的发现为两侧对称动物身体分节在埃迪卡拉纪出现提供了直接化石证据
保藏地点	中国科学院南京地质古生物研究所南京古生物博物馆、标本馆

鉴别特征

身体为长条形，两侧对称，呈三叶形，有明显的身体分节，也具有了前后和背腹的区别。更加奇特的是，部分标本中动物实体与它最后行进的拖痕（印迹）同时保留在一块岩石上。

克劳德管 *Cloudina* sp.

分类地位	动物界 Animalia，环节动物门 Annelida，多毛纲 Polychaeta
生活习性	管体始端可能插入（或固着于）微生物席，营滤食生活。其基部黏附或半埋在微生物藻席中，伴随着沉积物的加积，其壳体向上垂直生长，分泌出新的套管
采集地点	陕西省汉中市宁强县高家山生物群
地质年代	埃迪卡拉纪（震旦纪）
保藏地点	中国科学院南京地质古生物研究所南京古生物博物馆、标本馆

鉴别特征

管体常呈不同程度弯曲，始端封闭，末端呈喇叭状开口。管体由一系列漏斗单元扁心状套合而形成。漏斗体在始端逐渐汇聚形成共同的内壁，构成表面光滑的内部中央管；末端张开形成喇叭状环檐，或多个环檐互相愈合形成环脊，漏斗体外表面常见粗细不等的环纹或褶皱，环纹间近于平行。横断面各漏斗体通常近圆形。

光滑蓝田虫　*Lantianella laevis*

分类地位	后生动物 Metazoa
生活习性	栖息于海底，营固着生活。虽然还没有确定属于何种门类，但其形态和结构与刺胞动物水螅类类似
采集地点	安徽省黄山市休宁县蓝田生物群
地质年代	埃迪卡拉纪（震旦纪）
保藏地点	中国科学院南京地质古生物研究所南京古生物博物馆、标本馆

鉴别特征

锥状碳质压膜化石，明显分为三部分，包括下部的固着器，中间的锥状体，上部的触手结构。化石底部可见球形固着器，直径1.5~4.5 mm，边缘光滑或包围有弥散的碳质团块。主体呈扇状，长10~55 mm，宽4~15 mm，发散角10°~38°；顶端界线明显，平直或弯曲，可以向上突起呈拱形，也可向下弯曲；其原始形态应为锥状；表面一般较为光滑，或者具有稀疏的纵向排列的丝状结构。上部触手数目10~30根不等，单根直径为0.2~0.7 mm，长度变化较大，为5~20 mm，触手的长度与扇状体长度没有明显的相关性；触手不分叉，柔软或挺直，末端圆润；触手自锥状体的顶部发出，整体呈浅色的冠状，与中部的锥状体界线明显。

圆筒帽天山虫　*Maotianshania cylindrica*

分类地位	动物界 Animalia，线虫动物门 Nematoda
生活习性	肠道直，常充满泥沙，提示此蠕虫是一个吞食泥沙者
采集地点	云南省玉溪市澄江市帽天山页岩
地质年代	寒武纪
保藏地点	中国科学院南京地质古生物研究所南京古生物博物馆、标本馆

鉴别特征

虫体较小，呈细长的圆筒状，长度不超过40 mm，宽度2 mm。伸出的吻表面具规则的刺，吻后头部另具有较大的刺。虫体环纹清楚，大量不规则的骨板布满虫体表面。后末端显示一对钩状刺，刺的特征与古蠕虫和环饰蠕虫相同。

延长抚仙湖虫 *Fuxianhuia protensa*

分类地位	动物界 Animalia，节肢动物门 Arthropoda
生活习性	在海底附近滑游，食泥性
采集地点	云南省玉溪市澄江市、昆明市海口镇和安宁市一带下寒武系第二统帽天山页岩
地质年代	寒武纪
保藏地点	中国科学院南京地质古生物研究所南京古生物博物馆、标本馆

鉴别特征

体长10 cm以上。头部由视节和触须节组成；视节具有一对带短柄的眼睛，由两侧向外延伸；触须节具有一对短棒状前附肢，由15个须节组成。躯干分为胸、腹和尾扇，以及一个尾刺；胸部由17个节组成，背甲具宽的肋叶，宽度向后逐渐变小；腹部由14个背甲和腹甲组成。

长尾纳罗虫 *Naraoia longicaudata*

分类地位	动物界 Animalia，节肢动物门 Arthropoda
生活习性	生活于稀软泥底和半硬底不同环境
采集地点	云南省玉溪市澄江市和昆明市西山区
地质年代	寒武纪
保藏地点	中国科学院南京地质古生物研究所南京古生物博物馆、标本馆

鉴别特征

长尾纳罗虫背甲分头尾两部分。头甲半圆形，尾甲半长椭圆形。口板两侧一对长的触角，之后是一系列25对类似的双分支附肢，头部3对，其余22对位于尾甲。内肢8节，腹边具刺状构造；外肢长条形，分为两节。

中华微网虫
Microdictyon sinicum

分类地位	叶足动物
生活习性	底栖爬行，或攀附在星口水母钵上，营假浮游生活
采集地点	云南省玉溪市澄江市寒武系第二统帽天山页岩
地质年代	寒武纪
保藏地点	中国科学院南京地质古生物研究所南京古生物博物馆、标本馆

鉴别特征

身体长可达8 cm，两侧具有9对矿化骨板，骨板表面具有多边网状结构，每个网眼中含有一个圆管构造，其形态类似于节肢动物复眼的每一个单眼，可能起视觉作用。

铅色云南虫
Yunnanozoon lividum

分类地位	原有头类
生活习性	底表滤食，营群居生活
采集地点	云南省玉溪市澄江市寒武系第二统帽天山页岩
地质年代	寒武纪
保藏地点	中国科学院南京地质古生物研究所南京古生物博物馆、标本馆

鉴别特征

背部具23个骨骼化的体节，前4个体节显示出如同节肢动物一样的体节叠覆现象，肠道位于中偏腹部，在标本中常显示为横向白色条带；少数标本显示为螺旋卷曲状肠道，肠道内充满了泥沙，提示此动物是食泥者。腹部具成对的生殖腺。前部有长的吻，口位于吻的前腹侧。7个环形构造环绕肠道前部，每一环状物具细密的梳状齿构造。

楔形古虫 *Vetulicola* sp.

分类地位	古虫类
生活习性	化石较常见，营漂游生活，营滤食生活
采集地点	云南省玉溪市澄江市寒武系第二统帽天山页岩
地质年代	寒武纪
保藏地点	中国科学院南京地质古生物研究所南京古生物博物馆、标本馆

鉴别特征

长7~11 cm，胸区呈囊状，侧视呈长方形，由5个体节组成。两侧扁平，高为侧宽的2倍。在胸区之前具2对前突，可能对头区起保护作用。胸区外骨骼由厚而坚硬的背腹甲和1对可伸缩的肋叶所组成。背腹甲分别形成鳍状突起。消化道可能由口部沿胸腔中部向后延伸，到胸腔的近后部向背方上升到达腹区，然后沿腹区向后延伸，到达腹区的末端；消化道呈螺旋形。

莱得利基虫 *Redlichia* sp.

分类地位	动物界 Animalia，节肢动物门 Arthropoda，莱得利基虫目 Redlichiida，莱得利基虫科 Redlichiidae，莱得利基虫属 *Redlichia*
生活习性	生活在海底附近
采集地点	云南省玉溪市澄江市和昆明市西山区
地质年代	寒武纪
馆藏独特性	三叶虫纲中出现较早的一类
保藏地点	中国科学院南京地质古生物研究所南京古生物博物馆、标本馆

鉴别特征

头大，头鞍前窄后宽，几乎伸至外边缘，三对头鞍沟，颈环宽大；具颊刺；眼长，新月形，末端与头鞍相接；边缘沟深；面线前支与中轴线交角成45°~90°。胸节多。尾部小，不分节。

澄江小舌形贝 *Lingulella chengjiangensis*

分类地位	动物界 Animalia，腕足动物门 Brachiopoda
生活习性	潜居在软基底的穴内，穴的深度可达 10 cm。三角形薄的贝壳有利于它们在软底进行较为快速的掘进活动
采集地点	云南省玉溪市澄江市
地质年代	寒武纪
馆藏独特性	肉茎柄的长度可达壳的 15 倍，其解剖学特征与现代舌形贝基本相似
保藏地点	中国科学院南京地质古生物研究所南京古生物博物馆、标本馆

鉴别特征

贝壳呈三角形，长8~12 mm，宽约6 mm。矿化程度低，表面具细生长纹。胎壳圆形（直径约1 mm），腹壳假铰合面高，肉茎孔位于假铰合面的顶端。腹壳内有一呈盾形的肌痕区，顶肌痕心形，中央肌痕为小的三角形，后侧肌痕不明显。

梭状海口虫 *Haikouella lanceolata*

分类地位	原有头类
生活习性	在温暖浅海营群体游泳生活，滤食营养
采集地点	云南省玉溪市澄江市寒武系第二统帽天山页岩
地质年代	寒武纪
保藏地点	中国科学院南京地质古生物研究所南京古生物博物馆、标本馆

鉴别特征

体形像梭子，长2.5~3 cm，最长达到4 cm。背部长有一条粗大的脊索，身体“前端”宽大，长有6对鳃弓，每个鳃弓约有25个盘状横耙。腹部很宽，鳃腔后部分两侧扁平，鳃腔大又发育都是粗大的颚动脉。在第3对鳃弓附近，长有小小的咽刺，身体被近直形的肌隔分为25个肌节。4对排列紧密的生殖腺分布在前肠的两侧，在第6和第7肌节的位置。

奇虾 *Anomalocaris* sp.

分类地位	动物界 Animalia，节肢动物门 Arthropoda，奇虾目 Anomalocarida，奇虾科 Anomalocaridae，奇虾属 *Anomalocaris*
生活习性	浅海，肉食性，游泳
采集地点	云南东部寒武系第二统帽天山页岩
地质年代	寒武纪
馆藏独特性	奇虾是寒武纪早期巨型食肉类的重要代表，是海洋生态系统中最早的顶级捕食者，也是“寒武纪生命大爆发”代表性的明星动物之一
保藏地点	中国科学院南京地质古生物研究所南京古生物博物馆、标本馆

鉴别特征

身体扁平，呈流线型，由非骨骼化的软躯体构成，是一类体形巨大、身体造型奇特的动物，体长最长可达2 m。具有一对带柄的大而精细的复眼；有一对特化的捕食前附肢，由多达14个肢节所组成，可以牢牢抓住小动物。身体腹部前端有一个直径达25 cm的口器，口器呈圆环形，其外缘为环形排列的外齿所环绕。躯干两侧具有对桨状叶。身体尾部有美丽的大尾扇和一对长长的尾叉。

永顺拟栉壳虫 *Asaphopsoides yongshunensis*

分类地位	动物界 Animalia，节肢动物门 Arthropoda，栉虫目 Asaphida，洪基虫科 Hungaiidae
采集地点	湖南省湘西土家族苗族自治州永顺县
地质年代	早奥陶世
保藏地点	中国科学院南京地质古生物研究所南京古生物博物馆、标本馆

鉴别特征

特大型三叶虫，体长10~25 cm。整体卵圆形，头甲半圆形，并向左右两端收缩且向后弯，具颊刺；尾后缘有一对小侧刺。

心笔石 *Cardiograptus* sp.

分类地位	动物界 Animalia，半索动物门 Hemichordata，笔石纲 Graptolithina，正笔石目 Graptoloidea
采集地点	安徽省宣城市宁国市、江西省上饶市玉山县
地质年代	中奥陶世
保藏地点	中国科学院南京地质古生物研究所南京古生物博物馆、标本馆

鉴别特征

笔石体窄长，呈卵圆形，始端浑圆，末端平或凹陷。胞管双列，直管状，口部扩大；第1个胞管直向下生长，其余始端胞管近口部弯向斜下方至两侧，继而转为向斜上方生长。

米契林角石 *Michelinoceras* sp.

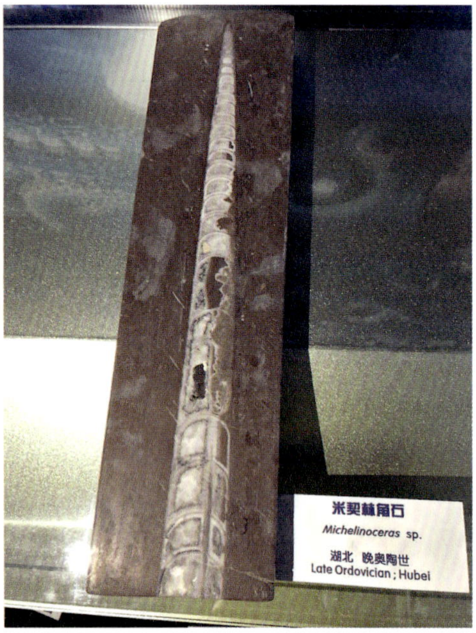

分类地位	动物界 Animalia，软体动物门 Mollusca，头足纲 Cephalopoda
生活习性	游泳
采集地点	湖北
地质年代	晚奥陶世
馆藏独特性	此属与直角石（Orthoceras）极为相似，但直角石的主要特征是住室中具 3 个对称排列的纵沟，壳壁外层表面具细的纵肋与横肋，壳壁内层具细斑状结构
保藏地点	中国科学院南京地质古生物研究所南京古生物博物馆、标本馆

鉴别特征

壳长而直，扩大缓慢，横切面为圆形。住室长，无纵沟。体管细，位于壳的中央或近中央。隔壁颈直而短，气室高。壳面光滑或具纵纹。

喇叭角石 *Lituites* sp.

分类地位	动物界 Animalia，软体动物门 Mollusca，头足纲 Cephalopoda，塔飞角石目 Tarphycerida，喇叭角石科 Lituitidae，喇叭角石属 *Lituites*
采集地点	贵州省铜仁市松桃苗族自治县
地质年代	晚奥陶世
保藏地点	中国科学院南京地质古生物研究所南京古生物博物馆、标本馆

鉴别特征

壳表平滑或有环状壳饰；壳始端为平旋卷或弓形壳体，成年期后成为直或略呈“S”形的管状壳；生长线在壳表多为弯曲状，有明显腹湾；完全成长壳体在壳口处有侧突发育，并有明显的腹湾与眼槽。

浙江曙鱼 *Shuyu zhejianensis*

分类地位	动物界 Animalia，脊索动物门 Chordata，甲胄鱼纲 Ostracoderm，真盔甲鱼目 Eugaleaspidiformes，曙鱼科 Shuyuidae，曙鱼属 *Shuyu*
属种名由来	属名“曙鱼”的寓意为：给颌的起源带来曙光的鱼；而种名是纪念它的发现地浙江
生活习性	生活在海洋中的它们是一种滤食性鱼类。椭圆状的口长在头部下方，可以过滤海底泥沙
采集地点	浙江省湖州市长兴县
地质年代	早 / 中志留世
馆藏独特性	浙江曙鱼正型标本展出于中国古动物馆一层的“无颌类”展区，头骨尺寸长宽皆约为 1.5 cm。它们的出现为颌的起源带来了曙光
保藏地点	中国科学院古脊椎动物与古人类研究所中国古动物馆、标本中心

黔羽枝 *Pinnatiramosus qianensis*

采集地点	贵州省遵义市凤冈县
地质年代	中志留世
馆藏独特性	标本大小为 37 cm × 25 cm × 7 cm。对它的归属还有争论，现在认为它是覆在泥盆纪地层之上的早二叠世地层中松柏类植物向下生长的根系
保藏地点	中国科学院植物研究所植物标本馆

王冠虫 *Coronocephalus* sp.

分类地位	动物界 Animalia，节肢动物门 Arthropoda，三叶虫纲 Trilobita
生活习性	浅海海域
采集地点	湖南
地质年代	中志留世
保藏地点	中国科学院南京地质古生物研究所南京古生物博物馆、标本馆

鉴别特征

头部呈新月形或次三角形，具很长的颊刺。头鞍前宽后窄，前叶颇大，并与假鞍前区融合，后部显著收缩呈棒状；活动颊边缘上有9个齿状瘤，头甲具粗瘤。胸部11节，肋部分节较少，肋节外端无肋刺。尾部三角形，中轴窄，平凸，向后逐渐变窄，分为35~45节。

梦幻鬼鱼 *Guiyu oneiros*

分类地位	动物界 Animalia，脊索动物门 Chordata，软骨鱼纲 Chondrichthyes，鬼鱼属 *Guiyu*
属种名由来	属种名意为一种只在梦中才出现的古鱼
生活习性	相比其他生活在海洋中的无颌类动物或节肢动物而言，梦幻鬼鱼已经演化出了能够咀嚼坚硬甲壳的上下颌，大大扩展了其取食范围
采集地点	云南省曲靖市
地质年代	晚志留世
馆藏独特性	梦幻鬼鱼正型标本展出于中国古动物馆一层的“盾皮鱼类”展区，其身体结构具备了多种原始有颌鱼类的特征。它的出现将硬骨鱼化石记录向前推进1000万年。这种“四不像”怪鱼是鱼类分类学生命树上一颗耀眼的“明星”，解决了辐鳍鱼类与肉鳍鱼类最早分界点，将脊椎动物早期“族谱”划分又向前迈进了一大步
保藏地点	中国科学院古脊椎动物与古人类研究所中国古动物馆、标本中心

蜂巢珊瑚 *Favosites* sp.

分类地位	动物界 Animalia，刺胞动物门 Cnidaria，珊瑚虫纲 Anthozoa，石珊瑚目 Scleractinia，蜂巢珊瑚科 Faviidae，蜂巢珊瑚属 *Favosites*
生活习性	海底底栖生活
采集地点	广西壮族自治区南宁市横县
地质年代	早泥盆世
保藏地点	中国科学院南京地质古生物研究所南京古生物博物馆、标本馆

鉴别特征

块状群体珊瑚，个体为多角形，体壁较薄，个体之间有壁孔或角孔相通，壁孔1~4列，床板构造发育，但隔壁构造不甚发育或只发育了很短的隔壁刺。

工蕨 *Zosterophyllum* sp.

分类地位	植物界 Plantae，蕨类植物门 Pteridophyta
采集地点	云南
地质年代	早泥盆世
保藏地点	中国科学院南京地质古生物研究所南京古生物博物馆、标本馆

鉴别特征

植株高可达25 cm，茎柔弱，多枝，常作等二歧式分叉，上部露出水面，下部复体分枝常呈“H”或“K”形，与汉字的“工”字相似；孢子囊球形或梨形，具短柄，聚成穗状，顶端横裂。原生中柱为外始式，木质部的管胞呈环纹加厚，表皮有原始的气孔，外面有角质层。

分珊瑚 *Disphyllum* sp.

分类地位	动物界 Animalia，刺胞动物门 Cnidaria，珊瑚虫纲 Anthozoa，皱纹珊瑚目，分珊瑚属 *Disphyllum*
生活习性	海底底栖生活
采集地点	河南
地质年代	中泥盆世
保藏地点	中国科学院南京地质古生物研究所南京古生物博物馆、标本馆

鉴别特征

丛状复体双带形珊瑚。个体细筒状。长隔壁细而长，但不达轴部，短隔壁短。鳞板小型，半球状。横板轴部平列，侧部内斜。

赫氏水龙兽　*Lystrosaurus hedini*

分类地位	动物界 Animalia，脊索动物门 Chordata，合弓纲 Synapsida，兽孔目 Therapsida，水龙兽科 Lystrosauridae，水龙兽属 *Lystrosaurus*
属种名由来	属名“水龙兽”不仅表达早期研究人员对它栖息地的判定，同时反映了其既像爬行动物又像哺乳动物的骨骼特征。种名“赫氏”是献给曾在新疆进行科考的瑞典探险家斯文·赫定（Sven Hedin）
生活习性	生活于湖泊池沼边缘。擅长挖洞，穴居生活，取食植物
采集地点	新疆维吾尔自治区吐鲁番盆地
地质年代	晚二叠世到早三叠世
馆藏独特性	正型标本展出于中国古动物馆二层的“似哺乳爬行动物”展区。它们的化石不仅在新疆有发现，在南非、印度、俄罗斯、澳大利亚乃至南极等地都有发现。通过研究发现，早先认为生活在水里的水龙兽其实生活在陆地。随着泛大陆在三叠纪的解体，水龙兽也跟随陆地漂移到了现在的分布地。因此，赫氏水龙兽化石是大陆漂移学说的重要支持证据
保藏地点	中国科学院古脊椎动物与古人类研究所中国古动物馆、标本中心

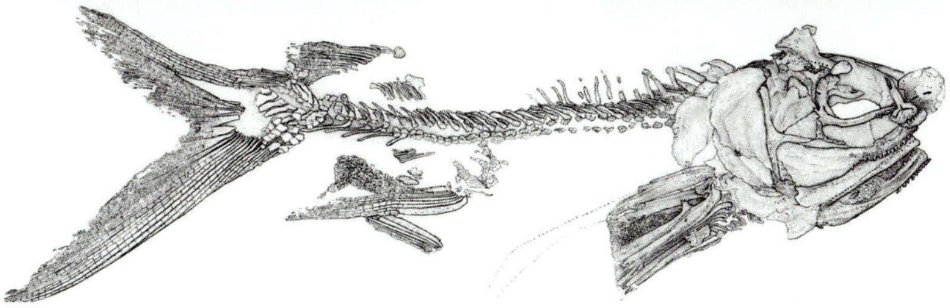

兴义飞鱼 *Potanichthys xingyiensis*

分类地位	动物界 Animalia，脊索动物门 Chordata，辐鳍鱼纲 Actinopterygii，肋鳞鱼目 Peltopleuriformes，胸鳍鱼科 Thoracopteridae，飞鱼属 *Potanichthys*
属种名由来	属名“飞鱼”泛指它们可以凭借自身身体结构在海平面好似飞一样滑翔；种名是纪念化石的发现地贵州兴义
生活习性	体长约 15 cm。生活在较深的海域，平日张开较大的口吞食浮游生物，有时也会捕食一些小型鱼类做饭后“甜点”。遇到天敌时，会用尾鳍快速抽打海水离开水面，随后张开硕大的胸鳍和腹鳍，借助气流在海平面滑翔躲避天敌
采集地点	贵州省黔西南布依族苗族自治州兴义市
地质年代	中三叠世
馆藏独特性	模式标本，展出于中国古动物馆一层的“辐鳍鱼类”展区
保藏地点	中国科学院古脊椎动物与古人类研究所中国古动物馆、标本中心

创孔海百合 *Traumatocrinus* sp.

分类地位	动物界 Animalia，棘皮动物门 Echinodermata，海百合纲 Crinoidea
生活习性	海底底栖生活，或营假漂浮生活
采集地点	贵州省安顺市关岭布依族苗族自治县
地质年代	中三叠世
保藏地点	中国科学院南京地质古生物研究所南京古生物博物馆、标本馆

鉴别特征

冠长，上宽下窄。萼部碗状，内底板、底板、辐板各5块，10个一级腕板及一些间腕板，未见肛板。三级腕20个，双列，内侧分枝，有羽枝，在分枝处着生瘤或小刺。茎圆，无蔓枝。茎中央孔圆而小，节面上有放射小沟。

盘县混鱼龙 *Mixosaurus panxianensis*

分类地位	动物界 Animalia，脊索动物门 Chordata，爬行纲 Reptilia，鱼龙目 Ichthyosauria，混鱼龙科 Mixosauridae，混鱼龙属 *Mixosaurus*
属种名由来	属名“混鱼龙”表达其身体结构拥有多种鱼龙混合的特征；种名“盘县”是纪念化石发现地贵州西部盘县新民乡（现为盘州市新民镇）
生活习性	平均体长 1 m 左右，流线型的身姿使其能在大海中快速游动。多以鱼类为食，脑袋两侧的一双大眼睛能帮助它们快速辨识猎物或天敌
采集地点	贵州省六盘水市盘州市
地质年代	中三叠世
馆藏独特性	正型标本展出于“海生爬行动物”展区。清修后的标本骨骼清晰，像一幅精美的画卷
保藏地点	中国科学院古脊椎动物与古人类研究所中国古动物馆、标本中心

西藏喜马拉雅鱼龙 *Himalayasaurus tibetensis*

分类地位	动物界 Animalia，脊索动物门 Chordata，爬行纲 Reptilia，鱼龙目 Ichthyosauria，萨斯特鱼龙科 Shastasauridae，喜马拉雅鱼龙属 *Himalayasaurus*
属种名由来	属及种名是为了纪念化石的发现地西藏自治区喜马拉雅山
生活习性	西藏喜马拉雅鱼龙生活在海里，是一种大型的海生爬行动物。平日以小鱼、菊石为食。体形超过 10 m 的它可是当时这片海域的顶级掠食者
采集地点	西藏自治区日喀则市聂拉木县
地质年代	晚三叠世
馆藏独特性	正型标本展出于中国古动物馆一层临时特展“青藏高原古生物科考成果展”中。这种海生爬行动物之所以会出现在被茫茫白雪覆盖的喜马拉雅山上，是大自然地质变迁所导致的。西藏大量中生代海生动物化石的发现说明 2 亿年前这里曾是一片汪洋大海，后来地壳运动造成海底抬升，最终变为现在的高山。可以说，西藏喜马拉雅鱼龙是西藏海陆变迁的见证者，是科学家重塑古地理、古环境宝贵的化石证据
保藏地点	中国科学院古脊椎动物与古人类研究所中国古动物馆、标本中心

半甲齿龟
Odontochelys semitestacea

分类地位	动物界 Animalia，脊索动物门 Chordata，爬行纲 Reptilia，龟鳖目 Chelonia，齿龟科 Odontochelyidae，齿龟属 *Odontochelys*
属种名由来	属名“齿龟”寓意这种原始的龟类口中长有牙齿；而种名“半甲”是因为标本的腹部有完整甲壳，但背部还没有形成完整甲壳，而由脊椎骨和加宽的肋骨组成，所以相比现生龟类背、腹部都有完整甲壳，它只有“一半”的甲壳，因而得名
生活习性	化石发现于海相地层，说明这种动物生前生活于海中。前肢的指骨表明它们没有演化到桨状肢，很可能不能像现生海龟一样远洋迁徙，只能在近海岸生活，时不时在沙滩上晒晒太阳。口中的牙齿则说明它们的食谱可能较多元化，菊石、小鱼可能都是它们的盘中餐
采集地点	贵州省安顺市关岭布依族苗族自治县
地质年代	晚三叠世
馆藏独特性	正型标本存放于中国科学院古脊椎动物与古人类研究所标本中心，翻制模型展出于中国古动物馆二层“龟鳖类”展区。半甲齿龟化石的发现为探寻龟类家族演化史提供了珍贵的科学素材
保藏地点	中国科学院古脊椎动物与古人类研究所中国古动物馆、标本中心

贵州龙
***Keichousaurus* sp.**

分类地位	动物界 Animalia，脊索动物门 Chordata，爬行纲 Reptilia，鳍龙目，贵州龙科
生活习性	大部分时间生活在水里，宽大的脚掌及细长的尾巴适于游泳。取食鱼及小型水生动物
采集地点	贵州省黔西南布依族苗族自治州兴义市一带
地质年代	中三叠世
馆藏独特性	1957 年由中国地质博物馆胡承志先生首次发现，从此拉开了我国研究三叠纪海生爬行动物的序幕
保藏地点	中国科学院南京地质古生物研究所南京古生物博物馆、标本馆

鉴别特征

头小，脖子长，身体宽扁。四肢仍保留趾爪，能像鳄鱼一样匍匐前行。

许氏禄丰龙 *Lufengosaurus huenei*

分类地位	动物界 Animalia，脊索动物门 Chordata，蜥形纲 Sauropsida，蜥臀目 Saurischia，大椎龙科 Massospondylidae，禄丰龙属 *Lufengosaurus*
属种名由来	属名“禄丰龙”取自化石的发现地禄丰县；种名“许氏”则因为其被研究人杨钟健先生献给了他在德国博士留学时，对他提供过重要帮助的一位德国古生物学家许耐（Friedrich von Huene）
生活习性	体长超过 6 m，高 2 m 有余。脑袋小、脖子长，是一种多以四足行走的植食性恐龙。当遇到威胁时，会两足站起，用强有力的前肢给对手致命一击
采集地点	云南省楚雄彝族自治州禄丰县
地质年代	早侏罗世
馆藏独特性	正型标本展出于中国古动物馆二层的“恐龙走廊”展区，这也是最初被研究定种的模式标本。它被称为“中国第一龙”，理由有三：第一，许氏禄丰龙是由我国古生物学家自主研究、自主装架、自主命名的第一条恐龙，是当时保存最为完整的恐龙之一，这具骨架 70% 以上出自同一个体的原始骨骼化石；第二，许氏禄丰龙是我国已知时代最早的恐龙，生活在近 2 亿年前的侏罗纪早期；第三，1958 年中国邮政发布中国第一枚恐龙邮票，禄丰龙的骨架和复原形象登上了邮票，而且这枚邮票也是世界公开发行的第一枚恐龙邮票
保藏地点	中国科学院古脊椎动物与古人类研究所中国古动物馆、标本中心

长臂浑元龙 *Ambopteryx longibrachium*

分类地位	动物界 Animalia，脊索动物门 Chordata，蜥形纲 Sauropsida，蜥臀目 Saurischia，擅攀鸟龙科 Scansoriopterygidae，浑元龙属 *Ambopteryx*
属种名由来	属名“浑元龙”有混合之意，既具备恐龙的骨骼特征，又具备了蝙蝠与翼龙的翼膜，是不折不扣的混合体恐龙；种名“长臂”表达这种恐龙拥有加长的手臂
生活习性	体长 32 cm，恐龙家族中最小的恐龙之一。前肢长于后肢，有像蝙蝠一样的皮质翼膜，飞行方式可能近似于蝙蝠或像鼯鼠一样滑翔。擅于攀爬的四肢说明它们喜欢树栖，能够更好地躲避天敌。没有完全消化的骨质胃容物讲述着它们可能是杂食性恐龙，并以一些小型鱼类、蜥蜴或是节肢动物为食
采集地点	辽宁省凌源市
地质年代	晚侏罗世
馆藏独特性	正型标本存放于中国科学院古脊椎动物与古人类研究所标本中心。于 2019 年 5 月登上《自然》杂志封面。清晰的加长棒状骨以及翼膜印痕直观讲述了擅攀鸟龙科成员的独特性，为古生物学家重塑恐龙时代多样性增添了宝贵的科学证据
保藏地点	中国科学院古脊椎动物与古人类研究所中国古动物馆、标本中心

奇异热河螈 *Jeholotriton paradoxus*

分类地位	动物界 Animalia，脊索动物门 Chordata，两栖纲 Amphibian，有尾目 Caudata，科未定，热河螈属 *Jeholotriton*
属种名由来	属名“热河螈”显示研究人员当时认为发现地层为早白垩世的热河生物群，现在新的研究已经将其修正为“燕辽生物群”，但物种名称一旦成为有效命名就无法更改；种名“奇异”表示它的头骨结构很特殊
生活习性	对大量奇异热河螈化石的研究发现，它们无论是幼年还是成年都终身保留外鳃，这种现象也被称为“专性幼态持续”。这种身体构造表明它们终生在水中生活。腹中的叶肢介化石表明，它们的食性为小型节肢动物
采集地点	内蒙古自治区赤峰市宁城县道虎沟村
地质年代	中侏罗世
馆藏独特性	正型标本存放于中国科学院古脊椎动物与古人类研究所标本中心，为早期有尾两栖类的食性及演化提供了更多研究素材
保藏地点	中国科学院古脊椎动物与古人类研究所中国古动物馆、标本中心

赫氏近鸟龙 *Anchiornis huxleyi*

分类地位	动物界 Animalia，脊索动物门 Chordata，蜥形纲 Sauropsida，蜥臀目 Saurischia，近鸟龙科 Anchiornithidae，近鸟龙属 *Anchiornis*
属种名由来	属名“近鸟龙”表示它的亲缘关系与鸟很近；种名“赫氏”献给了首先提出“鸟类起源于恐龙”假说的英国科学家赫胥黎（T. H. Huxley）
生活习性	成年赫氏近鸟龙体长约 34 cm（个别个体可达 40 cm），翼展 50 cm。生前全身布满黑白灰相间的羽毛，虽然飞行能力一般，但骨骼结构显示它们可能擅于奔跑，形似现生的跑地鸡。根据大量化石胃容物研究发现，它们生前曾以小鱼和蜥蜴为食。它们最早具有“食团消化机制”，也就是它们进食后会把消化不了的残渣聚集成团状物从嘴里吐出
采集地点	辽宁省葫芦岛市建昌县
地质年代	晚侏罗世
馆藏独特性	正型标本存放于中国科学院古脊椎动物与古人类研究所标本中心。它不仅是最早出现四翼的恐龙，也是世界首批知道体表颜色的恐龙之一（2010）。这类恐龙的骨骼既有恐龙自身的特征，也有了鸟类的特征，是由恐龙向鸟类演化的中间环节
保藏地点	中国科学院古脊椎动物与古人类研究所中国古动物馆、标本中心

胡氏耀龙 *Epidexipteryx hui*

分类地位	动物界 Animalia，脊索动物门 Chordata，蜥形纲 Sauropsida，蜥臀目 Saurischia，擅攀鸟龙科 Scansoriopterygidae，耀龙属 *Epidexipteryx*
属种名由来	属名“耀龙”意为有炫耀羽毛的恐龙；种名“胡氏”是为了纪念论文发表当年（2008）英年早逝的我国古哺乳动物学者胡耀明先生，他生前在该化石产地做了很多科研工作
生活习性	耀龙身长约 25 cm（算上尾羽体长则有 44 cm），体形如此娇小的恐龙生前全身布满羽毛。最为特殊之处在于，尾部有 4 根长达 20 cm 的带状尾羽。古生物学家推测，这些尾羽很可能是用来展示或恐吓。锋利的牙齿说明它很可能以小型鱼类及蜥蜴为食
采集地点	内蒙古自治区赤峰市宁城县道虎沟村
地质年代	中侏罗世
馆藏独特性	正型标本展出于中国古动物馆二层的“恐龙走廊”展区，此化石的发现让我们联想到孔雀开屏。虽然胡氏耀龙只有 4 根尾羽，但不难想象这些尾羽在功能展示上会有相似的关联性，让世人更加全面了解到恐龙世界绚丽多彩的一面
保藏地点	中国科学院古脊椎动物与古人类研究所中国古动物馆、标本中心

巨型跳蚤 *Tyrannopsylla beipiaoensis*

分类地位	动物界 Animalia，节肢动物门 Arthropoda，昆虫纲 Insecta，蚤目 Siphonaptera
生活习性	中生代哺乳动物体形较小，推测如果寄主为哺乳动物，跳蚤很可能隐藏在寄主巢穴中适时吮血；巨型跳蚤长而尖锐的口器可以穿透恐龙坚韧的皮肤，并不排除当时的跳蚤寄生在带毛恐龙体表的可能
采集地点	辽宁
地质年代	中生代侏罗纪中晚期到早白垩世
馆藏独特性	迄今最古老的跳蚤化石，这一发现将跳蚤化石记录至少提前了 4000 多万年
保藏地点	中国科学院南京地质古生物研究所南京古生物博物馆、标本馆

鉴别特征

体长约 1.5 cm，有的种类可超过 2 cm。无翅，体形近圆柱状；触角短，多节（16~19 节，现代种类不超过 11 节）；具较长后口式刺吸型口器；胸腹部发育大量向后的鬃毛。

中华龙鸟 *Sinosauropteryx* sp.

分类地位	动物界 Animalia，脊索动物门 Chordata，蜥形纲 Sauropsida，蜥臀目 Saurischia，美颌龙科 Compsognathidae
生活习性	陆地生活
采集地点	辽宁省锦州市义县
地质年代	白垩纪
馆藏独特性	世界上发现的第一个带羽毛的恐龙化石，复活了鸟儿来自恐龙的假说
保藏地点	中国科学院南京地质古生物研究所南京古生物博物馆、标本馆

鉴别特征

骨架大小1 m左右，前肢粗短，爪钩锐利，牙齿内侧有明显的锯齿状构造。头部方骨还未愈合。有4个颈椎和13个脊椎，尾几乎是躯干长度的两倍半，尾椎特别长，有50多节尾椎骨，后肢长而粗壮。从头部到尾部都披覆着像羽毛一样的皮肤衍生物。

寐龙 *Mei long*

分类地位	动物界 Animalia，脊索动物门 Chordata，蜥形纲 Sauropsida，蜥臀目 Saurischia，伤齿龙科 Troodontidae，寐龙属 *Mei*
属种名由来	这是第一种用中文汉语拼音命名的恐龙，属名“Mei”是汉语拼音“寐”的读音，意为“睡眠（古语）”，源于此化石保存的体姿为蜷缩睡眠状；种名“long”是汉语拼音“龙”的读音
生活习性	寐龙体长 53 cm，在恐龙大家族中属于个体较小的成员。虽然该属种恐龙化石到目前为止仅发现这一件，但通过同属种恐龙的研究推测：寐龙生前身上布满了羽毛，它很可能以小型节肢动物或小鱼、小虾为食
采集地点	辽宁省朝阳市北票市
地质年代	早白垩世
馆藏独特性	正型标本存放于中国科学院古脊椎动物与古人类研究所标本中心，这一睡姿恐龙标本进一步证实了恐龙与鸟类生理及行为方式的相似性，为鸟类起源于小型兽脚类恐龙的假说提供了更多证据
保藏地点	中国科学院古脊椎动物与古人类研究所中国古动物馆、标本中心

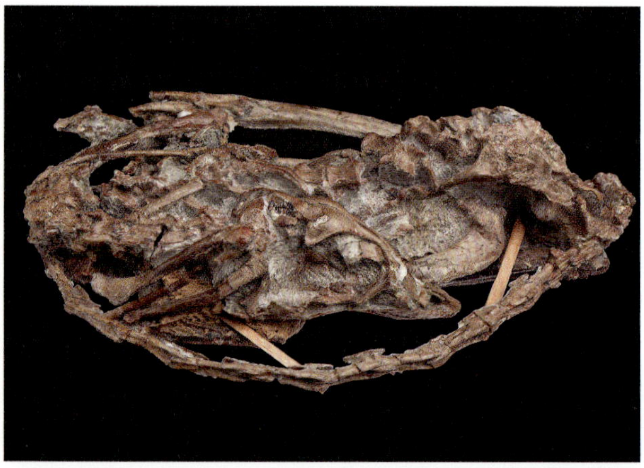

强壮爬兽 *Repenomamus robustus*

分类地位	动物界 Animalia，脊索动物门 Chordata，哺乳纲 Mammalia，戈壁兽目 Gobiconodonta，爬兽科 Repenomamidae，爬兽属 *Repenomamus*
属种名由来	属名“爬兽”表示从爬行动物向哺乳动物过渡的特点；种名“强壮”代表在它生活的时代，爬兽远比其他哺乳动物的体形更大而更强壮
生活习性	四足行走，四肢虽然短粗，但力量很大。以肉为食，小型蜥蜴、鱼类、恐龙都是它们的主菜
采集地点	辽宁省朝阳市北票市
地质年代	早白垩世
馆藏独特性	正型标本展出于中国古动物馆三层的“中生代古哺乳动物”展区。在这件爬兽化石的腹部，有一些零碎的小骨骼。详细研究得知，这些小骨骼并不是小爬兽宝宝，而是同时期生存的幼年鹦鹉嘴龙。这说明与恐龙同时代的一些大型哺乳动物可以以小恐龙为食
保藏地点	中国科学院古脊椎动物与古人类研究所中国古动物馆、标本中心

顾氏小盗龙 *Microraptor gui*

分类地位	动物界 Animalia，脊索动物门 Chordata，蜥形纲 Sauropsida，蜥臀目 Saurischia，驰龙科 Dromaeosauridae，小盗龙属 *Microraptor*
属种名由来	属名“小盗龙”意为小型的强盗，因为它们不放过任何小型猎物；种名“顾氏”是纪念为热河生物群研究做出重大贡献的中国著名古生物学家顾知微院士
生活习性	体长约 90 cm，个子虽然不大，却是典型的肉食性恐龙。通过化石胃容物研究发现，它们几乎见什么就吃什么，小鱼、小虾、蜥蜴、哺乳动物，乃至鸟类都是它们的盘中餐
采集地点	辽宁省朝阳市
地质年代	早白垩世
馆藏独特性	正型标本存放于中国科学院古脊椎动物与古人类研究所标本中心；翻制模型展出于中国古动物馆一层的“热河生物群”展区。它不仅是世界上发现的第一种会飞的恐龙，也是世界上发现的第一种长了“4个翅膀”的恐龙。为鸟类起源于恐龙假说、鸟类飞行“树栖起源”假说提供了实证
保藏地点	中国科学院古脊椎动物与古人类研究所中国古动物馆、标本中心

魏氏准噶尔翼龙 *Dsungaripterus weii*

分类地位	动物界 Animalia，脊索动物门 Chordata，蜥形纲 Sauropsida，翼龙目 Pterosauria，准噶尔翼龙科 Dsungaripteridae，准噶尔翼龙属 *Dsungaripterus*
属种名由来	属名“准噶尔”是为了纪念化石的发现地新疆准噶尔盆地；种名“魏氏”是献给发现此化石的新疆石油地质工作者魏景明
生活习性	成年的魏氏准噶尔翼龙翼展可达3 m，凭借着宽大的翼膜称霸天空。靠近湖泊筑巢的它们多群居生活，以鱼、虾为食。在陆地行进时，它们以四足爬行
采集地点	新疆维吾尔自治区克拉玛依市
地质年代	早白垩世
馆藏独特性	正型标本展出于中国古动物馆二层的“翼龙类”展区。此模式标本是中国第一件较为完整的翼龙化石，也是中国鉴定到种一级的第一个翼龙
保藏地点	中国科学院古脊椎动物与古人类研究所中国古动物馆、标本中心

猎手鬼龙 *Guidraco venator*

分类地位	动物界 Animalia，脊索动物门 Chordata，蜥形纲 Sauropsida，翼龙目 Pterosauria，古魔翼龙科 Anhangueridae，鬼龙属 *Guidraco*
属种名由来	属名“鬼龙”源自其拥有魔鬼般奇特头骨和吻端异常粗大的牙齿的骨骼特征；种名“猎手”显示其生前是一名捕猎高手
生活习性	生活在宽阔的湖泊周边，湖内丰富的鱼类，如吉南鱼、北票鲟和原白鲟等都可能是它们的“主菜”。它们滑翔于湖面观察水下的美食，一旦锁定目标，会利用吻前端致密的大牙把鱼“捞起”饱餐一顿
采集地点	辽宁省朝阳市凌源市
地质年代	早白垩世
馆藏独特性	正型标本展出于中国古动物馆二层的“翼龙类”展区，正型标本就是最早研究命名时所依据的唯一标本。猎手鬼龙头骨周边散落了一些不规则凸起的棕色粪便化石，是由鱼类骨骼碎片组成的，这也符合猎手鬼龙吻部前端粗大尖锐牙齿的捕食特点。这是首次发现翼龙粪便与骨骼化石在同层位保存，直接证明了鬼龙食鱼的食性
保藏地点	中国科学院古脊椎动物与古人类研究所中国古动物馆、标本中心

辽宁早白垩世鸟类胚胎

分类地位	动物界 Animalia，脊索动物门 Chordata，鸟纲 Aves，反鸟亚纲 Enantiornithes
生活习性	反鸟类的飞行能力强，在恐龙、翼龙横行的白垩纪，它们以绝对的数量优势远胜于当时的现代鸟类祖先类群。平日反鸟类多树栖生活，小型昆虫、鱼类、果实皆为它们的盘中餐
采集地点	辽宁省朝阳市
地质年代	早白垩世
馆藏独特性	正型标本存放于中国科学院古脊椎动物与古人类研究所标本中心。这件胚胎化石不仅对研究早期鸟类胚胎发育演化模式提供了科学依据，同时也为早期鸟类羽毛的演化提供了诸多信息
保藏地点	中国科学院古脊椎动物与古人类研究所中国古动物馆、标本中心

原始热河鸟
Jeholornis prima

分类地位	动物界 Animalia，脊索动物门 Chordata，蜥形纲 Sauropsida，热河鸟目 Jeholornithiformes，热河鸟科 Jeholornithidae，热河鸟属 *Jeholornis*
属种名由来	属名“热河鸟”是纪念此标本产自辽宁省朝阳市的热河生物群；种名“原始”表达了这种鸟类身体结构非常原始，处于鸟类演化的基干位置
生活习性	原始热河鸟体长（含尾）约为 60 cm，口中长有牙齿，平日多以植物的种子为食
采集地点	辽宁省朝阳市
地质年代	早白垩世
馆藏独特性	正型标本展出于中国古动物馆二层的“古鸟类”展区。原始热河鸟在分类中属于基干鸟类，但特别之处在于它口中的下颌骨长有少量牙齿，翅膀上长有 3 个尖锐的大爪子，尾部还保留了数量众多的尾椎骨，现生鸟类是没有这些特征的；这表明原始热河鸟是恐龙向鸟类演化的重要过渡环节，为“鸟类起源于小型兽脚类恐龙”假说提供了有说服力的实证
保藏地点	中国科学院古脊椎动物与古人类研究所中国古动物馆、标本中心

诺氏马鬃龙
Equijubus normani

分类地位	动物界 Animalia，脊索动物门 Chordata，蜥形纲 Sauropsida，鸟臀目 Ornithischia，鸭嘴龙超科 Hadrosauroidea，马鬃龙属 *Equijubus*
属种名由来	属名“马鬃龙”是纪念化石发现地甘肃马鬃山地区；种名“诺氏”是献给为研究鸟脚类恐龙做出突出贡献的大卫·诺曼博士（David B. Norman）
生活习性	推测体长约 7 m，植食性，群居。主要以禾本科植物为食
采集地点	甘肃省酒泉市肃北蒙古族自治县马鬃山
地质年代	早白垩世
馆藏独特性	正型标本存放于中国科学院古脊椎动物与古人类研究所标本中心。它的发现告诉全世界，第一只真正吃草的恐龙名叫诺氏马鬃龙，其成排的牙齿绝对称得上割草利器
保藏地点	中国科学院古脊椎动物与古人类研究所中国古动物馆、标本中心

戈壁原巴克龙
Probactrosaurus gobiensis

分类地位	动物界 Animalia，脊索动物门 Chordata，蜥形纲 Sauropsida，鸟臀目 Ornithischia，鸭嘴龙超科 Hadrosauroidea，原巴克龙属 *Probactrosaurus*
属种名由来	属名“原巴克龙”是指较为原始的巴克龙（一种原始的鸭嘴类恐龙）；种名“戈壁”是纪念化石发现地内蒙古戈壁滩
生活习性	戈壁原巴克龙属于较为原始的鸭嘴龙超科成员，体长约 5.5 m。平时以群居生活，多以四足行走，是一种植食性恐龙。当遇到其他动物攻击时，原巴克龙前爪上的拇指刺突可用来防御和攻击
采集地点	内蒙古自治区阿拉善盟阿拉善左旗
地质年代	晚白垩世
馆藏独特性	流落海外半个多世纪的戈壁原巴克龙下颌骨于 2011 年重归故土，在同年的“5·18 博物馆日”，中国科学院古脊椎动物与古人类研究所旗下的中国古动物馆为此特别举办了“游龙归来”特展欢迎它回家。这件历经沧桑的正型标本展出于中国古动物馆二层的“恐龙走廊”展区
保藏地点	中国科学院古脊椎动物与古人类研究所中国古动物馆、标本中心

棘鼻青岛龙 *Tsintaosaurus spinorhinus*

分类地位	动物界 Animalia，脊索动物门 Chordata，蜥形纲 Sauropsida，鸟臀目 Ornithischia，鸭嘴龙科 Hadrosauridae，青岛龙属 *Tsintaosaurus*
属种名由来	如果按照化石发现地来命名的话，它应该叫莱阳龙。属名叫作“青岛龙”是因为当时发掘的大本营设在青岛，后来的化石研究、首次展出都在青岛，而且化石发现者也是地处青岛的山东大学师生，因此最终将属名献给了青岛；而种名“棘鼻”是因为此化石的头骨上长有骨质棘突
生活习性	体长约 7 m，高约 5 m。双足或四足行走，以蕨类、裸子植物为食。由于缺乏防卫武器，多以群居方式活动
采集地点	山东省烟台市莱阳市
地质年代	晚白垩世
馆藏独特性	正型标本展出于中国古动物馆一层“恐龙展池”中。它是新中国成立后命名的第一种恐龙，又称“新中国第一龙”。改革开放后它曾多次出访国外参展，充当传播友谊的使者。如今，在中国古动物馆的古脊椎动物馆一层展厅的龙池中，迎面的第一只恐龙便是它，它也成了馆内的“迎宾龙”
保藏地点	中国科学院古脊椎动物与古人类研究所中国古动物馆、标本中心

长昌莲 *Nelumbo changchangensis*

采集地点	2009年采自海南省海口市琼山区甲子镇长昌煤矿片区
地质年代	始新世
馆藏独特性	迄今为止，在低纬度地区发现的最早的完整藕化石
保藏地点	中国科学院植物研究所植物标本馆

货币虫 *Nummulites* sp.

分类地位	假菌界 Chromista，原生动物门 Foraminifera，肉足虫纲 Globothalamea，有孔虫目 Rotaliida，货币虫科 Nummulitidae
生活习性	一般生存于温暖浅海地带
采集地点	西藏
地质年代	始新世
保藏地点	中国科学院南京地质古生物研究所南京古生物博物馆、标本馆

鉴别特征

大型有孔虫。壳为石灰质，具有多室，因状如货币而得名。壳呈透镜圆盘形，钙质，两侧对称，壳圈多，为隔壁分隔成许多房室，具支柱及管道系统。

阿喀琉斯基猴　*Archicebus achilles*

分类地位	动物界 Animalia，脊索动物门 Chordata，哺乳纲 Mammalia，灵长目 Primates，基猴科 Archicebidae，基猴属 *Archicebus*
属种名由来	属名“基猴”表示它在灵长类系统演化树上处于相对原始基干位置；种名“阿喀琉斯”取自希腊神话典故——阿喀琉斯之踵，显示阿喀琉斯基猴的脚跟骨泄露了它的身世奥秘
生活习性	灵活的四肢搭配小巧的身材使其能在林间跳跃。较小的眼眶揭示它日出昼歇的生活习性。尖锐的牙齿能够将捕捉到的各类昆虫咬碎吃掉
采集地点	湖北省荆州市松滋市
地质年代	早始新世
馆藏独特性	正型标本存放于中国科学院古脊椎动物与古人类研究所标本中心，翻制模型展出于中国古动物馆三层的“灵长类”展区。阿喀琉斯基猴接近类人猿与眼镜猴两个支系的分支点，是目前与人类的类人猿远祖最接近的灵长类之一，对重建人类与早期灵长类间的演化关系提供了珍贵的化石证据
保藏地点	中国科学院古脊椎动物与古人类研究所中国古动物馆、标本中心

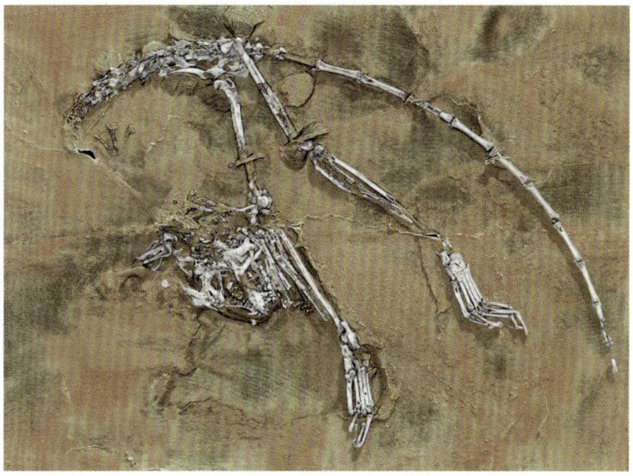

西藏始攀鲈　*Eoanabas thibetana*

分类地位	动物界 Animalia，脊索动物门 Chordata，辐鳍鱼纲 Actinopterygii，攀鲈目 Anabantiformes，攀鲈科 Anabantidae，始攀鲈属 *Eoanabas*
属种名由来	属名“始攀鲈”代表这类攀鲈身体结构比较原始；种名“西藏”纪念此化石发现于西藏
生活习性	距今 2600 万年前，藏北是一片温暖潮湿的低地。陆地上生长着大量热带及亚热带的棕榈植物，湖面上漂浮着拟浮萍叶。西藏始攀鲈大多数时候生活在水中，以浮游生物及小型节肢动物为食；由于它们特殊的鳃部结构（被称为“迷鳃”，可以直接呼吸空气），它们偶尔也能登上陆地“走”两步，看看陆地上的别样景致
采集地点	西藏自治区那曲市双湖县
地质年代	晚渐新世
馆藏独特性	正型标本展出于中国古动物馆一层临时特展“青藏高原古生物科考成果展”中。此化石的发现不光勾勒出 2000 多万年前藏北的古环境与古地理，也为生物演化多样性提供了科学依据
保藏地点	中国科学院古脊椎动物与古人类研究所中国古动物馆、标本中心

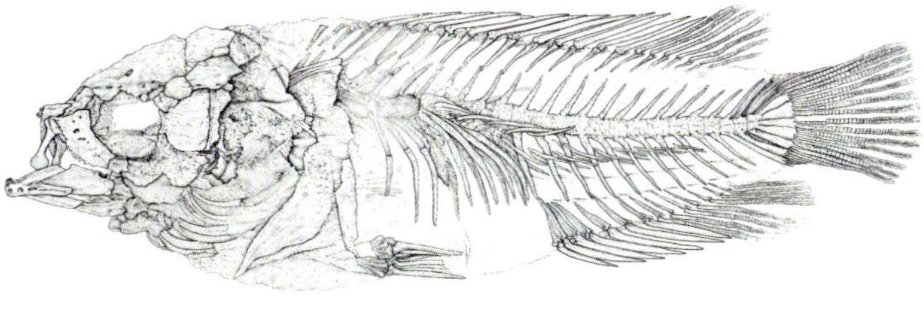

伍氏献文鱼 *Hsianwenia wui*

分类地位	动物界 Animalia，脊索动物门 Chordata，辐鳍鱼纲 Actinopterygii，鲤形目 Cypriniformes，鲤科 Cyprinidae，献文鱼属 *Hsianwenia*
属种名由来	学名献给了我国著名鱼类学家伍献文院士
生活习性	生活在距今 400 万 ~300 万年前的柴达木盆地。“柴达木”在蒙古语中的含义是“盐泽”，意思是盛产钾盐。它们活着的时候因喝了高盐碱浓度的“矿泉水”而骨骼粗壮，但也最终走向了灭绝
采集地点	青海省柴达木盆地
地质年代	中上新世
馆藏独特性	正型标本展出于中国古动物馆一层的“辐鳍鱼类”展区。它粗壮的骨骼化石告诉我们，由于青藏高原的不断抬升，造成湖水不断蒸发，水体中的钙质浓度越来越高，这就是其骨头变粗的原因。一块古生物化石不仅反映出生物的演化关系，同时也能诉说环境变迁对物种的影响
保藏地点	中国科学院古脊椎动物与古人类研究所中国古动物馆、标本中心

西藏披毛犀 *Coelodonta thibetana*

分类地位	动物界 Animalia，脊索动物门 Chordata，哺乳纲 Mammalia，奇蹄目 Perissodactyla，犀科 Rhinocerotidae，披毛犀属 *Coelodonta*
属种名由来	属名“披毛犀”是指这类犀生前身披毛发；种名“西藏”代表化石发现地西藏
生活习性	是一种草食性哺乳动物，生存于高寒环境。平日以粗纤维植物为食，遇到大雪把植被覆盖时，可用头部最前端的大角将雪扫开，取食雪下的植物
采集地点	西藏自治区阿里扎达盆地
地质年代	中上新世
馆藏独特性	正型标本头骨存放于中国科学院古脊椎动物与古人类研究所标本中心，复制模型在中国古动物馆三层展出。它是至今为止最早的披毛犀化石，为研究青藏高原隆起与动物演化关系提供了重要的化石记录
保藏地点	中国科学院古脊椎动物与古人类研究所中国古动物馆、标本中心

师氏剑齿象 *Stegodon zdanskyi*

分类地位	动物界 Animalia，脊索动物门 Chordata，哺乳纲 Mammalia，长鼻目 Proboscidea，真象科 Elephantidae，剑齿象属 *Stegodon*
属种名由来	属名“剑齿象”（*Stegodon*）的含义是臼齿像屋脊一样；种名“师氏”是为了纪念奥地利著名古生物学家奥托·师丹斯基（Otto Zdansky）
生活习性	体长可达 8 m，群居，游走在开阔草原上。食量大，主要以粗纤维植物为食
采集地点	甘肃省庆阳市合水县
地质年代	早更新世
馆藏独特性	最初根据化石发现地将它命名为黄河剑齿象，简称“黄河象”；但后来发现它和早先已命名的师氏剑齿象为同种异名，黄河剑齿象成为无效命名
保藏地点	中国科学院古脊椎动物与古人类研究所中国古动物馆、标本中心

北京直立人　（第一个完整的头盖骨模型）
Homo erectus (model of the f irst complete skull cap)

分类地位	动物界 Animalia，脊索动物门 Chordata，哺乳纲 Mammalia，灵长目 Primates，人科 Hominidae，人属 *Homo*
属种名由来	发现于周口店的古人类化石早期被加拿大人类学家步达生鉴定为“中国人北京种”，现已修订为“直立人北京亚种”，简称“北京直立人”，俗称“北京人”。直立人具有直立行走能力，代表了从猿到人的过渡演化阶段。在汉语中，经常用“猿人”代表直立人的演化阶段
生活习性	生活在林间和有遮挡的洞穴中，群居，杂食性。白天在林间寻找枝头上的果实，捕捉动物或捡拾动物的尸体。能够主动使用火烧烤食物并对抗严寒
采集地点	北京市房山区周口店
地质年代	中更新世
馆藏独特性	北京直立人头盖骨（模型）存放于中国科学院古脊椎动物与古人类研究所标本中心。后期再制作的模型展出于中国古动物馆一层的“人类演化馆”，它对探寻人类演化史提供了弥足珍贵的科学依据。周口店北京人遗址于 1987 年同我国的故宫、长城等一起首批入选了《世界遗产名录》。此化石的正型标本在抗日战争时转运失踪，至今下落不明。照片中的标本是胡承志先生当年比照“正型”制作的首批模型，相关数据保持了原标本的真实性，同样具有很高的学术价值
保藏地点	中国科学院古脊椎动物与古人类研究所中国古动物馆、标本中心

尼阿底棱柱状石叶石核　Prismatic blade core from Nwya Devu Site

采集地点	西藏自治区那曲市申扎县尼阿底（海拔 4600 m）
地质年代	晚更新世
馆藏独特性	为尼阿底古人在旧石器时代晚期制作的石制品。尼阿底古人能够克服低温缺氧的高海拔，按季节性到此采集地采集石器并打猎。尼阿底遗址是西藏地区首次发现的具有确切地层和年代学依据的旧石器时代遗址。此石器的大量发现书写了世界范围内古人攀登最高海拔极限的纪录，打破了此前南美洲安第斯高原海拔 4480 m、年代距今 1.2 万年的双纪录。并入选“2018 年度中国古生物学十大进展”
保藏地点	中国科学院古脊椎动物与古人类研究所中国古动物馆、标本中心

二、真菌篇

1. 子囊菌类

金丝带 *Lethariella zahlbruckneri* (Du Rietz) Krog

分类地位	子囊菌门 Ascomycota，茶渍纲 Lecanoromycetes，茶渍目 Lecanorales，梅衣科 Parmeliaceae，金丝属 *Lethariella*
保护级别及濒危程度	中国物种红色名录列为易危（VU）
生活习性	生于海拔4200~4800 m 枯柏（*Juniperus* sp.）、落叶松（*Larix* sp.）、冷杉（*Abies* sp.）枯树干或树冠，极少见
分布现状	中国特有种，分布于西藏、四川、云南、贵州和陕西
馆藏独特性	这是近20年来最后采集到的一份标本，由王立松2000年采自云南的梅里雪山，在云南省已几乎绝迹
保藏地点	中国科学院昆明植物研究所标本馆

鉴别特征

地衣体丝状悬垂状，长10~50 cm，主枝直径2~5 mm，等二叉至不规则分枝，具侧生刺状小枝；表面橙黄色至土黄色。子囊盘茶渍型，侧生，盘面褐色至暗褐色，平坦，直径3~6 mm。

甘肃鳞茶渍 *Squamarina kansuensis* (H. Magn.) Poelt

分类地位	子囊菌门 Ascomycota，茶渍纲 Lecanoromycetes，茶渍目 Lecanorales，珊瑚枝科 Stereocaulaceae，鳞茶渍属 *Squamarina*
生活习性	生长于荒漠地区沙土表面及高山草甸
分布现状	中国特有种，分布于甘肃、新疆、内蒙古、宁夏、四川、西藏和云南
馆藏独特性	在该物种采集后［博林（Bohlin）于1930年采自甘肃省嘉峪关市］的近百年后，才再次在原产地采集到新鲜标本并获得了分子数据，为该物种的界定提供了更加完善的依据
保藏地点	中国科学院昆明植物研究所标本馆

鉴别特征

地衣体鳞叶状，不规则至圆形扩展，直径5~10 cm，鳞片相互靠生；上表面中央覆盖白色粉霜层，近边缘黄绿色至缘橄榄绿色，有明显白色镶边；子囊盘生于中央裂片上表面，无柄。幼时盘面凹陷，呈蜡黄色，成熟后盘面凸起，盘缘消失，盘面呈深棕色至暗黄褐色，直径0.3~1.5 mm。

槽枝衣（黄枝变型） *Sulcaria sulcata f. vulpinoides* (Zahlbr.) D. Hawksw.

分类地位	子囊菌门 Ascomycota，茶渍纲 Lecanoromycetes，茶渍目 Lecanorales，梅衣科 Parmeliaceae，槽枝衣属 *Sulcaria*
生活习性	分布于海拔 2600~4000 m，生于云南松（*Pinus yunnanensis*）、栎（*Quercus* sp.）的树干及枯木桩上
分布现状	中国特有种，仅在云南横断山区有分布
馆藏独特性	标本采自该种模式原产地云南省丽江市玉龙雪山，并保存了分子材料
保藏地点	中国科学院昆明植物研究所标本馆

鉴别特征

地衣体枝状，直立或半直立丛生，高5~10 cm，以基部的柄固着于基物；主枝圆柱状，局部略扁；侧生分枝圆柱状，二叉至稠密不规则分枝，顶端渐尖；表面亮黄色，顶端有时变黑色，具长裂隙状沟槽，往往露出白色的髓；子囊盘圆盘状，直径3~10 mm，盘面淡褐色，被白色粉霜。

云南肺衣 *Lobaria yunnanensis* Yoshim.

分类地位	子囊菌门 Ascomycota，茶渍纲 Lecanoromycetes，地卷目 Peltigerales，肺衣科 Lobariaceae，肺衣属 *Lobaria*
生活习性	生于海拔 2800~3500 m 的亚高山地区，常见于柳（*Salix* sp.）及云杉（*Picea* sp.）树干上
分布现状	中国特有种，分布在陕西、四川、云南和湖北
馆藏独特性	模式标本由奥地利植物学家汉德尔－马泽蒂（Handel–Mazzetti）采于 1914 年，但已经遗失，给该物种的分类界定带来了困难。这份标本采自原模式产地，并且保存了分子材料，是这一物种分类界定和肺衣属分类研究十分重要的材料
保藏地点	中国科学院昆明植物研究所标本馆

鉴别特征

地衣体大型叶状，直径达 15~30 cm；裂片深裂，先端呈尖鹿角状；上表面鲜绿色，干燥后呈黄褐色，表面网脊明显；下表面黄褐色，网状沟中密生黄褐色茸毛，假根稀疏；子囊盘生于衣体上表面网脊上，圆盘状，盘面暗红褐色，凹陷至扁平。

分网衣 *Lecidea diducens* Nyl.

分类地位	子囊菌门 Ascomycota，茶渍纲 Lecanoromycetes，茶渍目 Lecanorales，网衣科 Lecideaceae，网衣属 *Lecidea*
生活习性	生于硅质岩石上
分布现状	西藏
馆藏独特性	采集自珠穆朗玛峰，海拔 6000~6100 m 处
保藏地点	中国科学院微生物研究所菌物标本馆

鉴别特征

子囊盘黑色，贴生，基部缢缩；盘面平整或凸起，无粉霜；盘缘明显，幼时规整，成熟时呈波纹状；果壳外缘为深棕色；籽实上层墨绿色，无晶体；籽实层无色；侧丝不分枝，顶部膨大，呈墨绿色帽状结构；囊层基深棕色，无晶体；子囊网衣型（Lecidea-type）；分生孢子器未见。

网脊石耳 *Umbilicaria decussata* (Vill.) Zahlbr.

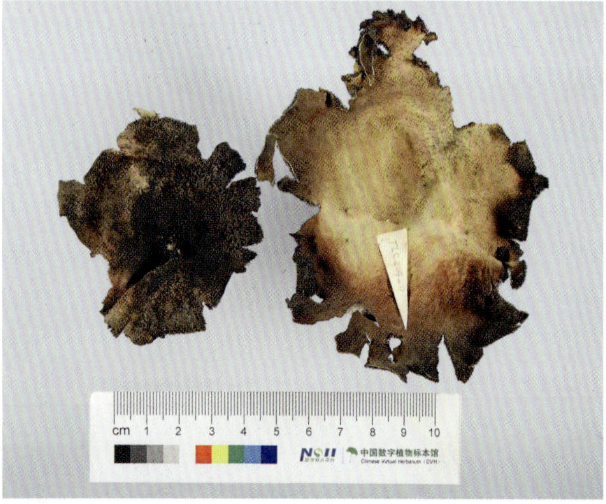

分类地位	子囊菌门 Ascomycota，茶渍纲 Lecanoromycetes，石耳目 Umbilicariales，石耳科 Umbilicariaceae，石耳属 *Umbilicaria*
生活习性	石生
分布现状	南极
馆藏独特性	采自南极的地衣标本
保藏地点	中国科学院微生物研究所菌物标本馆

鉴别特征

通常单叶。上表面灰色到棕灰色，有时紫罗兰色；下部表面黑色，具根状茎和叶孢子；假根简单到二分分枝，带状；叶孢子直径5~8 μm，在柱中产生。

北极石耳 *Umbilicaria arctica* (Ach.) Nyl.

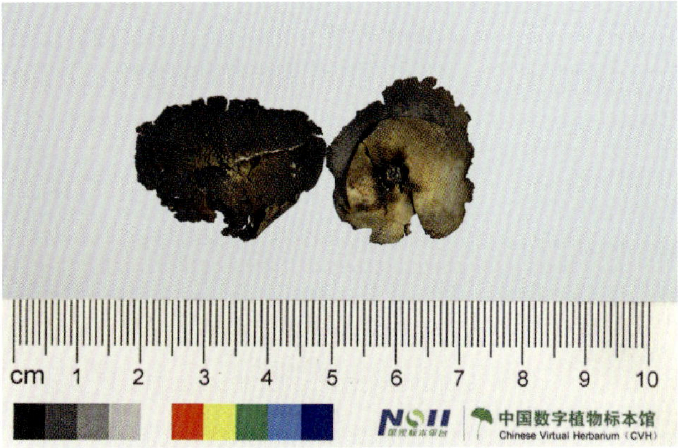

分类地位	子囊菌门 Ascomycota，茶渍纲 Lecanoromycetes，石耳目 Umbilicariales，石耳科 Umbilicariaceae，石耳属 *Umbilicaria*
生活习性	石生
分布现状	北寒带
馆藏独特性	采自北极的地衣标本
保藏地点	中国科学院微生物研究所菌物标本馆

鉴别特征

叶状体，刚性，皮质，直径约7 cm。上表面暗淡，暗棕色到橄榄褐色，有皱纹，蠕形到脑状，延伸到外围，波状，在伞状突起上方，具少数脊；下部表面光滑，无根茎，湖状，粉浅黄色，周围暗黑色，近边缘覆盖一层厚厚的灰白色霜；薄，直径约4 mm，其膨胀部分附着在基底上，高约6 mm。

球钩丝壳 *Uncinula bulbosa* (F. L. Tai & C.T. Wei) F. L. Tai

分类地位	子囊菌门 Ascomycota，锤舌菌纲 Leotiomycetes，白粉菌目 Erysiphales，白粉菌科 Erysiphaceae
生活习性	生于栾树叶片上
分布现状	浙江、江苏、台湾
馆藏独特性	模式标本。戴芳澜院士是我国真菌学奠基人，此标本是我国学者最早发表的病原真菌新物种之一，具有开创性意义
保藏地点	中国科学院微生物研究所菌物标本馆

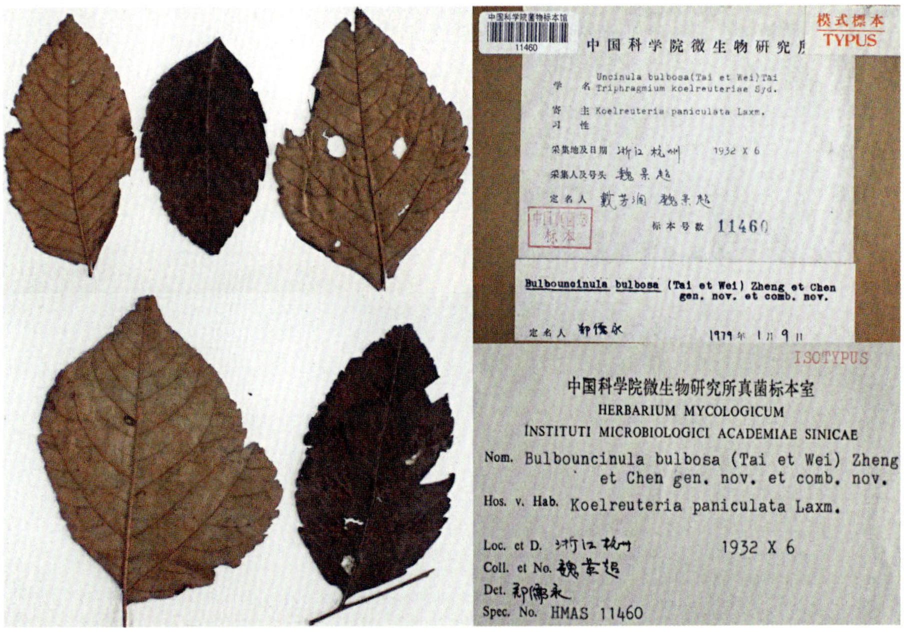

鉴别特征

菌丝体叶背生，近存留，形成薄而不明显的斑点；子囊壳近聚生至散生，暗褐色，扁球形，直径88~125 μm；壳壁细胞不明显，不规则的多角形，直径5.1~15.3 μm。

冬虫夏草 *Ophiocordyceps sinensis* (Berk.) G.H. Sung, J.M. Sung, Hywel-Jones & Spatafora

分类地位	子囊菌门 Ascomycota，粪壳菌纲 Sordariomycetes，肉座菌目 Hypocreales，线虫草科 Ophiocordycipitaceae，线虫草属 *Ophiocordyceps*
保护级别及濒危程度	中国物种红色名录列为易危（VU）
生活习性	生长在高原草甸
分布现状	青藏高原
馆藏独特性	我国传统药用真菌，价格昂贵，受到气候变化影响，野生资源数量持续减少，亟须开展保护行动
保藏地点	中国科学院微生物研究所菌物标本馆

鉴别特征

由虫体与从虫头部长出的真菌子座相连而成。虫体似蚕，长3~5 cm，直径0.3~0.8 cm；表面深黄色至黄棕色，有环纹20~30个，近头部的环纹较细；头部红棕色；足8对，中部4对较明显；质脆，易折断，断面略平坦，淡黄白色。子座为细长圆柱形，长4~7 cm，直径约0.3 cm；表面深棕色至棕褐色，有细纵皱纹，上部稍膨大；质柔韧，断面类白色。

2. 担子菌类

灵芝 *Ganoderma lingzhi* Sheng H. Wu, Y. Cao & Y.C. Dai

分类地位	担子菌门 Basidiomycota，伞菌纲 Agaricomycetes，多孔菌目 Polyporales，灵芝科 Ganodermataceae，灵芝属 *Ganoderma*
采集时间	2010 年 6 月 29 日采集于湖北省武汉市九峰国家森林公园
馆藏独特性	模式标本。是我国已有 2000 年药用史的代表，现已成规模人工栽培的种类凭证，具有重要的经济价值
保藏地点	中国科学院沈阳应用生态研究所东北生物标本馆

灵芝孢子粉 *Ganoderma*

分类地位	担子菌门 Basidiomycota，伞菌纲 Agaricomycetes，多孔菌目 Polyporales，灵芝科 Ganodermataceae，灵芝属 *Ganoderma*
生活习性	人工培育
馆藏独特性	这是 1970 年中国科学院微生物研究所获得的全世界第一瓶人工栽培的灵芝孢子粉
保藏地点	中国科学院微生物研究所菌物标本馆

鉴别特征

灵芝菌孔中弹射出来的卵形孢子，孢子直径4~6 μm，有坚硬的几丁质纤维素包围。

四川灵芝 *Ganoderma sichuanense* J.D. Zhao & X.Q. Zhang

分类地位	担子菌门 Basidiomycota，伞菌纲 Agaricomycetes，多孔菌目 Polyporales，灵芝科 Ganodermataceae，灵芝属 *Ganoderma*
生活习性	木生菌；担子果一年生，人工种植条件下可两年生
分布现状	山东、河南、四川、重庆、贵州、海南
馆藏独特性	世界上首次人工栽培的灵芝
保藏地点	中国科学院微生物研究所菌物标本馆

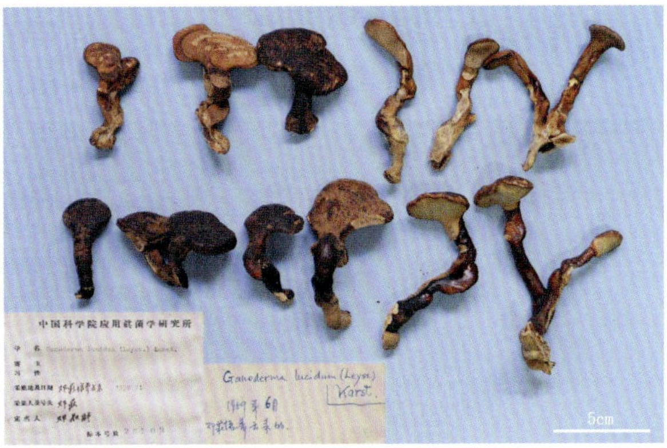

鉴别特征

有柄，木栓质至木质。菌盖扇形、半圆形至肾形，表面黄棕色、红棕色至紫黑色，有似漆样光泽，有的具深浅相间的红棕色同心环带；菌盖边缘锐或钝，黄棕色，完全成熟后与菌盖同色，平、上翘或下弯，完整；孔面污白色、黄白色、黄色至黄棕色，伤变棕色，菌孔近圆形；菌肉木材色，近菌管处浅棕色；黑色壳质层有或无，菌管肉桂色，菌柄侧生或偏生，近圆柱状，红棕色至黑色，具漆样光泽。

假芝 *Amauroderma* sp.

分类地位	担子菌门 Basidiomycota，伞菌纲 Agaricomycetes，多孔菌目 Polyporales，灵芝科 Ganodermataceae，乌芝属 *Amauroderma*
生活习性	木生
分布现状	中国
馆藏独特性	我国早期真菌标本。以此为代表的2278份中国早期菌物标本，采集自20世纪初。抗战时期为免遭破坏，由邓叔群先生寄往其母校美国康奈尔大学保存。2009年，康奈尔大学主动将这一批标本赠回中国，是中美两国科技教育界友好关系的历史见证
保藏地点	中国科学院微生物研究所菌物标本馆

鉴别特征

担子果1年生；有柄、偶无柄，革质、木栓质至木质。菌盖扇形、半圆形、肾形至圆形，有的漏斗形，表面土棕色、灰棕色至黑色，光滑或粗糙，无似漆样光泽，具放射状纵皱、同心环沟或同心环带；菌盖边缘锐或钝，平、上翘、下弯或内卷，完整或波浪，与菌盖同色，下面孕或否；孔面污白色、灰白色、灰棕色至棕色，伤变色深至黑色；菌孔近圆形。

木材腐朽菌 *Dextrinoporus aquaticus* H.S. Yuan

分类地位	担子菌门 Basidiomycota，伞菌亚门 Agaricomycotina，伞菌纲 Agaricomycetes，多孔菌目 Polyporales
采集地点	2014年6月20日采集自广西壮族自治区来宾市金秀瑶族自治县大瑶山自然保护区银杉园，木材腐朽菌的子实体
馆藏独特性	模式标本。大瑶山深处蕴藏着众多珍稀物种，在银杉树旁的一棵巨大腐木上，发现了这个极稀有的大型真菌。经研究后确认为新属新种，基于分子系统学分析显示，该新属物种是与多孔菌科并列的独立分支，其系统发育地位有待更深入地分析
保藏地点	中国科学院沈阳应用生态研究所东北生物标本馆

牛樟芝 *Taiwanofungus camphoratus* (M. Zang & C.H. Su) Sheng H. Wu, Z.H. Yu, Y.C. Dai & C.H. Su

分类地位	担子菌门 Basidiomycota，伞菌纲 Agaricomycetes，多孔菌目 Polyporales，台芝属（科级地位未定）
保护级别及濒危程度	中国物种红色名录列为濒危（EN）
生活习性	生长在牛樟树树干腐朽之心材内壁，或枯死倒伏之牛樟树木材潮湿表面
分布现状	我国台湾特有种，分布在海拔 450~2000 m 山林中
馆藏独特性	模式标本。是目前最昂贵的野生药用真菌之一。昆明植物研究所臧穆研究员和台北医学院苏庆华教授 1990 年合作发表。后独立建立了牛樟芝属，以牛樟芝作为该属模式种，其系统位置仍需进一步研究
保藏地点	中国科学院昆明植物研究所标本馆

鉴别特征

子实体平伏至平伏反卷。菌盖近马蹄形，表面红褐色至暗褐色，具同心环纹。孔口表面新鲜时鲑鱼色，干后淡黄色。

云南丽烛衣 *Sulzbacheromyces yunnanensis* D. Liu, Li S. Wang & Goffinet

鉴别特征

地衣共生菌为担子菌。地衣体为微薄藻层，较不明显，呈不规则扩展，直径 5~100 cm，表面随基物凹凸不平，干燥后藻层呈结皮形壳状；担子果肉质，圆柱状至扁担形棒状直立，单一不分叉，高 2~7 cm，直径 1~2 mm，顶端渐尖；表面橙黄色，平滑，成熟后形成两条纵向凹陷。

分类地位	担子菌门 Basidiomycota，伞菌纲 Agaricomycetes，莲叶衣目 Lepidostromatales，莲叶衣科，丽烛衣属 *Sulzbacheromyces*
生活习性	生于热带海拔 500~1200 m 林地，常见于裸露的土坡
分布现状	中国特有种，仅分布于云南省热带地区
馆藏独特性	此标本为近期发表的中国特有种。依据标本和高清野外生境图片以及分子数据，重新界定了该属的分类地位，证明中国早期报道的担子地衣并非多枝瑚属物种，均为丽烛衣属物种
保藏地点	中国科学院昆明植物研究所标本馆

祁连针孔菌　*Coniferiporia qilianensis* L.W. Zhou & Y.C. Da

分类地位	担子菌门 Basidiomycota，伞菌纲 Agaricomycetes，锈革孔菌目 Hymenochaetales，锈革孔菌科 Hymenochaetaceae，针叶树生孔菌属 *Coniferiporia*
馆藏独特性	主模式标本，造成我国西北祁连山地区祁连圆柏纯林大面积死亡的严重森林病原菌的代表
保藏地点	中国科学院沈阳应用生态研究所东北生物标本馆

桑黄　*Sanghuangporus sanghuang* Sheng H. Wu et al.

分类地位	担子菌门 Basidiomycota，伞菌纲 Agaricomycetes，刺革孔菌目 Hymenochaetales，刺革孔菌科 Hymenochaetaceae，桑黄孔菌属 *Sanghuangporus*
馆藏独特性	等模式标本（isotype），是我国有悠久药用历史的药用真菌种类的凭证
保藏地点	中国科学院沈阳应用生态研究所东北生物标本馆

卵孢侧耳　*Pleurotus placentodes* (Berk.) Sacc.

分类地位	担子菌门 Basidiomycota，伞菌纲 Agaricomycetes，伞菌目 Agaricales，侧耳科 Pleurotaceae，侧耳属 *Pleurotus*
生活习性	生于亚高山腐木上
分布现状	西藏、四川、云南等
馆藏独特性	附加模式标本。该种第一份标本 1849 年采自印度；这是时隔 160 年后于 2009 年在中国西藏采得的第二份标本
保藏地点	中国科学院昆明植物研究所标本馆

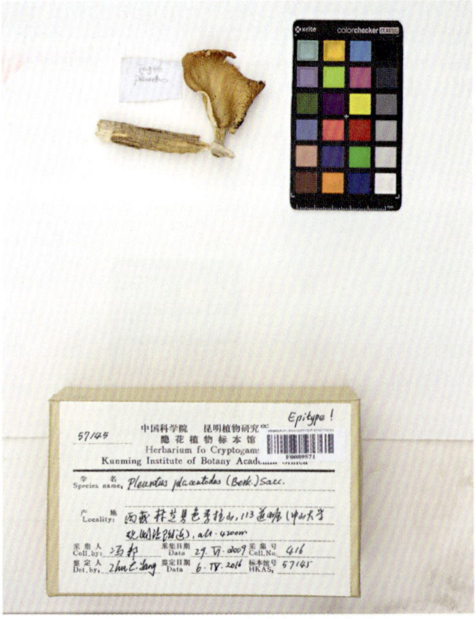

鉴别特征

担子果侧耳状，白色至灰白色，担孢子卵状。

冬菇（金针菇） *Flammulina filiformis* P.M. Wang et al.

分类地位	担子菌门 Basidiomycota，伞菌纲 Agaricomycetes，伞菌目 Agaricales，泡头菌科 Physalacriaceae，冬菇属 *Flammulina*
生活习性	生长于白桦、构树、柳树等阔叶树的腐木上
分布现状	分布于中国、韩国、日本，印度可能也有分布
馆藏独特性	模式标本，采自中国科学院昆明植物研究所植物园中一棵腐树上。在过去 80 余年，人们将东亚野生冬菇和栽培的“金针菇”都冠以 *Flammulina velutipes*。2018 年，中国专家与欧洲同行合作研究，发现东亚冬菇和金针菇与欧洲的毛腿冬菇是两个不同的物种
保藏地点	中国科学院昆明植物研究所标本馆

鉴别特征

担子果伞状，盖表黏，菌柄被深色硬毛，圆柱形至长椭圆形。侧生囊状体和缘生囊状体常见。

金耳 *Naematelia aurantialba* (Bandoni & M. Zang) Millanes & Wedin

分类地位	担子菌门 Basidiomycota，大型担子菌纲 Basidiomycetes，银耳目 Tremellales，耳包革科 Naemateliaceae，耳包革属 *Naematelia*
保护级别及濒危程度	中国物种红色名录列为易危（VU）
生活习性	在西南亚高山壳斗科、桦木科等阔叶树朽木上，寄生于韧革菌（*Stereum* spp.）上
分布现状	云南、西藏、四川等
馆藏独特性	模式标本。已可人工栽培，具有重要经济价值
保藏地点	中国科学院昆明植物研究所标本馆

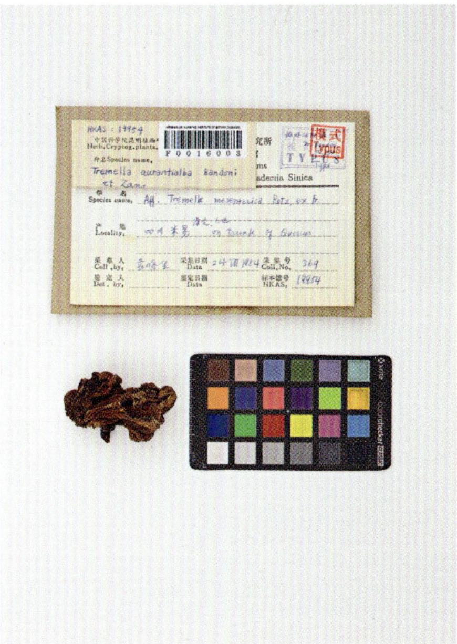

鉴别特征

脑状、黄色，直径3~6 cm，担子十字纵分隔。担孢子近球形至宽椭圆形，光滑。锁状联合和吸器常见。

三、植物篇

1. 藻类

藻类

馆藏独特性	这是1950年中国科学院海洋生物研究室在青岛建立时，从国立北平研究院和静生生物调查所带来的一批珍贵历史标本中的一员。采于1898年4月10日，盖有“静生生物调查所植物标本室”收藏章，是青岛海洋所收藏的最早的海藻标本
保藏地点	中国科学院海洋研究所海洋生物标本馆

采集于1898年的藻类标本

2. 藓类

花斑烟杆藓 *Buxbaumia punctata* P. C. Chen & X. J. Li

分类地位	藓类植物门 Bryophyta，真藓纲 Bryopsida，烟杆藓目 Buxbaumiales，烟杆藓科 Buxbaumiaceae，烟杆藓属 *Buxbaumia*
保护级别及濒危程度	中国物种红色名录列为濒危（EN）
生活习性	生活于海拔 3200~3800 m 高山针叶林内腐倒木或枯立木上。对人为干扰较敏感，可作为该区域森林生态系统健康与否的指示物种
分布现状	中国特有种，分布于四川、陕西、西藏和云南
馆藏独特性	国内收藏此种的标本馆不多于5家
保藏地点	中国科学院昆明植物研究所标本馆

鉴别特征

植物体小，原丝体宿存，呈淡绿色。孢蒴直立，呈不规则椭球体，上部收缩，基部向一侧膨大，背侧蒴壁具多数红褐色斑点。

拟短月藓 *Brachymeniopsis gymnostoma* Broth.

分类地位	藓类植物门 Bryophyta，真藓纲 Bryopsida，葫芦藓目 Funariales，葫芦藓科 Funariaceae，拟短月藓属 *Brachymeniopsis*
保护级别及濒危程度	中国物种红色名录列为极危（CR）
生活习性	生于海拔 3200~4000 m 的高山草甸
分布现状	中国特有种，分布于四川、西藏
馆藏独特性	国内不超过 3 家标本馆收藏有此物种的标本。自发表后的一个世纪再无记录，一度被认为已灭绝。2012 年在西藏亚东首次发现其野外活体植株，宣布其“死而复生”
保藏地点	中国科学院昆明植物研究所标本馆

鉴别特征

植物体小，高4~8 mm，密集或疏松丛生。叶覆瓦状着生于茎上，叶中肋略突出叶尖，叶边缘细胞分化。蒴帽钟形。

玉龙缩叶藓 *Ptychomitrium yulongshanum* T. Cao & S. L. Guo

分类地位	藓类植物门 Bryophyta，真藓纲 Bryopsida，紫萼藓目 Grimmiales，缩叶藓科 Ptychomitriaceae，缩叶藓属 *Ptychomitrium*
保护级别及濒危程度	云南省物种红色名录列为濒危（EN）
生活习性	生于海拔 3200~3400 m 亚高山针叶林下，开阔地变质岩及岩浆岩岩石表面
分布现状	云南特有种，目前仅记录分布于丽江市玉龙纳西族自治县白沙镇面积不足 3 km^2 的区域
馆藏独特性	国内仅中国科学院昆明植物研究所标本馆收藏此物种标本
保藏地点	中国科学院昆明植物研究所标本馆

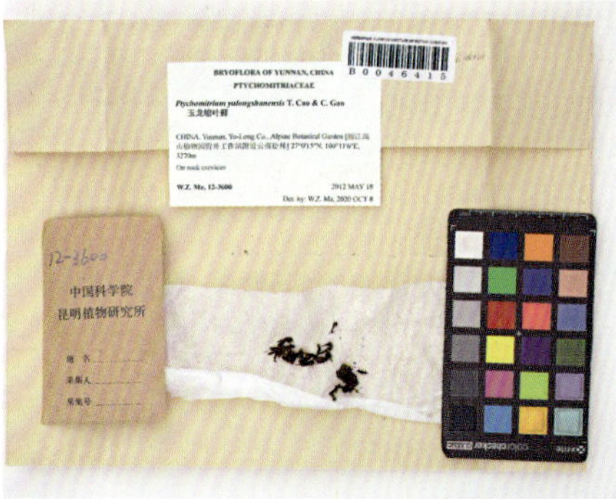

鉴别特征

植物体小，高5~10 mm。密集丛生。叶卵圆形，基部收缩，先端圆钝，多数呈兜状。蒴帽钟形，未能全部覆盖孢蒴。

岸边藓 *Mawenzhangia thamnobryoides* Enroth, Shevock & Ignatov

分类地位	藓类植物门 Bryophyta，真藓纲 Bryopsida，灰藓目 Hypnales，船叶藓科 Lembophyllaceae，岸边藓属 *Mawenzhangia*
生活习性	生于海拔 2700~3200 m 高山针叶林或针阔混交林下，常见附生于树干或溪边岩石
分布现状	云南省特有种，目前仅记录分布于迪庆藏族自治州香格里拉市（模式标本产地）、维西傈僳族自治县，大理白族自治州宾川县，以及昆明市
馆藏独特性	主模式标本。拉丁属名取自主模式标本采集者——昆明植物研究所马文章博士姓名的汉语拼音
保藏地点	中国科学院昆明植物研究所标本馆

鉴别特征

植株大，高达5 cm。主茎横走，叶柄较长，几乎接近分枝长，近羽状分枝至羽状分枝。分枝大多呈弧线弯曲，末端多呈鞭状枝。叶先端尖部具细齿，叶细胞具前角突，叶角细胞明显分化。

亮蒴藓 *Shevockia inunctocarpa* Enroth & M. C. Ji

分类地位	藓类植物门 Bryophyta，真藓纲 Bryopsida，灰藓目 Hypnales，平藓科 Neckeraceae，亮蒴藓属 *Shevockia*
生活习性	生于海拔 2700 m 常绿阔叶林下，树干附生
分布现状	云南省特有种，分布极为狭窄，目前仅记录分布于怒江傈僳族自治州福贡县石月亮乡亚木河流域，具有重要的科研价值
馆藏独特性	此物种标本目前国内仅有两家标本馆收藏
保藏地点	中国科学院昆明植物研究所标本馆

鉴别特征

因其孢蒴蒴壁光滑透亮而得名。植株体形粗大，主茎长10 cm，近羽状分枝。匍匐茎和主茎基部密被棕色假根。茎基叶、茎叶和枝叶形似，长卵形，先端渐尖，基部两侧不对称。成熟孢蒴蒴壁光滑，具光泽。在没有孢子体的情况下，与刀叶树平藓或西南树平藓极为相似，但亮蒴藓茎上多见棕色假根。

红叶藓 *Bryoerythrophyllum recurvirostrum* (Hedw.) P. C. Chen

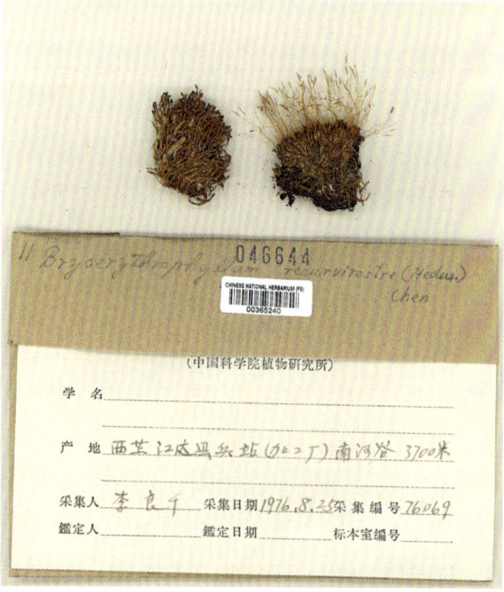

分类地位	藓类植物门 Bryophyta，真藓纲 Bryopsida，丛藓目 Pottiales，丛藓科 Pottiaceae，红叶藓属 *Bryoerythrophyllum*
生活习性	生长于阴湿的石面、林地、腐木上
分布现状	中国（黑龙江、吉林、内蒙古、河北、山东、山西、陕西、甘肃、青海、新疆、浙江、福建、江西、湖南、四川、云南、台湾、西藏），日本，中亚，西亚，欧洲，北非，北美洲，大洋洲
馆藏独特性	这是一份不起眼的标本，细小的植物体展现出丛藓科植物的典型特征，略带棕色的红色“肌肤”似乎在诉说着不寻常的身世。正是依据这份及其他几份采自中国和亚洲地区的苔藓标本，陈邦杰先生建立了红叶藓属（*Bryoerythrophyllum* Chen），该属发表后即得到国际苔藓学界的广泛认可，并一直沿用至今。“陈邦杰”在中国苔藓学发展史亦犹如一颗闪烁着光芒的明珠，永远照耀身后的行人
保藏地点	中国科学院植物研究所标本馆

鉴别特征

植株老时叶片呈红色，叶缘具齿，叶基部明显分化，叶细胞具新月形疣，孢蒴直立，红褐色。

3. 蕨类

中华水韭 *Isoetes sinensis* Palmer

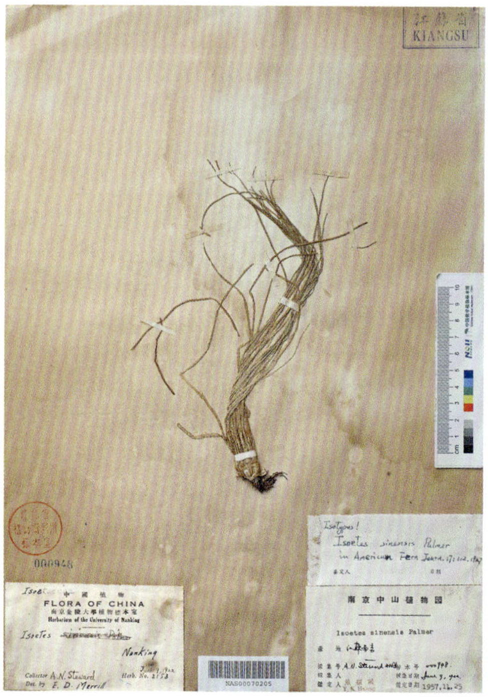

分类地位	蕨类植物门 Pteridophyta，石松纲 Lycopodiopsida，水韭目 Isoetales，水韭科 Isoetaceae，水韭属 *Isoetes*
保护级别及濒危程度	国家一级重点保护植物；中国物种红色名录列为濒危（EN）
生活习性	主要生于浅水池塘边和山沟淤泥地
分布现状	分布于江苏、安徽、浙江、江西及湖南等地
馆藏独特性	在江苏省南京市发现的我国特有种的标本。这份标本由 A. N. Steward 于 1922 年采自南京，早于模式标本的采集时间 1925 年
保藏地点	江苏省・中国科学院植物研究所标本馆

鉴别特征

多年生沼地生蕨类。根茎肉质，块状，2~3瓣；向上丛生多数向轴覆瓦状排列的叶。叶线形，内具4个纵行气道围绕中肋，并有横隔膜分隔成多数气室；叶舌三角形渐尖，凹入处生孢子囊。孢子囊椭圆形，长约9 mm，直径约3 mm，具白色膜质盖；大孢子囊常生于外围叶片基的向轴面；小孢子囊生于内部叶片基部的向轴面。

湖北石杉 *Huperzia hupehensis* Ching

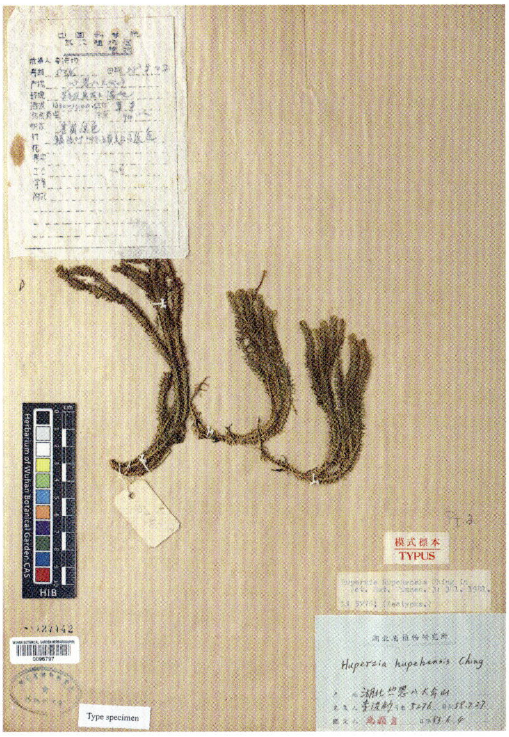

分类地位	蕨类植物门 Pteridophyta，石松纲 Lycopodiopsida，石松目 Lycopodiales，石松科 Lycopodiaceae，石杉属 *Huperzia*
生活习性	生于海拔 1700~2000 m 林下潮湿地或附生树干
分布现状	中国特有种，分布于湖南、湖北、重庆、贵州和云南
馆藏独特性	模式标本，1958 年 7 月 27 日采自湖北省恩施土家族苗族自治州宣恩县
保藏地点	中国科学院武汉植物园标本馆

鉴别特征

本种属于峨眉石杉群，该群体的叶为软草质，绿色，略有光泽，开展至平展，向上弯曲。湖北石杉似峨眉石杉（*H. emeiensis*），特别是南川石杉（*H. nanchuanensis*），但枝较粗壮，三回二歧分枝，茎下部弯弓，向上直立；叶披针形。

皱边石杉 *Huperzia crispata* (Ching)

分类地位	蕨类植物门 Pteridophyta，石松纲 Lycopodiopsida，石松目 Lycopodiales，石松科 Lycopodiaceae，石杉属 *Huperzia*
保护级别及濒危程度	中国物种红色名录列为易危（VU）
生活习性	生于海拔 900~2600 m 林下阴湿处
分布现状	中国特有种，分布于江西、湖南、湖北、四川、重庆、广东、广西、贵州和云南
馆藏独特性	模式标本，1957 年 5 月 30 日采自重庆市金佛山
保藏地点	中国科学院武汉植物园标本馆

鉴别特征

形体似蛇足石杉（*Huperzia serrata*），但植株比较高大强壮，茎木质，几乎不具叶或具枯黄叶。叶密生，线状披针形，长 2~2.3 cm，宽 2 mm，边缘强烈波状褶皱，并具粗牙齿。主叶脉较粗且明显，下面尤为隆起。

四川卷柏 *Selaginella sichuanica* H. S. Kuang

分类地位	蕨类植物门 Pteridophyta，石松纲 Lycopodiopsida，卷柏目 Selaginellales，卷柏科 Selaginellaceae，卷柏属 *Selaginella*
分布现状	卷柏属植物有约 700 种，广布全世界。中国有 72 种，各地均有分布。四川卷柏分布于四川、重庆、湖南、贵州
保藏地点	中国科学院武汉植物园标本馆

鉴别特征

茎直立，高5~10 cm，三至四回羽状分枝；茎下部的叶宽卵形，淡黄褐色；枝上的叶二型，4行2列。孢子囊穗1或2个生在枝顶，孢子叶一型；大孢子囊穗位于囊穗下部，三角球状，小孢子囊位于上部，圆肾形；大孢子黄色，小孢子橙色。

分株紫萁 *Osmunda cinnamomea* (L.) C. Presl

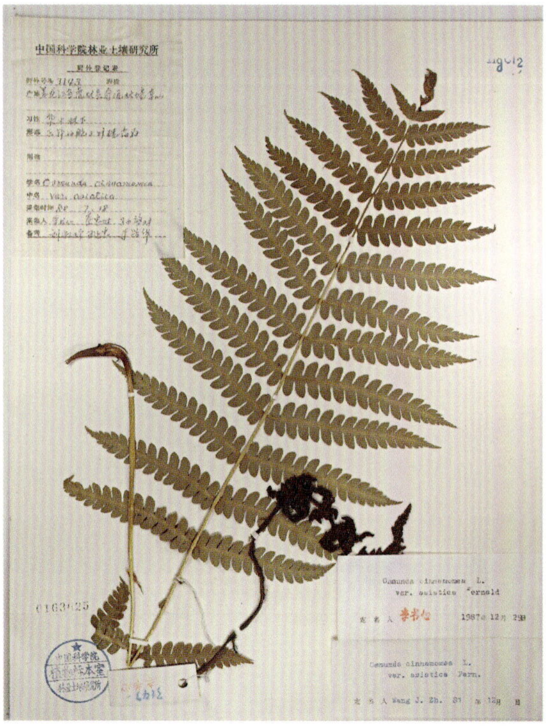

分类地位	蕨类植物门 Pteridophyta，蕨纲 Polypodiopsida，紫萁目 Osmundales，紫萁科 Osmundaceae，紫萁属 *Osmunda*
生活习性	又名牛毛广，属多年生草本植物
馆藏独特性	1980 年 7 月 18 日采集于黑龙江省鸡西市虎林市
保藏地点	中国科学院沈阳应用生态研究所东北生物标本馆

鉴别特征

植株高达1 m。叶二型，幼时密被红棕色茸毛；营养叶长圆形至狭长圆形，二回羽状深裂；能育叶比不育叶短，密被棕色带黑色茸毛。孢子囊球状圆形，孢子球状四面体形，3裂缝。

秦蕨　*Chingia ferox* (Blume) Holttum

分类地位	蕨类植物门 Pteridophyta，真蕨纲 Bryopsida，薄囊蕨亚纲 Leptosporangiatidae，真蕨目 Eufilicales，金星蕨科 Thelypteridaceae，秦蕨属 *Chingia*
保藏地点	中国科学院植物研究所植物标本馆

桫椤　*Alsophila spinulosa* (Wall. ex Hook.) R. M. Tryon

分类地位	蕨类植物门 Pteridophyta，木贼纲 Equisetopsida，桫椤目 Cyatheales，桫椤科 Cyatheaceae，桫椤属 *Alsophila*
保护级别及濒危程度	国家二级重点保护植物
生活习性	生于海拔 260~1600 m 的山地溪流旁或疏林中
分布现状	我国分布于江西、湖南、四川、重庆、贵州、云南、西藏、福建、台湾、广东、广西、海南、香港；国外分布于日本、越南、柬埔寨、泰国北部、缅甸、孟加拉国、不丹、尼泊尔和印度。模式标本采自尼泊尔
馆藏独特性	桫椤是中生代古老孑遗物种。这是 2018 年 8 月首次在江西采集到的标本，拓展了桫椤的分布地点
保藏地点	中国科学院庐山植物园标本馆

鉴别特征

茎干高达6 m或更高，上部有残存的叶柄，向下密被交织的不定根。叶螺旋状排列于茎顶端；叶柄长30~50 cm，连同叶轴和羽轴有刺状突起；叶片大，长1~2 m，宽0.4~1.5 m，三回羽状深裂。孢子囊群孢生于侧脉分叉处，靠近中脉，有隔丝，囊托突起，囊群盖球形，膜质；囊群盖球形，薄膜质，外侧开裂，易破，成熟时反折覆盖于主脉上面。

苏铁蕨 *Brainea insignis* (Hook.) J. Sm.

分类地位	蕨类植物门 Pteridophyta，木贼纲 Equisetopsida，水龙骨目 Polypodiales，乌毛蕨科 Blechnaceae，苏铁蕨属 *Brainea*
保护级别及濒危程度	中国物种红色名录列为易危（VU）
生活习性	生于山坡向阳的地方，海拔 450~1700 m
分布现状	我国分布于江西（寻乌）、广东、广西、海南、福建南部、台湾（南投）、云南、贵州及香港；国外分布于印度、菲律宾等地
馆藏独特性	孑遗植物；江西新记录，江西南部是苏铁蕨分布的北缘
保藏地点	中国科学院庐山植物园标本馆

鉴别特征

苏铁状大型草本。根状茎短而粗壮，木质，为直立的圆柱状主轴。叶簇生于主轴顶部，略呈二型；叶片椭圆披针形，先端渐尖，下部略缩短，一回羽状；侧生羽片多对，无柄或略具短柄，狭披针形至线状披针形，边缘有细密锯齿，或呈不规则的浅裂；叶脉明显，沿主脉两侧各形成一行三角形至多角形的网眼，其余小脉分离，单一或分叉，达于叶边；叶革质，叶轴上面有纵沟。孢子囊群沿小脉着生而成为汇生孢子囊群，无囊群盖。

阔基鳞果星蕨 *Lepidomicrosorium latibasis* Ching er Shing

分类地位	蕨类植物门 Pteridophyta，真蕨纲 Bryopsida，薄囊蕨亚纲 Leptosporangiatidae，真蕨目 Eufilicales，水龙骨科 Polypodiaceae，鳞果星蕨属 *Lepidomicrosorium*
分布现状	湖北、四川、贵州和云南
馆藏独特性	模式标本，1958 年 10 月 4 日采自湖北省鹤峰县
保藏地点	中国科学院武汉植物园标本馆

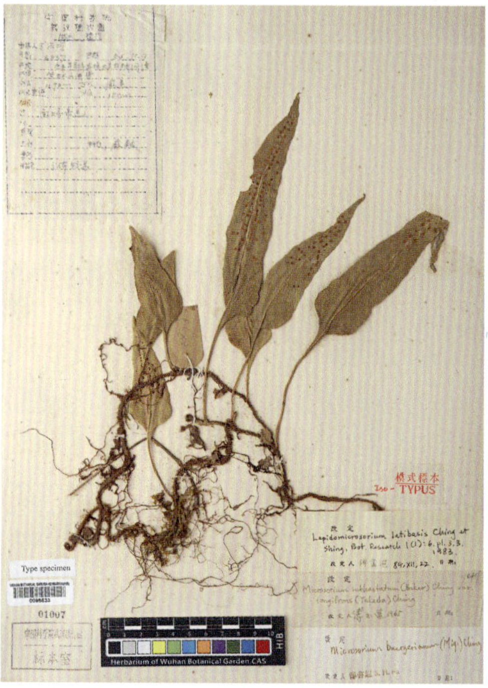

鉴别特征

植株高 16~28 cm。根状茎长而攀缘，粗 1~2 mm，密被棕色披针形鳞片。叶疏生，叶柄长 5~15 cm，禾秆色，光滑。叶片卵状披针形，或长圆披针形，全缘，长 10~18 cm。主脉两面隆起，小脉明显。孢子囊群小，零散分布于叶片下面。

奇异蚁蕨 *Lecanopteris mirabilis* (C. Chr.) Copel.

分类地位	蕨类植物门 Pteridophyta，蕨纲 Polypodiopsida，薄囊蕨亚纲 Leptosporangiatidae，水龙骨目 Polypodiales，水龙骨科 Polypodiaceae，蚁蕨属 *Lecanopteris*
生活习性	常附生于岩石或树干上
分布现状	蚁蕨属种类主要分布于东南亚、澳大利亚北部，太平洋岛屿
馆藏独特性	蚁蕨属是蕨类植物与动物互作的典型类群，有重要研究意义。本馆目前馆藏了蚁蕨属标本 4 号 12 份，分别采自几内亚、柬埔寨、越南和泰国
保藏地点	中国科学院昆明植物研究所标本馆

鉴别特征

根状茎横走，中空或膨大，常为蚂蚁提供巢穴。孢子囊群圆形或椭圆形，无囊群盖。

昆嵩蕨 *Kontumia heterophylla* S. K. Wu & K. L. Phan

分类地位	蕨类植物门 Pteridophyta，蕨纲 Polypodiopsida，薄囊蕨亚纲 Leptosporangiatidae，水龙骨目 Polypodiales，水龙骨科 Polypodiaceae，昆嵩蕨属 *Kontumia*
生活习性	密闭天然林下，有较厚腐殖土的山坡上
分布现状	特产于越南昆嵩省
馆藏独特性	等模式标本。由昆明植物研究所武素功先生与越南 Phan 先生联合发表的新种。按照国际惯例，模式标本存放于发现地所在国的越南科学技术学院标本馆（HN）
保藏地点	中国科学院昆明植物研究所标本馆

鉴别特征

根状茎长横走；叶片二型，营养叶二回羽状至三回羽裂，孢子叶较长，三回羽裂，裂片线形；孢子囊群圆形，位于裂片先端，无囊群盖。

多齿蹄盖蕨 *Athyrium multidentatum* (Doll.)Ching

分类地位	蕨类植物门 Pteridophyta，蕨纲 Polypodiopsida，薄囊蕨亚纲 Leptosporangiatidae，水龙骨目 Polypodiales，蹄盖蕨科 Athyriaceae，蹄盖蕨属 *Athyrium*
馆藏独特性	1980 年 9 月 13 日采集于吉林省集安市
保藏地点	中国科学院沈阳应用生态研究所东北生物标本馆

鉴别特征

草本，植株高40~100 cm。根状茎短粗。叶簇生；叶片草质至厚草质，三回羽状；羽片10对以上，互生或近对生羽片不缩短或略缩短。孢子囊群盖线形，孢子长圆形，不具周壁。

软刺蹄盖蕨 *Athyrium strigillosum* (E. J. Lowe) T. Moore ex Salomon

分类地位	蕨类植物门 Pteridophyta，蕨纲 Polypodiopsida，薄囊蕨亚纲 Leptosporangiatidae，水龙骨目 Polypodiales，蹄盖蕨科 Athyriaceae，蹄盖蕨属 *Athyrium*
生活习性	林下潮湿处或溪边
分布现状	我国广布于华东、华中、华南、西南地区；国外分布于日本、不丹、印度北部、缅甸、尼泊尔
馆藏独特性	棣慕华（Charles E. DeVol）于庐山采集的标本
保藏地点	江苏省·中国科学院植物研究所标本馆

鉴别特征

茎直立，鳞片褐色披针形；叶片丛生，叶柄长20~30 cm；叶二回羽状复叶，长25~40 cm，叶轴顶端背面具数枚不定芽，羽片披针形，羽轴上表面有软刺；羽片边缘锐锯齿；叶具游离脉；孢膜靠近羽轴，椭圆形。

龙池双盖蕨 *Diplazium wichurae* (Mett.) Diels var. *parawichurae* (Ching) Z. R. He

分类地位	蕨类植物门 Pteridophyta，蕨纲 Polypodiopsida，薄囊蕨亚纲 Leptosporangiatidae，水龙骨目 Polypodiales，蹄盖蕨科 Athyriaceae，双盖蕨属 *Diplazium*
生活习性	生长于海拔约 400 m 的竹林下阴湿的石灰岩缝中
分布现状	特产于江苏省无锡市宜兴市
馆藏独特性	模式标本。采于 1956 年，1977 年由秦仁昌先生在《江苏植物志》记录发表
保藏地点	江苏省・中国科学院植物研究所标本馆

鉴别特征

羽片先端急尖或近钝头，边缘有单锯齿。

光轴肿足蕨 *Hypodematium hirsutum* (D. Don) Ching

分类地位	蕨类植物门 Pteridophyta，蕨纲 Polypodiopsida，薄囊蕨亚纲 Leptosporangiatidae，水龙骨目 Polypodiales，肿足蕨科 Hypodematiaceae，肿足蕨属 *Hypodematium*
生活习性	生长于低海拔的石灰岩缝中或干旱荫蔽的石灰岩壁上
分布现状	肿足蕨属主产于亚洲和非洲的亚热带与暖温带地区，中国为本属分布中心之一，主要产于云南、广西、山东、广东和贵州等地的碱性石灰岩地区
馆藏独特性	1942 年由冯国楣先生在丽江采集
保藏地点	中国科学院昆明植物研究所标本馆

鉴别特征

叶形幽雅，具有膨大如梭形的基部，叶柄基部有醒目的红棕色大鳞片。

修株肿足蕨 *Hypodematium gracile* Ching

分类地位	蕨类植物门 Pteridophyta，木贼纲 Equisetopsida，水龙骨目 Polypodiales，肿足蕨科 Hypodematiaceae，肿足蕨属 *Hypodematium*
生活习性	生于海拔 300~1000 m 的山谷岩石缝中
分布现状	分布于河北、北京、山东、河南、陕西、安徽、浙江、江西、湖南。模式标本采自九江鞋山
馆藏独特性	主模式标本馆藏地
保藏地点	中国科学院庐山植物园标本馆

鉴别特征

植株高 22~40 cm。根状茎长而横走，连同叶柄膨大的基部密被鳞片；鳞片长 5~15 mm，基部宽 1~3 mm，披针形，膜质，红棕色，有光泽。叶近生，柄长 8~19 cm，粗 1~2 mm；叶片长 14~20 cm，宽 8~14 cm，三角状卵形，先端渐尖并羽裂，四回羽裂；叶脉两面明显，侧脉单一或分叉，在裂片上 1~2 对，伸达叶边。孢子囊群圆形，背生于侧脉中部，每裂片 1~3 枚，囊群盖中等大，圆肾形，灰棕色，膜质，背面疏被短柔毛，近中央有腺毛；孢子圆肾形，周壁具褶皱，形成不规则的条纹状，表面具颗粒状纹饰。

4. 裸子植物类

银杏 *Ginkgo biloba* L.

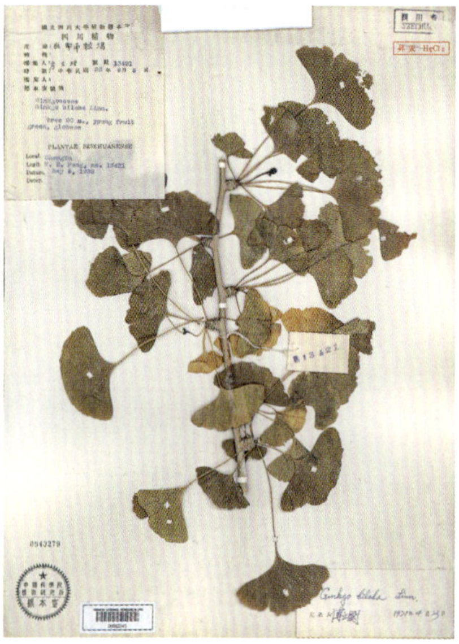

分类地位	裸子植物亚门 Gymnospermae，松柏纲 Pinosida，银杏目 Ginkgoales，银杏科 Ginkgoaceae，银杏属 *Ginkgo*
保护级别及濒危程度	国家一级重点保护野生植物
生活习性	喜光树种，深根性，对气候、土壤的适应性较宽，能在高温多雨及雨量稀少、冬季寒冷的地区生长，但生长缓慢或不良；能生于酸性土壤（pH 值 4.5）、石灰性土壤（pH 值 8）及中性土壤上，但不耐盐碱土及过湿的土壤。在海拔 1000 m 以下（云南 1500~2000 m），气候温暖湿润，年降水量 700~1500 mm，土层深厚、肥沃湿润、排水良好的地区生长最好，在土壤瘠薄干燥、多石山坡过度潮湿的地方生长不良。花期 3—4 月，种子 9—10 月成熟
分布现状	中生代孑遗的稀有树种，我国特有种，仅浙江天目山等地有野生树木。全国各地均有栽培
保藏地点	中国科学院植物研究所植物标本馆

鉴别特征

乔木，高达40 m，胸径可达4 m。幼树树皮浅纵裂，大树之皮呈灰褐色，深纵裂，粗糙；枝近轮生，斜上伸展；短枝密被叶痕，短枝上亦可长出长枝；冬芽黄褐色。叶扇形，有长柄，无毛，有多数叉状并列细脉，顶端在短枝上常具波状缺刻，在长枝上常2裂，柄长3~10（多为5~8）cm；叶在一年生长枝上螺旋状散生，在短枝上3~8叶呈簇生状，秋季落叶前变为黄色。球花雌雄异株，单性，生于短枝顶端的鳞片状叶的腋内，呈簇生状；雄球花柔荑花序状，下垂，雄蕊排列疏松，具短梗，花药常2个；雌球花具长梗，梗端常分两叉，稀3~5叉或不分叉，每叉顶生一盘状珠座，胚珠着生其上，通常仅一个叉端的胚珠发育成种子，风媒传粉。种子具长梗，下垂，常为椭圆形或近圆球形，外种皮肉质，熟时黄色或橙黄色，外被白粉，有臭味；中种皮白色，骨质，具2~3条纵脊；内种皮膜质，淡红褐色；胚乳肉质，味甘略苦；子叶发芽时不出土。有主根。

水杉 *Metasequoia glyptostroboides* Hu & W. C. Cheng

分类地位	裸子植物亚门 Gymnospermae，松柏纲 Pinosida，柏目 Cupressales，柏科 Cupressaceae，水杉属 *Metasequoia*
保护级别及濒危程度	国家一级重点保护植物，中国物种红色名录列为极危（CR）
生活习性	喜光性强的速生树种，对环境条件的适应性较强。花期 2 月下旬，球果 11 月成熟
分布现状	我国特有种，仅分布于四川省石柱县及湖北省利川市磨刀溪、水杉坝一带及湖南省西北部龙山及桑植等地，见于海拔 750~1500 m、气候温和、夏秋多雨、酸性黄壤土地区。在河流两旁、湿润山坡及沟谷中栽培很多，也有少数野生树木，常与杉木、茅栗、锥栗、枫香、漆树、灯台树、响叶杨、利川润楠等树种混生。全国广泛栽培
保藏地点	中国科学院植物研究所植物标本馆

鉴别特征

乔木，高达35 m，胸径达2.5 m。树干基部常膨大；树皮幼时裂成薄片脱落，老时裂成长条状脱落，内皮淡紫褐色；枝斜展，小枝下垂；一年生枝光滑无毛，幼时绿色，后渐变成淡褐色；侧生小枝排成羽状，冬季凋落。叶条形，长0.8~3.5（常1.3~2）cm，宽1~2.5（常1.5~2）mm，下面沿中脉有两条较边带稍宽的淡黄色气孔带，每带有4~8条气孔线，叶在侧生小枝上列成二列，羽状，冬季与枝一同脱落。球果下垂，近四棱状球形，成熟前绿色，熟时深褐色，梗长2~4 cm，其上交叉对生的条形叶；种鳞木质，盾形，通常11~12对，交叉对生，能育种鳞有5~9粒种子；种子扁平，周围有翅，先端有凹缺，长约5 mm，径4 mm；子叶2枚，条形，长1.1~1.3 cm，宽1.5~2 mm，两面中脉微隆起，上面有气孔线，下面无气孔线。

东北红豆杉 *Taxus cuspidata* Sieb. et Zucc.

分类地位	裸子植物亚门 Gymnospermae，松柏纲 Pinosida，红豆杉目 Taxales，红豆杉科 Taxaceae，红豆杉属 *Taxus*
保护及濒危程度	国家一级重点保护野生植物，中国物种红色名录列为濒危（EN）
生活习性	产于吉林老爷岭、张广才岭及长白山海拔 500~1000 m 的地区；生长于气候冷湿，酸性土地带，常散生于林中
分布现状	我国分布于黑龙江、吉林、辽宁、陕西，国外分布于日本、朝鲜、俄罗斯
馆藏独特性	此标本 1991 年 9 月 3 日采集于吉林省延边朝鲜族自治州安图县
保藏地点	中国科学院沈阳应用生态研究所东北生物标本馆

鉴别特征

乔木，高达20 m，胸径达1 m。树皮红褐色，有浅裂纹；枝条平展或斜上直立，密生；小枝基部有宿存芽鳞，一年生枝绿色，秋后呈淡红褐色；冬芽淡黄褐色，芽鳞先端渐尖，背面有纵脊。叶排成不规则的二列，斜上伸展，条形，通常直，稀微弯，基部窄，有短柄，上面深绿色，有光泽。雄球花有雄蕊9~14枚，各具5~8个花药。种子紫红色，有光泽，卵圆形，长约6 mm，上部具3~4钝脊，顶端有小钝尖头，种脐三角形或四方形。花期5—6月，种子9—10月成熟。

黄豆杉 *Taxus wallichiana* Zuccarini f. *flaviarilla* L. H. Qiu & W. G. Zhang

分类地位	裸子植物亚门 Gymnospermae，松柏纲 Pinosida，红豆杉目 Taxales，红豆杉科 Taxaceae，红豆杉属 *Taxus*
保护级别及濒危程度	中国物种红色名录列为易危（VU）
生活习性	生于溪边或坡上常绿阔叶林下。花期 3—5 月，种子 10—11 月成熟
分布现状	江西省（抚州市、上饶市）。模式标本采自江西省抚州市乐安县
馆藏独特性	植物中的大熊猫，国内收藏此物种标本的标本馆不超过 3 家
保藏地点	中国科学院庐山植物园标本馆

鉴别特征

乔木，高达10 m，胸径达40 cm。树皮黄褐色，裂成条片脱落；大枝开展，新枝绿色；冬芽淡绿色，有光泽，芽鳞三角状卵形，背部无脊，脱落或少数宿存于小枝的基部。叶排列成两列，条形，微弯或较直，长16.5~25 cm，宽 2.5~3.8 mm，边缘反卷，先端急尖，上面深绿色，有光泽，下面淡黄绿色，有两条气孔带，中脉带上有密生均匀而微小的圆形角质乳头状突起点，与气孔带同色较浅。种子生于杯状黄色肉质的假种皮中，倒卵状，长6.3~7 mm，宽5~6 mm，厚4.4~5 mm，微扁，上部具二钝棱脊，先端有突起的短钝尖头，种脐近圆形或宽椭圆形。

百山祖冷杉　*Abies beshanzuensis* M. H. Wu

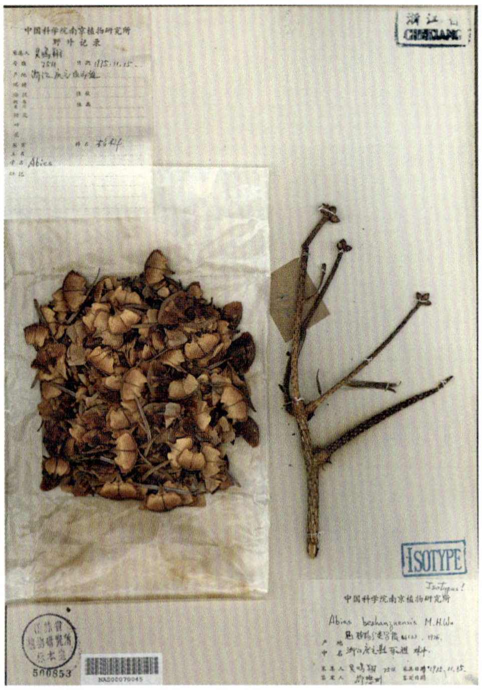

分类地位	裸子植物亚门 Gymnospermae，松柏纲 Pinosida，松柏目 Pinales，松科 Pinaceae，冷杉属 *Abies*
保护级别及濒危程度	国家一级重点保护植物，中国物种红色名录列为极危（CR）
生活习性	生长于海拔 1700 m 以上近山顶谷地的阔叶树混交林中
分布现状	特产于浙江南部百山祖
馆藏独特性	是近年来在我国东部中亚热带首次发现的特有冷杉属珍贵树种，古老残遗植物，是中国人独立研究、发表的第一个冷杉属物种，目前野生植株仅存 3 株
保藏地点	江苏省・中国科学院植物研究所标本馆

鉴别特征

叶内树脂道边生或生于两侧端的叶内薄壁组织内；雌球花的苞鳞上部向后反曲；球果成熟后淡褐黄色或淡褐色，苞鳞上端露出而反曲，尖头极短，长1 mm以内。树皮灰黄色，龟裂，树干通直浑圆；针叶排列整齐。

银杉　*Cathaya argyrophylla* Chun et Kuang

分类地位	裸子植物亚门 Gymnospermae，松柏纲 Pinosida，松柏目 Pinales，松科 Pinaceae，银杉属 *Cathaya*
保护级别及濒危程度	国家一级保护野生植物，全球物种红色名录定为易危（VU）
生活习性	生于海拔 900~1900 m 的局部山区；乔木，花期 5 月，球果翌年 10 月成熟
分布现状	我国特产稀有树种，分布于广西、湖南、重庆、四川、贵州
馆藏独特性	模式标本，采自广西。于 1955 年 5 月在广西花坪林区发现；1958 年 4 月，陈焕镛和匡可任发表了银杉和银杉属（当时包括两个生存种），后于 1962 年发表了《银杉——我国特有的松柏类植物》，确认该属为单种属。“活化石”银杉是继水杉后发现的第二种孑遗松杉植物，在松科植物的系统发育、古植物区系、古地理等诸多领域具有重要的科学价值。银杉的属名 *Cathaya* 意为“华夏”，可见这一发现的意义重大
保藏地点	中国科学院华南植物园标本馆

鉴别特征

叶背中脉两侧有非常明显的银白色气孔带。

红松 *Pinus koraiensis* Sieb. et Zucc.

分类地位	裸子植物亚门 Gymnospermae，松柏纲 Pinosida，松柏目 Pinales，松科 Pinaceae，松属 *Pinus*
保护级别及濒危程度	国家二级重点保护野生植物，中国物种红色名录列为极危（CR）
生活习性	生长于我国东北长白山区、吉林山区及小兴安岭以南，海拔 150~1800 m，气候温寒、湿润的棕色森林地带。喜光性强，对土壤水分要求较高，在温寒多雨，相对湿度较高的气候与深厚肥沃、排水良好的酸性棕色森林土壤带生长最好，不宜过干、过湿的土壤及严寒的气候
分布现状	红松是小兴安岭、长白山的地带性植物，红松林经过几亿年的更替演化形成，被称为“第三纪森林”。红松主要分布在中国东北的小兴安岭到长白山一带，向东分布到俄罗斯、日本、朝鲜的部分区域。在历经数十年的砍伐后，天然红松林数量锐减
馆藏独特性	此标本 2003 年 9 月 5 日采集于黑龙江省伊春市五营区
保藏地点	中国科学院沈阳应用生态研究所东北生物标本馆

鉴别特征

乔木，高达50 m，胸径1 m；大树树皮呈灰褐色或灰色，纵裂成不规则的长方鳞状块片，裂片脱落后露出红褐色的内皮；树干上部常分叉，树冠圆锥形；针叶5针一束。雄球花椭圆状圆柱形，红黄色；雌球花绿褐色，圆柱状卵圆形，直立，单生或数个集生于新枝近顶端，具粗长的梗。球果圆锥状卵圆形、圆锥状长卵圆形或卵状矩圆形；种子大，着生于种鳞腹（上）面下部的凹槽中，无翅或顶端及上部两侧微具棱脊，暗紫褐色或褐色，倒卵状三角形。花期6月，球果第二年9—10月成熟。

雪松 *Cedrus deodara* (Roxb.) G. Don

分类地位	裸子植物亚门 Gymnospermae，松柏纲 Pinosida，松柏目 Pinales，松科 Pinaceae，雪松属 *Cedrus*
保护级别及濒危程度	中国物种红色名录列为易危（VU）
生活习性	在气候温和凉润、土层深厚、排水良好的酸性土壤上生长旺盛
分布现状	原产喜马拉雅山西部及喀喇昆仑山。辽宁、河北、山东、江苏、安徽、浙江、福建、台湾、江西、湖北、湖南、广东、广西、云南、贵州、四川、陕西、河南及山西均栽培引种作为庭园观赏树
馆藏独特性	我国 1920 年左右从日本引进种植。这份标本 1936 年采集于“Jessfield Park”，也就是现上海中山公园的前身，是当时最早从日本引进的雪松之一
保藏地点	江苏省·中国科学院植物研究所标本馆

鉴别特征

乔木，树皮呈深灰色，裂成不规则的鳞状块片；大枝枝梢和小枝微下垂。针叶长2.5~5 cm，常呈三棱状，上面两侧各有2~3条气孔线，下面有4~6条气孔线。球果卵圆形、宽椭圆形或近球形，长7~12 cm；中部的种鳞长2.5~4 cm，宽4~6 cm，上部宽圆或平，边缘微内曲，背部密生短茸毛。种子近三角形，连翅长2.2~3.7 cm。

中麻黄 *Ephedra intermedia* Schrenk ex C. A. Mey.

分类地位	裸子植物亚门 Gymnospermae，松纲 Pinopsida，麻黄目 Ephedrales，麻黄科 Ephedraceae，麻黄属 *Ephedra*
保护级别及濒危程度	中国物种红色名录列为易危（VU）
生活习性	抗旱性强，生于海拔数百米至 2000 多米的干旱荒漠、沙滩地区及干旱的山坡或草地上。花期 5—6 月，种子 7—8 月成熟
分布现状	我国分布最广的麻黄之一，产于辽宁、河北、山东、内蒙古、山西、陕西、宁夏、甘肃、青海、新疆、西藏，以西北各省区最为常见
馆藏独特性	1975 年 7 月 28 日采集于青海
保藏地点	中国科学院西北高原生物研究所青藏高原生物标本馆

鉴别特征

灌木，茎直立或匍匐斜上，粗壮，在生长较大时具木质茎，基部分枝多；绿色小枝常被白粉呈灰绿色。叶3裂及2裂混见，下部约2/3合生成鞘状，上部裂片钝三角形或窄三角披针形。雄球花通常无梗，数个密集于节上成团状，雌球花2~3朵成簇，对生或轮生于节上，无梗或有短梗。雌球花成熟时肉质红色，椭圆形、卵圆形或矩圆状卵圆形，种子包于肉质红色的苞片内，不外露，常呈卵圆形或长卵圆形。

5. 被子植物类

重楼属 *Paris* L.

分类地位	被子植物亚门 Angiospermae，单子叶植物纲 Monocots，百合目 Liliales，藜芦科 Melanthiaceae，重楼属 *Paris*
保护级别及濒危程度	本属很多已知物种在中国物种红色名录中被列为受威胁物种
生活习性	适应于欧洲和亚洲温带与亚热带地区气候
分布现状	分布于欧洲和亚洲温带与亚热带地区，中国为其分布中心
馆藏独特性	《中国植物志》英文版记载重楼属约 24 种，中国分布有 22 种，其中 12 种为特有种。此为 1982 年 6 月 16 日李恒等人在云南省昆明市禄劝彝族苗族自治县采集的禄劝花叶重楼（*Paris luquanensis* H. Li）标本
保藏地点	中国科学院昆明植物研究所标本馆

鉴别特征

多年生草本；根状茎粗壮或细长，有节；茎单出，直立，叶4~10枚轮生于茎顶部，叶片绿色或具紫色斑块，具三出脉和羽状脉，花单生于叶轮中央，花梗为茎的延续，直立；花被片离生，排成二轮。种子多数，具红色或黄色的多汁外种皮，或种皮角质，深紫色，黑色，或无假种皮。

亮叶重楼 *Paris nitida* G. W. Hu, Z. Wang & Q. F. Wang

分类地位	被子植物亚门 Angiospermae，单子叶植物纲 Monocots，百合目 Liliales，藜芦科 Melanthiaceae，重楼属 *Paris*
生活习性	生于海拔 730~1420 m 的亚热带常绿阔叶林。多年生草本，花期 3—5 月，果期 9—10 月
分布现状	分布于湖南、湖北、江西
馆藏独特性	模式标本，2017 年 4 月 28 日采集于湖南省浏阳市大围山
保藏地点	中国科学院武汉植物园标本馆

鉴别特征

通过野外观察和室内的培养，这种重楼属植物有两个不同寻常的特征，一个是叶子数量稳定在4片或5片，另一个是花有4~10枚雄蕊，雄蕊1~2轮。

中华白玉簪 *Corsiopsis chinensis* D.X. Zhang, R.M.K. Saunders & C.M.

分类地位	被子植物亚门 Angiospermae，单子叶植物纲 Monocots，百合目 Liliales，白玉簪科 Corsiaceae，白玉簪属 *Corsiopsis*
生活习性	生长于海拔 100~700 m 的密林中，腐生草本
分布现状	分布于广东
馆藏独特性	模式标本，采自广东。白玉簪属由华南植物园的张奠湘、胡启明与香港大学的桑德司教授 1999 年建立并发表，单种属，我国特有。此属是白玉簪科植物在北半球的首次记录，改变了该科的生物地理格局
保藏地点	中国科学院华南植物园标本馆

鉴别特征

无叶绿素，全株白色，花单生。

刘氏荸荠 *Heleocharis liouana* Tang & Wang

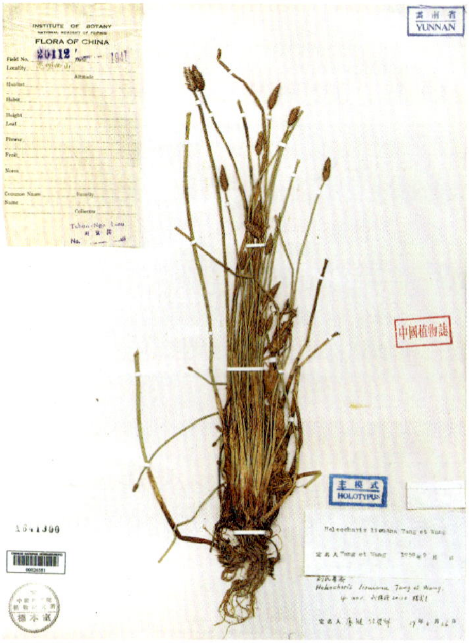

分类地位	被子植物亚门 Angiospermae，单子叶植物纲 Monocots，鸭跖草亚纲 Commelinidae，莎草目 Cyperales，莎草科 Cyperaceae，荸荠属 *Heleocharis*
生活习性	多年生草本植物，生长在路旁。海拔 1900 m。花果期 5—7 月
分布现状	产于云南（昆明）
保藏地点	中国科学院植物研究所植物标本馆

鉴别特征

有匍匐根状茎。秆少数或稍多数，丛生，中等粗，干后略扁，高 14~36 cm，直径 1~3 mm，有少数钝肋条和纵槽。叶缺或只在秆的基部有二个叶鞘，长鞘的下部暗血红色，鞘口截形，高 4~7 cm。小穗开花时顶端钝，后来渐尖，黄土色；在小穗基部有二片鳞片中空无花，最下一片抱小穗基部过半周；其余鳞片全有花，略呈松散地排列，线状长圆形或长圆形，顶端圆钝，长 4 mm，宽 2 mm 或较狭，暗血红色，背部绿色，边缘宽，白色，干膜质；下位刚毛 4~5 条，长超过小坚果，不向外展开，锈色，有倒刺；雄蕊 3，花丝长于药半倍；柱头 2。小坚果多数为椭圆形，双凸状，长 1.2~1.5 mm，宽 1~1.2 mm，顶端缢缩部分宽为花柱基的一半，不为花柱基的基部所掩盖；花柱海绵质，长为小坚果的 1/3，宽为小坚果的一半。

毛秆野古草 *Arundinella hirta* (Thunb.) Tanaka

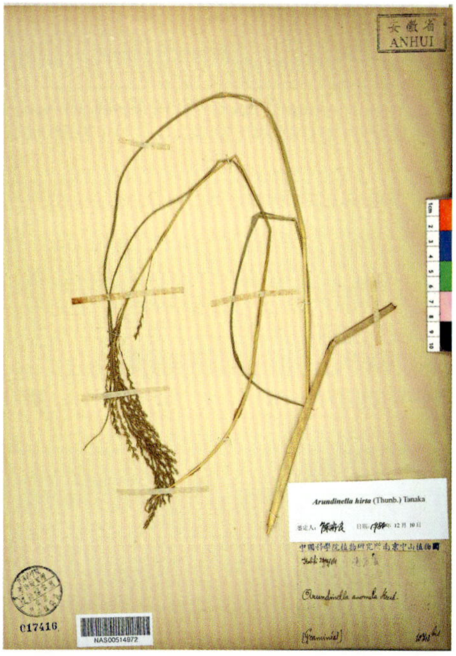

分类地位	被子植物亚门 Angiospermae，单子叶植物纲 Monocots，禾本目 Poales，禾本科 Poaceae，野古草属 *Arundinella*
生活习性	海拔 1000 m 以下的山地开阔地、河床、荒地
分布现状	广布于我国华北、华东、华中、华南各省。亦分布于日本、韩国、俄罗斯
馆藏独特性	柏永年（Frédéric Courtois, 1860—1928），法籍传教士与博物学家，1901 年来到上海后，直到过世都在中国。此标本是柏永年 1906 年在安徽采集的最早的一批标本之一
保藏地点	江苏省・中国科学院植物研究所标本馆

鉴别特征

多年生草本；根茎被淡黄色鳞片；秆直立，高可达 150 cm，表面被疏柔毛；叶舌上缘截平，被长纤毛；叶片长 15~40 cm，两面被粗毛。圆锥花序，长可达 40 cm，花序轴被粗毛。颖具 5 脉，稃具小尖头，无芒。

南极发草　*Deschampsia antarctica* É. Desv.

分类地位	被子植物亚门 Angiospermae，单子叶植物纲 Monocots，禾本目 Poales，禾本科 Poaceae，发草属 *Deschampsia*
生活习性	多生长在中度干燥、腐殖质丰富的沙壤土或泥炭土上
分布现状	南极和南美洲南端
馆藏独特性	国内标本馆少见的极地植物标本。南极发草是南极仅有的 2 种维管束植物之一。此标本由中科院南京地质古生物研究所的古植物学家李浩敏先生 1992 年 11 月—1993 年 3 月参加第九次南极科学考察时，在乔治王岛海军湾波兰站附近采集
保藏地点	江苏省・中国科学院植物研究所标本馆

鉴别特征

株高5~10 cm，具根茎，须根较稠密而坚韧，均黄褐色；分蘖能力强，常具2~3级以上分蘖，密集呈垫状；叶片卷折如丝发状，光滑；花序分枝多对生，仅在三叉分枝的末梢生长少数小穗。

双蕊兰　*Diplandrorchis sinica* S. C. Chen

分类地位	被子植物亚门 Angiospermae，单子叶植物纲 Monocots，兰目 Orchidales，兰科 Orchidaceae，双蕊兰属 *Diplandrorchis*
保护级别及濒危程度	中国物种红色名录列为极危（CR）
分布现状	全世界为中国辽宁东部山区所独有，分布区域极其狭窄，对生境条件要求极为严格，非常罕见。目前只发现 4 个种群，数十株，株数逐年减少
馆藏独特性	此为模式标本，1964 年 8 月 25 日采集于辽宁省本溪市桓仁满族自治县
保藏地点	中国科学院沈阳应用生态研究所东北生物标本馆

鉴别特征

腐生兰，高17~25 cm。根状茎粗约2.5 mm。茎白色，膜质。总状花序，淡绿色，具10~20朵花；总苞片狭披针形；苞片长圆状披针形；萼片长圆形；侧花瓣及唇瓣亦为长圆形；柱头顶生。

先骕兰 *Hsenhsua chrysea* (W. W. Sm.) X. H. Jin, Schuit., W. T. Jin & L. Q. Huang

分类地位	被子植物亚门 Angiospermae，单子叶植物纲 Monocots，兰目 Orchidales，兰科 Orchidaceae，先骕兰属 *Hsenhsua*
生活习性	生长在海拔 3600~4200 m 潮湿的高山草地和灌木丛中
分布现状	分布于喜马拉雅山东部，包括不丹和中国（云南西北部、西藏南部及东南部）
馆藏独特性	2014 年，中科院植物研究所的分类学家经过研究，决定把《中国植物志》记载的原属兰科红门兰属的“黄花红门兰”独立成一个新属。并决定将新属命名为“先骕兰属”，以纪念我国著名植物学家胡先骕先生
保藏地点	中国科学院植物研究所植物标本馆

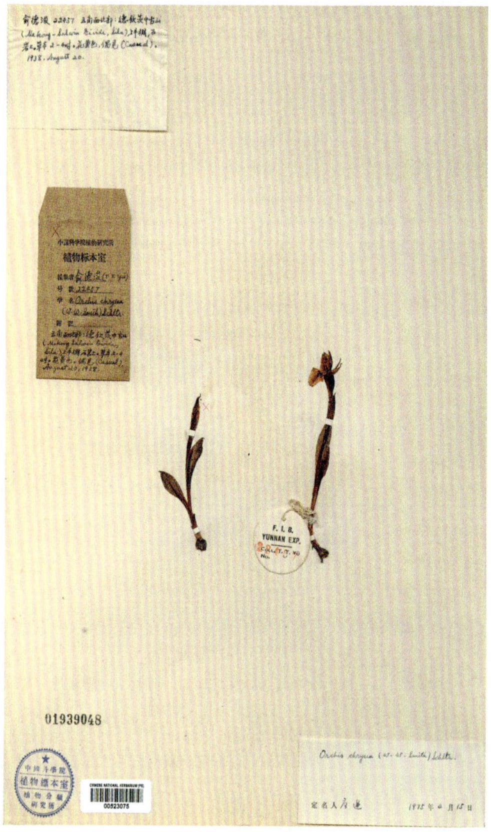

鉴别特征

其块茎近球形，二叶基生。花单生，较大，绿色，花梗长于子房，具藏于苞片内，唇瓣稍3裂，柱头裂片联合呈一凹陷面。

蕉木 *Chieniodendron hainanense* (Merr.) Tsiang & P. T. Li

分类地位	被子植物亚门 Angiospermae，双子叶植物纲 Dicotyledons，原始花被亚纲 Archichlamydeae，木兰目 Magnoliales，番荔枝科 Annonaceae，蕉木属 *Chieniodendron*
生活习性	蕉木是一种热带常绿乔木，因果形似香蕉，故名蕉木
分布现状	在我国分布于广东、广西、海南的山谷水旁密林中
保藏地点	中国科学院植物研究所植物标本馆

鉴别特征

高可达16 m，胸径达50 cm。花很小，直径约1.5 cm，小枝、小苞片、花梗、萼片外面、花瓣和果均密被锈色柔毛。果实长圆筒状或倒卵状，长2~5 cm，直径2~2.5 cm，外果皮有突起纵脊，在种子间有缢纹。

山胡椒 *Lindera glauca* (Sieb. et Zucc.) Bl.

分类地位	被子植物亚门 Angiospermae，双子叶植物纲 Dicotyledons，原始花被亚纲 Archichlamydeae，樟目 Laurales，樟科 Lauraceae，山胡椒属 *Lindera*
生活习性	生于海拔 900 m 左右以下山坡、林缘、路旁。花期 3—4 月，果期 7—8 月
分布现状	产于山东、河南、陕西、甘肃、山西、江苏、安徽、浙江、江西、福建、台湾、广东、广西、湖北、湖南、四川等地
馆藏独特性	由中国科学院植物分类研究所的钱崇澍、胡先骕、林镕、俞德浚等植物学家们鉴定并保藏，是美军在朝鲜战争期间进行细菌战的历史证据
保藏地点	中国科学院植物研究所植物标本馆

鉴别特征

落叶灌木或小乔木，高可达8 m。树皮平滑。冬芽（混合芽）长角锥形，芽鳞裸露部分红色，幼枝条白黄色。叶互生，被白色柔毛，纸质；叶枯后不落，翌年新叶发出时落下。伞形花序腋生，总梗长一般不超过3 mm。雄花黄色，长约2.2 mm，内、外轮几相等；雄蕊9枚，近等长，花丝无毛；退化雌蕊细小，长约1 mm，上有一小突尖；花梗长约1.2 cm，密被白色柔毛。雌花花被片黄色，内、外轮几相等，长约2 mm；退化雄蕊长约1 mm，条形；子房椭圆形，柱头盘状；花梗长3~6 mm，熟时黑褐色；果梗长1~1.5 cm。

樟属 *Cinnamomum* Trew

分类地位	被子植物亚门 Angiospermae，双子叶植物纲 Dicotyledons，原始花被亚纲 Archichlamydeae，毛茛目 Ranales，樟科 Lauraceae
生活习性	适应热带、亚热带及太平洋岛屿气候
分布现状	我国主产于南方各省区、陕西及甘肃南部也有分布。国外产于亚洲东部其他国家，澳大利亚及太平洋岛屿
馆藏独特性	我国西南部，尤其是云南南部，是樟属植物的主要分布地之一。20 世纪 50 年代初，蔡希陶先生带队在此区域发现多种樟属植物可用枝叶蒸馏芳香油；李锡文先生发现了若干樟属新植物，为樟属植物利用提供了新资源。此为米槁（*Cinnamomum migao* H. W. Li）模式标本
保藏地点	中国科学院昆明植物研究所标本馆

鉴别特征

常绿乔木或灌木，树皮、小枝和叶极芳香。叶革质，离基三出脉或三出脉，亦有羽状脉。花黄色或白色，两性，稀为杂性，组成腋生或近顶生、顶生的圆锥花序，由一至多花的聚伞花序所组成；花被筒短，花被裂片6，近等大；果肉质，下有果托。

三叶橡胶树 *Hevea brasiliensis* (Willd. ex A. Juss.) Müll. Arg.

分类地位	被子植物亚门 Angiospermae，双子叶植物纲 Dicotyledons，原始花被亚纲 Archichlamydeae，大戟目 Euphorbiales，大戟科 Euphorbiaceae，橡胶树属 *Hevea*
生活习性	生长在高温、湿润、向阳之地；花期4—7月，果期8—12月
分布现状	原产巴西，现广泛栽培于亚洲热带地区。我国台湾、福建南部、广东、广西、海南和云南南部均有栽培，以海南和云南种植较多
馆藏独特性	由秦仁昌先生于1953年春在滇西考察时采集
保藏地点	中国科学院昆明植物研究所标本馆

鉴别特征

大乔木，有丰富乳汁。掌状复叶具3小叶，小叶椭圆形，全缘，无毛，侧脉10~16对，网脉明显；圆锥状花序腋生，被灰白色短柔毛；雄蕊10，2轮；雌花花萼裂片较雄花大，柱头3；蒴果椭圆形，有3纵沟；种子淡灰褐色，有斑纹。

金铁锁 *Psammosilene tunicoides* W. C. Wu et C. Y. Wu

分类地位	被子植物亚门 Angiospermae，双子叶植物纲 Dicotyledons，原始花被亚纲 Archichlamydeae，石竹目 Caryophyllales，石竹科 Caryophyllaceae，金铁锁属 *Psammosilene*
保护级别及濒危程度	中国物种红色名录列为濒危（EN）
生活习性	生长于海拔2000~3800 m的砾石山坡或石灰质岩石缝中
分布现状	分布于云南、四川、贵州、西藏
馆藏独特性	中国特有种，是云南白药的重要原料植物之一
保藏地点	中国科学院昆明植物研究所标本馆

鉴别特征

多年生草本，根长倒圆锥形，棕黄色，肉质；茎铺散，平卧，2叉状分枝，常带紫绿色；叶卵形，近无柄；花三歧聚伞花序密被腺毛，花萼筒状钟形，纵脉凸起；花瓣紫红色，狭匙形；蒴果。

白梭梭 *Haloxylon persicum* Bunge ex Boiss. Et Buhse

分类地位	被子植物亚门 Angiospermae，双子叶植物纲 Dicotyledons，原始花被亚纲 Archichlamydeae，石竹目 Caryophyllales，苋科 Amaranthaceae，梭梭属 *Haloxylon*
保护级别及濒危程度	中国物种红色名录列为易危（VU）
生活习性	生于海拔 300~500 m 半固定沙丘顶部。适中温，超旱生，沙生
分布现状	我国仅分布于新疆准噶尔盆地，国外分布于俄罗斯、哈萨克斯坦、伊朗和阿富汗
馆藏独特性	2012 年 9 月 28 日采集于新疆吐鲁番植物园。典型的荒漠植物，是优良的固沙植物
保藏地点	中国科学院新疆生态与地理研究所标本馆

鉴别特征

夏绿小半乔木。

征镒麻属 *Zhengyia* T. Deng, D. G. Zhang & H. Sun

分类地位	被子植物亚门 Angiospermae，双子叶植物纲 Dicotyledons，原始花被亚纲 Archichlamydeae，荨麻目 Urticales，荨麻科 Urticaceae，征镒麻属 *Zhengyia*
生活习性	生长在海拔 500~600 m 的山谷和石灰岩山坡上，喜欢阴暗潮湿且富含腐殖质的土壤环境
分布现状	分布于湖北神农架林区
馆藏独特性	中国特有属，此为模式标本。2011 年 9 月邓涛等在湖北省神农架林区采集。研究确立为荨麻科一新属，并将其命名为征镒麻属，以纪念我国著名植物学家吴征镒院士
保藏地点	中国科学院昆明植物研究所标本馆

鉴别特征

多年生高大草本，植株高达3 m，具蜇毛；叶互生，托叶大，心形；花序腋生，圆锥状，单性；雌花花被片4枚，外面2枚较大，柱头短棒状；瘦果歪斜。

粉背绣球 *Hydrangea glaucophylla* C. C. Yang

分类地位	被子植物亚门 Angiospermae，双子叶植物纲 Dicotyledons，山茱萸目 Cornales，绣球花科 Hydrangeaceae，绣球属 *Hydrangea*
生活习性	生于海拔 1180 m 的林下
分布现状	分布于重庆、湖北
馆藏独特性	模式标本，1964 年 6 月 4 日采自重庆市奉节县
保藏地点	中国科学院武汉植物园标本馆

鉴别特征

灌木，高2~3 m。一年生小枝褐色，光滑无毛，二年生枝淡褐色，树皮剥落。叶厚纸质，阔卵形或阔椭圆形，长9~16 cm，宽3~9 cm，基部呈楔形或圆形，顶端短渐尖，边缘具细锯齿。叶片上面绿色，光滑，叶脉下凹，下面粉白色，光滑，仅在叶脉腋具毛。花萼状萼片3或4枚，不等大，矩圆形，全缘或具圆齿。孕性花白色。萼筒坛状，无毛，萼裂片三角状。花冠盘状，顶端具短喙。

紫背绣球 *Hydrangea strigosa* Rehd. var. *purpurea* C. C. Yang

分类地位	被子植物亚门 Angiospermae，双子叶植物纲 Dicotyledons，山茱萸目 Cornales，绣球花科 Hydrangeaceae，绣球属 *Hydrangea*
生活习性	生于海拔 1300~1400 m 的山谷林下溪边
分布现状	湖北省恩施土家族苗族自治州巴东县和宜昌市兴山县
馆藏独特性	模式标本，1973 年 10 月 11 日采集于湖北省宜昌市兴山县
保藏地点	中国科学院武汉植物园标本馆

鉴别特征

紫背绣球为小灌木，果未熟时红色，边缘不育花白色。该变种和原变种的区别在于叶片较大，窄卵状披针形，长15~27 cm，宽4.5~7.5 cm，基部阔楔形或近于圆形，叶背面蓝紫色，糙伏毛灰白色。

珙桐 *Davidia involucrata* Baill.

分类地位	被子植物亚门 Angiospermae，双子叶植物纲 Dicotyledons，山茱萸目 Cornales，蓝果树科 Nyssaceae，珙桐属 *Davidia*
保护级别及濒危程度	国家一级重点保护植物
生活习性	生于海拔 1500~2200 m 润湿的常绿阔叶林和落叶阔叶混交林中。花期 4 月，果期 10 月
分布现状	产湖北西部、湖南西部、四川以及贵州和云南两省的北部。在四川西部极常见
保藏地点	中国科学院植物研究所标本馆

鉴别特征

落叶乔木，高15~20 m，胸径约1 m，树皮常裂成不规则的薄片而脱落。幼枝圆柱形，当年生枝紫绿色无毛，多年生枝深灰色；冬芽锥形，具4~5对卵形鳞片，常呈覆瓦状排列。叶纸质，互生，无托叶，常密集于幼枝顶端，基部心脏形，边缘有三角形而尖端锐尖的粗锯齿，上面亮绿色，中脉和侧脉均在上面显著，在下面凸起。两性花与雄花同株，由多数的雄花与1个雌花或两性花成近球形的头状花序，直径约2 cm，着生于幼枝的顶端，两性花位于花序的顶端，雄花环绕于其周围，基部具花瓣状苞片2~3枚。果实长卵圆形核果，长3~4 cm，直径15~20 mm，紫绿色具黄色斑点，外果皮很薄，中果皮肉质，内果皮骨质具沟纹，种子3~5枚；果梗粗壮，圆柱形。

利川槭 *Acer lichuanensis* C. D. Chu et G. G. Tang

分类地位	被子植物亚门 Angiospermae，双子叶植物纲 Dicotyledons，无患子目 Sapindales，无患子科 Sapindaceae，槭属 *Acer*
馆藏独特性	模式标本，1958 年 6 月 6 日采集于湖北省恩施土家族苗族自治州利川市星斗山海拔 1300 m 的常绿阔叶林和落叶阔叶混交林中
保藏地点	中国科学院武汉植物园标本馆

鉴别特征

落叶乔木，高达25 m，胸径35 cm。树皮浅灰褐色，不开裂。叶纸质，卵形或宽卵形，长18~24 cm，宽12~15 cm，基部心形或近心形，先端渐尖，不明显三浅裂；叶上面绿色，无毛或近无毛，下面脉上被短柔毛，基出3脉，脉腋有簇生毛。总状花序，长15~20 cm。果序轴及果梗密被柔毛，翅果大，黄褐色；果翅长4.5~5.5 cm，两翅交角小于45°。

纳雍槭 *Acer nayongense* Fang

分类地位	被子植物亚门 Angiospermae，双子叶植物纲 Dicotyledons，无患子目 Sapindales，无患子科 Sapindaceae，槭属 *Acer*
生活习性	生长在海拔 800~1800 m 的疏林中
分布现状	主要分布于贵州，湖北和湖南亦有分布
馆藏独特性	1958 年 9 月 14 日采集于湖北省恩施土家族苗族自治州鹤峰县
保藏地点	中国科学院武汉植物园标本馆

鉴别特征

落叶小乔木，高约5 m。小枝近于圆柱形，无毛，淡紫色或淡绿色。皮孔稀少，淡黄色。叶小，常3裂，侧裂片向侧面伸展，下面沿叶脉被淡黄色疏柔毛。翅果黄绿色，长4.5~4.8 cm。小坚果卵形。翅椭圆形或长圆形，中段最宽，常宽1.2~1.4 cm，张开成钝角或近于水平。

安福槭 *Acer shangszeense* var. *anfuense* W. P. Fang et Soong

分类地位	被子植物亚门 Angiospermae，双子叶植物纲 Dicotyledons，无患子目 Sapindales，无患子科 Sapindaceae，槭属 *Acer*
生活习性	生于海拔 1200 m 的山谷林边。花期不明，果期 9 月
分布现状	产于江西西部。模式标本采自萍乡市武功山
馆藏独特性	主模式标本馆藏地，国内仅本馆收藏该物种的标本
保藏地点	中国科学院庐山植物园标本馆

鉴别特征

本变种与原种的区别在于本变种的叶较大，宽12~14 cm，长10~12 cm，7裂，裂片锐尖，边缘有紧贴的锯齿；果序圆锥状，长7 cm，翅果较大，小坚果卵圆形，长7 mm，宽5 mm，连同翅长3.2~3.5 cm，翅中段最宽，常宽1.2 cm，张开成钝角。

凤凰堇菜 *Viola tokubuchiana* var. *takedana* (Makino) F. Maek. in H. Hara

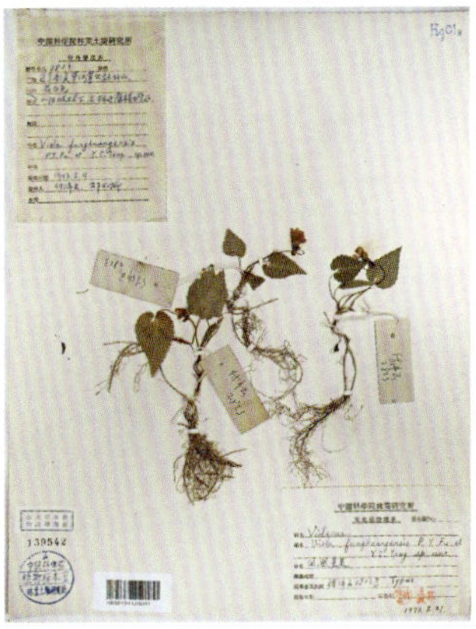

分类地位	被子植物亚门 Angiospermae，双子叶植物纲 Dicotyledons，金虎尾目 Malpighiales，堇菜科 Violaceae，堇菜属 *Viola*
生活习性	多生于山阴坡腐殖土层较厚的阔叶林下及林缘
分布现状	辽宁
馆藏独特性	模式标本，1973 年 5 月 11 日采集于辽宁省本溪市
保藏地点	中国科学院沈阳应用生态研究所东北生物标本馆

鉴别特征

多年生草本，高5~15 cm。根状茎较细，无地上茎。基生叶多数，边缘具钝锯齿；叶柄无翼或微有狭翼；托叶披针形或卵状披针形。花梗超出叶；苞片2；萼片卵状披针形；花瓣白色；子房无毛。蒴果椭圆形，无毛。

艾胶算盘子 *Glochidion lanceolarium* (Roxb.) Voigt

分类地位	被子植物亚门 Angiospermae，双子叶植物纲 Dicotyledons，金虎尾目 Malpighiales，叶下珠科 Phyllanthaceae，算盘子属 *Glochidion*
生活习性	生长于500~1200 m 的山地疏林中或溪旁灌木丛中；灌木或乔木，花期 3—5 月，果期 7 月—翌年 2 月
分布现状	分布于我国广东、广西、福建、海南、云南。印度、泰国、老挝、柬埔寨和越南等也有分布
馆藏独特性	华南植物园罗世孝博士于 2017 年研究发现，由于艾胶算盘子的幼果发育迟缓，不少植物学家都误把它们当成了“花”，认为其花果期为全年，而其真正的花期仅 3 月末—5 月初；同时以艾胶算盘子为研究对象揭示了叶下珠与传粉叶下珠蛾之间特殊的专性互利共生机制，成为继榕树与榕小蜂，丝兰与丝兰蛾之后第三个经典种子寄生传粉系统
保藏地点	中国科学院华南植物园标本馆

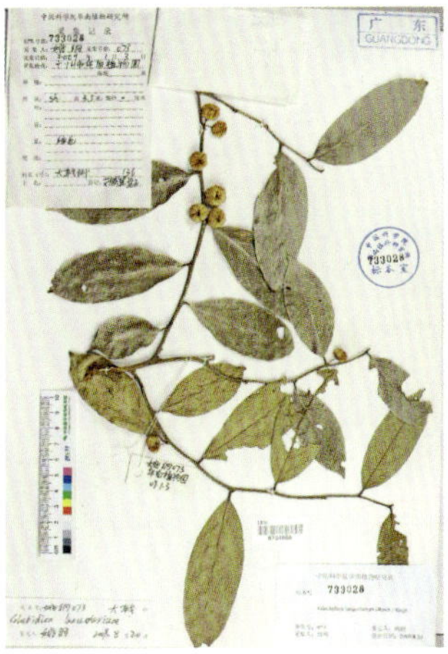

鉴别特征

顾名思义，它的果实因和算盘上的珠子很像而得名。基部楔形，非心形，枝、叶无毛，果顶端急尖。

银缕梅 *Parrotia subaequalis* (H. T. Chang) R. M. Hao & H. T. Wei

分类地位	被子植物亚门 Angiospermae，双子叶植物纲 Dicotyledons，蔷薇目 Rosales，金缕梅科 Hamamelidaceae，银缕梅属 *Parrotia*
保护级别及濒危程度	国家一级重点保护植物；中国物种红色名录列为极危（CR）
生活习性	生于低海拔的疏林中
分布现状	仅分布于安徽、江苏和浙江
馆藏独特性	模式标本及重发现时的标本
保藏地点	江苏省·中国科学院植物研究所标本馆

鉴别特征

落叶小乔木，树皮片状剥落。叶片薄革质，倒卵形，基部稍不对称；边缘在靠近先端处有数个波状浅齿，下半部全缘；叶柄长5~7 mm，被星状毛。短穗状花序生于当年枝的叶腋内，有花3~7朵，先叶开放；花无花梗，萼筒浅杯状，萼齿卵圆形；无花瓣；雄蕊先出，子房近于上位，基部与萼筒合生。蒴果近圆形。

洪平杏　*Prunus hongpingensis* (T. T. Yu et C. L. Li) Y. H. Tong et N. H. Xia

分类地位	被子植物亚门 Angiospermae，双子叶植物纲 Dicotyledons，蔷薇目 Rosales，蔷薇科 Rosaceae，杏属 *Prunus*
分布现状	仅在湖北省西部有分布记录。杏属植物遍布中国各省区，尤其北方常见，集中分布于 400~800 mm 年等降水量线之间的区域，全国共有 10 种，其中 5 种原产于中国
馆藏独特性	模式标本，1977 年 7 月 31 日采集于湖北省神农架林区洪平县境内
保藏地点	中国科学院武汉植物园标本馆

鉴别特征

乔木，高可达10 m。树皮灰褐色，小枝浅褐色至红褐色。叶片椭圆形至椭圆状卵形，长6~10 cm，宽2.5~5 cm，先端长渐尖至尾尖，基部圆形，边缘密被小锐锯齿。叶片上面疏生短柔毛，下面密被浅黄色褐色长柔毛。果实近圆形，密被黄褐色柔毛，果肉熟时可食。从形态上观察，此种可能是杏和梅的天然杂交种。

黎川悬钩子　*Rubus lichuanensis* Yü et Lu

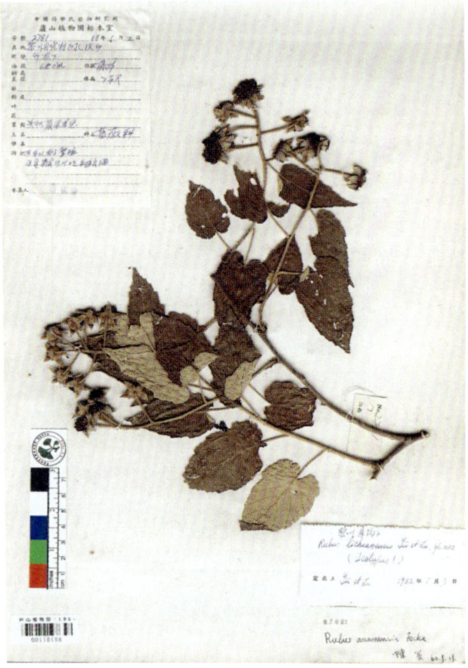

分类地位	被子植物亚门 Angiospermae，双子叶植物纲 Dicotyledons，蔷薇目 Rosales，蔷薇科 Rosaceae，悬钩子属 *Rubus*
生活习性	生竹林下。花期 4—5 月，果期 6—7 月
分布现状	产江西（黎川）
馆藏独特性	模式标本馆藏地，国内不超过 3 家标本馆收藏该物种的标本
保藏地点	中国科学院庐山植物园标本馆

鉴别特征

攀缘灌木，高约2 m。枝暗褐色，嫩枝被锈黄色茸毛，老时脱落，有钩状皮刺。单叶，卵形至卵状披针形，长5~8 cm，宽3~4 cm，顶端渐尖，基部心形，上面疏生柔毛，下面密被锈黄色茸毛，边缘浅裂或波状，有不规则圆钝粗锯齿或重锯齿；叶柄长1.5~2 cm，有锈黄色茸毛；托叶早落。花数朵成总状花序；总花梗和花梗有锈黄色茸毛状柔毛、短腺毛和稀疏针刺；花梗长2~3 cm；苞片披针形或长圆披针形，有茸毛状长柔毛，早落；花直径在1 cm以上；花萼外密被锈黄色茸毛状柔毛；萼片长卵形或三角状卵形，顶端急尖，全缘，在果期直立，稀反折；雄蕊多数，花丝宽扁，无毛；雌蕊很多。果实近球形，直径1~1.6 cm，黑色，无毛，由很多小核果组成；核有明显皱纹。

玫瑰 *Rosa rugosa* Thunb.

分类地位	被子植物亚门 Angiospermae，双子叶植物纲 Dicotyledons，蔷薇目 Rosales，蔷薇科 Rosaceae，蔷薇属 *Rosa*
保护级别及濒危程度	国家二级重点保护野生植物，中国物种红色名录列为易危（VU）
分布现状	原产我国吉林、辽宁、山东以及日本和朝鲜。我国各地均有栽培
馆藏独特性	1983 年 5 月 19 日采集于辽宁省丹东市
保藏地点	中国科学院沈阳应用生态研究所东北生物标本馆

鉴别特征

直立灌木，高可达2 m；茎粗壮，丛生；小枝密被茸毛，并有针刺和腺毛，有直立或弯曲、淡黄色的皮刺，皮刺外被茸毛。小叶5~9片，小叶片椭圆形或椭圆状倒卵形，先端急尖或圆钝，上面深绿色，无毛，叶脉下陷，有褶皱，下面灰绿色，中脉突起，网脉明显，密被茸毛和腺毛，有时腺毛不明显；叶柄和叶轴密被茸毛和腺毛。花单生于叶腋，或数朵簇生，苞片卵形，花梗密被茸毛和腺毛；花直径4~5.5 cm；萼片卵状披针形，先端尾状渐尖，常有羽状裂片而扩展成叶状，上面有稀疏柔毛，下面密被柔毛和腺毛；花瓣倒卵形，重瓣至半重瓣，芳香，紫红色至白色；花柱离生，被毛，稍伸出萼筒口外，比雄蕊短很多。果扁球形，直径2~2.5 cm，砖红色，肉质，平滑，萼片宿存。花期5—6月，果期8—9月。

重瓣金樱子 *Rosa laevigata* f. *semiplena* Yü et Ku

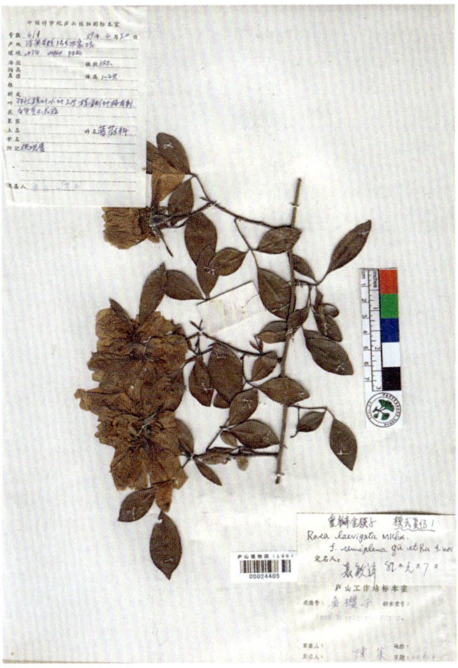

分类地位	被子植物亚门 Angiospermae，双子叶植物纲 Dicotyledons，蔷薇目 Rosales，蔷薇科 Rosaceae，蔷薇属 *Rosa*
生活习性	生于海拔 500~1000 m 向阳山地。花期 4—6 月，果期 7—11 月
分布现状	产江西和福建。模式标本采自江西省景德镇市浮梁县
馆藏独特性	国内收藏此物种标本的标本馆不超过 3 家
保藏地点	中国科学院庐山植物园标本馆

鉴别特征

常绿攀缘灌木，高可达5 m。小枝粗壮，散生扁弯皮刺，无毛，幼时被腺毛，老时逐渐脱落减少。小叶革质，小叶片椭圆状卵形、倒卵形或披针状卵形，长2~6 cm，宽1.2~3.5 cm，先端急尖或圆钝，稀尾状渐尖，边缘有锐锯齿，上面亮绿色，无毛，下面黄绿色，幼时沿中肋有腺毛，老时逐渐脱落无毛；托叶离生或基部与叶柄合生，披针形，边缘有细齿，齿尖有腺体，早落。花为半重瓣，直径5~9 cm。果梨形、倒卵形，稀近球形，紫褐色，外面密被刺毛，果梗长约3 cm，萼片宿存。

湖北椴 *Tilia hupehensis* Cheng ex H. T. Chang

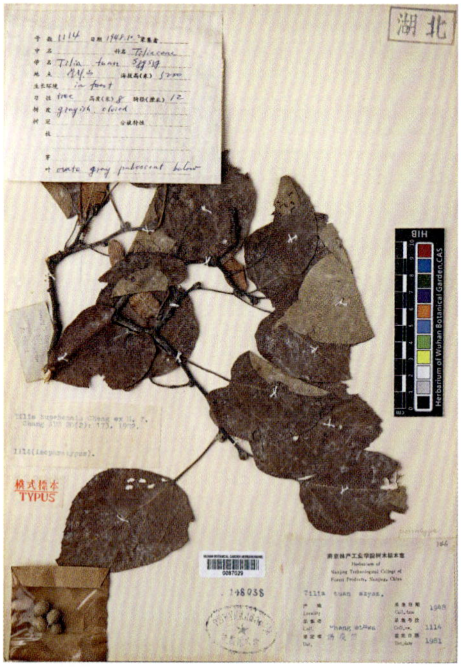

分类地位	被子植物亚门 Angiospermae，双子叶植物纲 Dicotyledons，锦葵目 Malvales，锦葵科 Malvaceae，椴树属 *Tilia*
分布现状	该种分布于广西和湖北西部
馆藏独特性	模式标本，1948 年 10 月 2 日采集于湖北省恩施土家族苗族自治州利川市
保藏地点	中国科学院武汉植物园标本馆

鉴别特征

湖北椴为乔木。嫩枝被暗褐色茸毛。叶卵形或狭卵形，长 8~10 cm，宽 4.5~6 cm，先端短急尖，基部斜心形或歇截形。叶上面干后暗褐色，下面被灰色茸毛，全缘，或先端有少数小齿突。聚伞花序长 7~8 cm，果序柄被长毛，有果实 3~6 个。相较于椴树 *T. tuan*，湖北椴的嫩枝和叶片下面被茸毛，叶柄很短，苞片较小。它和矩圆叶椴 *T. oblongifolia* 的区别在于嫩枝和叶片被褐色茸毛，叶柄较短。

庐山芙蓉 *Hibiscus paramutabilis* Bailey

分类地位	被子植物亚门 Angiospermae，双子叶植物纲 Dicotyledons，锦葵目 Malvales，锦葵科 Malvaceae，木槿属 *Hibiscus*
保护级别及濒危程度	中国物种红色名录列为易危（VU）
生活习性	生于海拔 850~1100 m 山地灌木丛中。花期 7—8 月
分布现状	产自江西庐山、湖南衡山及广西九万大山
馆藏独特性	江西省的植物“生物名片”
保藏地点	中国科学院庐山植物园标本馆

鉴别特征

落叶灌木至小乔木，高 1~4 m。小枝、叶及叶柄均被星状短柔毛。叶掌状，5~7 浅裂，有时 3 裂，长 5~14 cm，宽 6~15 cm，基部截形至近心形，裂片先端渐尖，主脉 5 条，两面均被星状毛；叶柄长 3~14 cm。花单生于枝端叶腋间，花梗长 2~4 cm，密被锈色长硬毛及短柔毛；花冠白色，内面基部紫红色。蒴果长圆状卵圆形，长约 2.5 cm，直径约 2 cm，密被黄锈色星状茸毛及长硬毛；种子肾形，被约 3 mm 红棕色长毛。

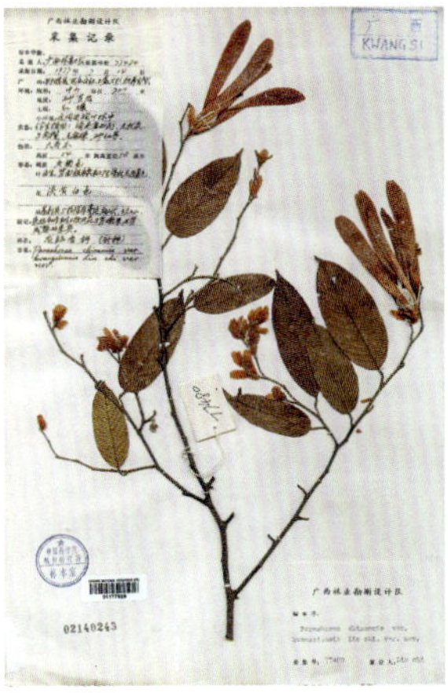

望天树 *Parashorea chinensis* Wang Hsie

分类地位	被子植物亚门 Angiospermae，双子叶植物纲 Dicotyledons，锦葵目 Malvales，龙脑香科 Dipterocarpaceae，柳安属 *Parashorea*
保护级别及濒危程度	国家一级重点保护植物，中国物种红色名录列为濒危（EN）
生活习性	生于海拔 300~1100 m 沟谷、坡地、丘陵及石灰山密林中。花期 5—6 月，果期 8—9 月
分布现状	产自云南、广西
保藏地点	中国科学院植物研究所植物标本馆

鉴别特征

乔木，高40~60 m，胸径60~150 cm。树皮灰色或棕褐色，树干上部的为浅纵裂，下部呈块状剥落。叶革质，侧脉在背面明显突起，网脉明显，被鳞片状毛或茸毛。圆锥花序腋生或顶生，密被灰黄色的鳞片状毛或茸毛；每个小花序分枝处具小苞片1对；每分枝有花3~8朵，每朵花的基部具1对宿存的苞片。花萼裂片5枚，覆瓦状排列，内外两面均被鳞片状毛或茸毛；花瓣5枚，黄白色，芳香，外面被鳞片状毛，内面近无毛；雄蕊12~15枚，长约4 mm，两轮排列，花药线状披针形，药隔附属体锥状；子房长卵形，3室，每室具胚珠2枚，密被白色的绢状毛，花柱无毛，柱头略3裂。果实密被银灰色的绢状毛；果翅近等长或3长2短，近革质，具纵脉5~7条，基部狭窄不包围果实。

苦丁茶冬青 *Ilex kudingcha* C. J. Tseng

分类地位	被子植物亚门 Angiospermae，双子叶植物纲 Dicotyledons，冬青目 Aquifoliales，冬青科 Aquifoliaceae，冬青属 *Ilex*
分布现状	苦丁茶冬青为常绿乔木，在广东、广西、湖北、湖南、江西、云南、河南和山东等地有分布
馆藏独特性	1958 年 8 月 12 日采集于湖北省恩施土家族苗族自治州来凤县。苦丁茶是中国民间一大类代茶饮料植物的总称，苦丁茶冬青是其中的一个大类。冬青科苦丁茶除了苦丁茶冬青外，还包括大叶冬青、枸骨等 136 种冬青属植物
保藏地点	中国科学院武汉植物园标本馆

鉴别特征

乔木，高6~20 m，小枝粗壮，光滑，灰白色至深褐色，具纵棱或稍具棱角。叶近革质至厚革质，矩状椭圆形至倒披针椭圆形，长14~28 cm，宽6~8 cm；叶上面橄榄绿至深亮，边缘具钝或细尖锯齿；叶柄显著具翅，无毛。假圆锥花序簇生叶腋，总苞片基部宽卵形；花3~7朵，稀单生；苞片椭圆形。

琼棕 *Chuniophoenix hainanensis* Burret

分类地位	被子植物亚门 Angiospermae，双子叶植物纲 Dicotyledons，棕榈目 Arecales，棕榈科 Arecaceae，琼棕属 *Chuniophoenix*
保护级别及濒危程度	国家二级保护野生植物，全球物种红色名录定为濒危（EN）
生活习性	生长于山地疏林中。灌木，花期 4 月。果期 9—10 月
分布现状	分布于海南、广东
馆藏独特性	后选模式标本，采自海南。主模式标本原藏于德国柏林植物园暨博物馆，但在二战中被炸毁。由德国植物学家伯雷特（Burret）在 1938 年根据侯宽昭采自海南保亭的标本发表。华南植物园徽标就是将琼棕叶片的艺术化
保藏地点	中国科学院华南植物园标本馆

鉴别特征

琼棕属我国产2种，琼棕和矮琼棕。植物都是叶掌状分裂，叶柄两侧无刺，顶端与叶片连接处无小戟突。但琼棕高达3~5 m，矮琼棕仅1~2 m；此外，琼棕掌状叶的羽片多达14~16片，矮琼棕仅4~6片。

麻栗坡锥 *Castanopsis malipoensis* C. C. Huang ex J. Q. Li & L. Chen

分类地位	被子植物亚门 Angiospermae，双子叶植物纲 Dicotyledons，壳斗目 Fagales，壳斗科 Fagaceae，锥属 *Castanopsis*
生活习性	锥属是亚洲热带、亚热带的常绿阔叶林、雨林以及山地森林的优势类群之一。生长于海拔 1200~1800 m 的石灰岩常绿阔叶林
分布现状	目前已知仅分布于云南省。全世界约有 120 种锥属植物，其中有 30 种原产于中国
馆藏独特性	模式标本，2008 年 10 月 19 日采集于云南省文山壮族苗族自治州麻栗坡县
保藏地点	中国科学院武汉植物园标本馆

鉴别特征

常绿乔木，高约20 m，开花的第二年结果。与西畴锥（*C. xichouensis*）相近，区别在于麻栗坡锥的叶片更薄，叶柄更短，壳斗的刺扁平且光滑，坚果也更大。

宁冈青冈 *Cyclobalanopsis ningangensis* W. C. Cheng et Y. C. Hsu

分类地位	被子植物亚门 Angiospermae，双子叶植物纲 Dicotyledons，壳斗目 Fagales，壳斗科 Fagaceae，青冈属 *Cyclobalanopsis*
生活习性	生于海拔 600~1700 m 常绿阔叶林下
分布现状	产于江西、湖南、广西等省区。模式标本采自江西省宁冈县（宁冈县现已撤销，并入井冈山市）
馆藏独特性	主模式标本馆藏地，国内不超过 3 家标本馆收藏该物种的标本。由著名树木学家徐永椿发表，徐先生发表了该科新种 20 余个、新组合 20 余个，对我国壳斗科做了很多订正补充研究工作
保藏地点	中国科学院庐山植物园标本馆

鉴别特征

乔木，高达15 m。小枝灰色，被薄毛。叶片长椭圆形，椭圆状披针形或卵状披针形，长8~13 cm，宽2~4 cm，顶端渐尖或尾尖，基部圆形或宽楔形，叶面中脉下陷，侧脉微凸起，每边13~15条，直达锯齿尖端；叶柄长1.5~3 cm，干时带黑色，基部被茸毛。雌花序生于小枝上部叶腋，长1.5~2 cm，着生花7~10朵，通常2~3朵发育，壳斗杯形，外壁被灰色薄毛，内壁被灰色丝状毛；小苞片合生成6~7条同心环带。坚果长椭圆形，直径0.8~1.2 cm，高1.5~2 cm，黄褐色，无毛，柱座明显；果脐近圆形，直径约5 mm。

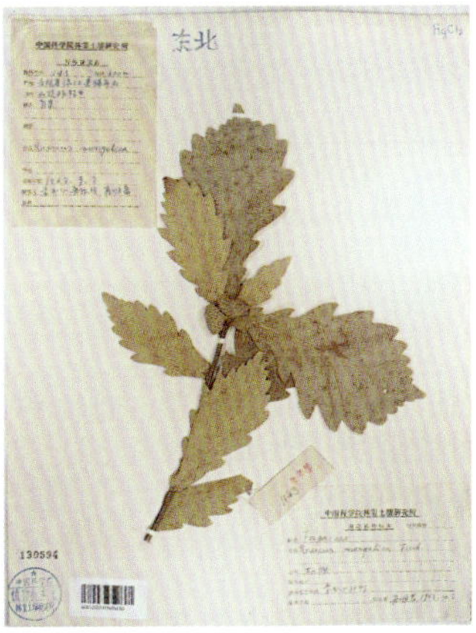

蒙古栎 *Quercus mongolica* Fisch. ex Ledeb

分类地位	被子植物亚门 Angiospermae，双子叶植物纲 Dicotyledons，壳斗目 Fagales，壳斗科 Fagaceae，栎属 *Quercus*
分布现状	广泛分布于我国东北和华北等地
馆藏独特性	1963 年 9 月 7 日采集于吉林省白山市临江市。其木材材质坚硬，耐腐力强，可做车船、建筑、坑木等用材；叶可饲养柞蚕；种子可酿酒或做饲料。该种是营造防风林、水源涵养林、园景树或行道树的优良树种
保藏地点	中国科学院沈阳应用生态研究所东北生物标本馆

鉴别特征

落叶乔木，高达 30 m。树皮灰褐色。单叶互生。花单性，雌雄同株；雄花序细长，雄花花被片 6~7 裂；雌花 1~3 朵簇生，花被片 6 浅裂。坚果长椭圆形。

白桦 *Betula platyphylla* Suk.

分类地位	被子植物亚门 Angiospermae，双子叶植物纲 Dicotyledons，壳斗目 Fagales，桦木科 Betulaceae，桦木属 *Betula*
生活习性	白桦生长于山坡或林中，为次生林的先锋树种。中国大、小兴安岭及长白山均有成片纯林，在华北平原和黄土高原山区、西南山地亦为阔叶落叶林及针叶阔叶混交林中的常见树种
分布现状	我国分布于东北、华北、西北、西南地区，国外分布于俄罗斯、蒙古国、朝鲜、日本等地，该类群植物均定为 *Betula platyphylla* Suk.
馆藏独特性	1970 年 7 月 20 日采集于黑龙江省伊春市带岭区
保藏地点	中国科学院沈阳应用生态研究所东北生物标本馆

鉴别特征

落叶乔木。树皮白色，通常不剥裂。枝红褐色。单叶互生，三角状广卵形。花单性，雌雄同株；雄花序成对生于枝端；雌花序单生于叶脉。果序圆柱形。

盐桦 *Betula halophila* Ching ex P. C. Li

分类地位	被子植物亚门 Angiospermae，双子叶植物纲 Dicotyledons，壳斗目 Fagales，桦木科 Betulaceae，桦木属 *Betula*
保护级别及濒危程度	国家二级重点保护野生植物
生活习性	生长于河流下游低洼潮湿的盐碱滩上，为中性树种，喜光照和潮湿土壤，耐盐碱，也耐寒冷干旱
分布现状	仅产于新疆维吾尔自治区阿勒泰地区
馆藏独特性	1956 年 9 月 11 日采集于新疆维吾尔自治区阿勒泰地区阿勒泰县巴里巴盖乡
保藏地点	中国科学院新疆生态与地理研究所标本馆

鉴别特征

灌木，高 2~3 m；树皮灰褐色；小枝灰褐色，密被白色短柔毛及黄色树脂腺体。

普陀鹅耳枥　*Carpinus putoensis* W. C. Cheng

分类地位	被子植物亚门 Angiospermae，双子叶植物纲 Dicotyledons，壳斗目 Fagales，桦木科 Betulaceae，鹅耳枥属 *Carpinus*
保护级别及濒危程度	国家一级重点保护植物
生活习性	生于山坡林中。顶芽损伤后很难再萌生新芽，花粉和种子的品质低，种壳厚而且坚硬，很难出苗
分布现状	我国特有种，仅见于浙江舟山群岛。从 20 世纪 80 年代末期开始，多家植物园和科研机构共同攻关这个国宝级植物的繁育问题。经过几十年，几代植物工作者的努力，这株“地球独子”如今已是儿孙满堂，初步缓解了濒危状态
保藏地点	中国科学院植物研究所植物标本馆

鉴别特征

乔木。树皮灰色；小枝棕色，疏被长柔毛和黄色椭圆形小皮孔，后渐无毛而呈灰色。叶厚纸质，顶端锐尖或渐尖，基部圆形或宽楔形，边缘具不规则的刺毛状重锯齿。果序长3~8 cm，直径4~5 cm，序梗、序轴近无毛；果苞半宽卵形，长约3 cm，背面沿脉被短柔毛，内侧基部具长约3 mm的内折的卵形小裂片，外侧基部无裂片，中裂片半宽卵形，顶端圆或钝，外侧边缘具不规则的齿牙状疏锯齿，内侧边缘全缘，直或微呈镰形。小坚果宽卵圆形，无毛亦无腺体，具数肋。

独叶草　*Kingdonia uniflora* Balf. f. et W. W. Sm.

分类地位	被子植物亚门 Angiospermae，双子叶植物纲 Dicotyledons，原始花被亚纲 Archichlamydeae，毛茛目 Ranales，毛茛科 Ranunculaceae，独叶草属 *Kingdonia*
保护级别及濒危程度	国家一级重点保护野生植物，中国物种红色名录列为易危（VU）
生活习性	主要生长于海拔 2500~3900 m 的山地冷杉林下或杜鹃灌丛下
分布现状	分布于云南西北部、四川西部、甘肃南部、陕西南部
馆藏独特性	由于结构独特而原始，如叶片的二叉分枝状叶脉是一种原始的脉序，在毛茛科中独一无二，是我国特有的孑遗植物，对研究整个被子植物的进化和该科系统发育有科学意义。此标本 1986 年 9 月由吴征镒等人在四川九寨沟采集
保藏地点	中国科学院昆明植物研究所标本馆

鉴别特征

多年生小草本，无毛；具细长根状茎，自顶端芽中生出1叶和1花葶；叶基生，心状圆形，五全裂，中、侧裂片3浅裂，最下裂片不等2深裂，顶部具小牙齿，下面粉绿色；瘦果。

毛单叶铁线莲 *Clematis henryi* Oliv. var. mollis W. T. Wang

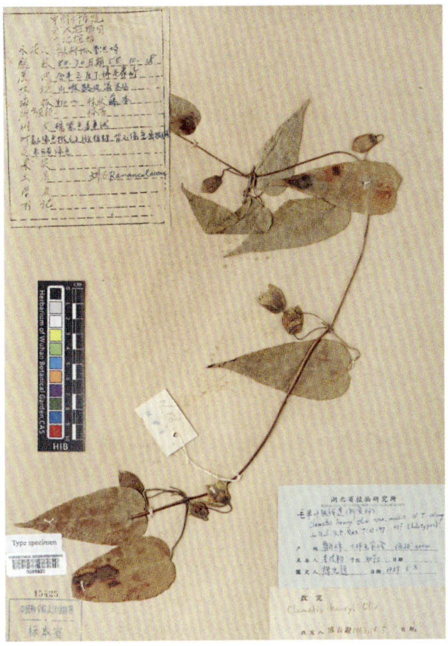

分类地位	被子植物亚门 Angiospermae，双子叶植物纲 Dicotyledons，毛茛目 Ranales，毛茛科 Ranunculaceae，铁线莲属 *Clematis*
生活习性	该变种生长于山谷森林和灌丛中，海拔范围为400~500 m
分布现状	毛单叶铁线莲广泛分布于中国的南方各省。此种分布于贵州、湖北和湖南
馆藏独特性	模式标本，采自于湖北省宜昌市
保藏地点	中国科学院武汉植物园标本馆

鉴别特征

毛单叶铁线莲与单叶铁线莲区别在于叶的两面均被稍密的短柔毛。

钝齿铁线莲 *Clematis apiifolia* var. *obtusidentata* Rehd. et Wils.

分类地位	被子植物亚门 Angiospermae，双子叶植物纲 Dicotyledons，毛茛目 Ranales，毛茛科 Ranunculaceae，铁线莲属 *Clematis*
生活习性	生于海拔 200~2300 m 的山坡林中或沟边
分布现状	安徽南部、甘肃南部、广东北部
馆藏独特性	由我国近代植物学家钟观光先生 1929 年 9 月 3 日采集，钟先生时任浙江大学农学院植物学副教授兼浙江（西湖）博物馆自然部主任，此为本馆珍藏的钟先生最早的一份标本
保藏地点	江苏省・中国科学院植物研究所标本馆

鉴别特征

攀缘木质藤本。三出复叶，小叶片纸质，卵形或宽卵形，叶片较大，叶片长2.5~13 cm，宽2.2~9.5 cm，边缘中上部有少数钝牙齿，背面密被微柔毛或茸毛，稀见疏生微柔毛。圆锥状聚伞花序；萼片4枚，白色，宿存花柱长1.5~2.7 cm。

舟柄铁线莲 *Clematis dilatata* Pei

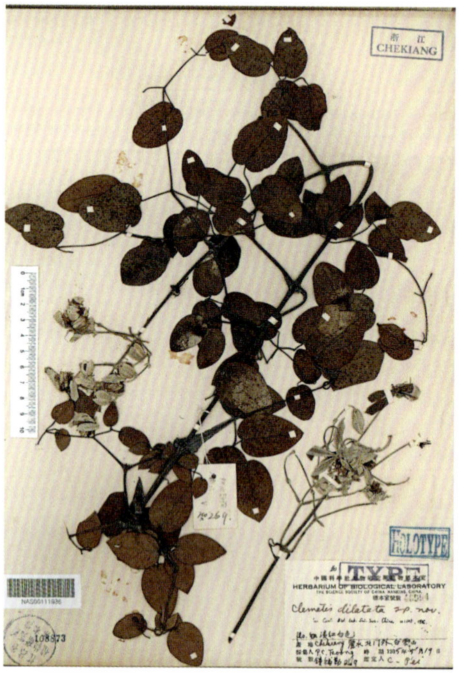

分类地位	被子植物亚门 Angiospermae，双子叶植物纲 Dicotyledons，毛茛目 Ranales，毛茛科 Ranunculaceae，铁线莲属 *Clematis*
生活习性	生于海拔 300~800 m 的山坡林下或山谷溪边杂木林中
分布现状	浙江
馆藏独特性	裴鉴先生 1936 年发表的新种，花模式标本由钟补勤 1935 年采自浙江省丽水市，果模式标本由陈诗 1933 年采自浙江省丽水市云和县；另一份模式标本为秦仁昌先生采集。所有模式标本均保存于本馆
保藏地点	江苏省·中国科学院植物研究所标本馆

鉴别特征

常绿木质藤本。复叶，小叶片全缘，两枚对生叶叶柄因基部扩大而联合成舟状；圆锥状聚伞花序顶生或腋生，花直径5.5 cm，萼片5~7枚，白带紫红色；雄蕊红色。

滇川翠雀花 *Delphinium delavayi* Franch.

分类地位	被子植物亚门 Angiospermae，双子叶植物纲 Dicotyledons，原始花被亚纲 Archichlamydeae，毛茛目 Ranales，毛茛科 Ranunculaceae，翠雀属 *Delphinium*
生活习性	生于海拔 2600~3600 m 的山地草坡或疏林
分布现状	四川、云南
馆藏独特性	1934 年，年仅 31 岁的陈谋先生参加了中缅边界地质、生物类考察，采集了大量标本寄回南京，但不幸在考察途中病逝。这是陈先生 1935 年 1 月 19 日采集的最后一批标本中的一份
保藏地点	江苏省·中国科学院植物研究所标本馆

鉴别特征

株高60~100 cm，茎被短糙毛。基生叶在开花时枯萎，茎生叶3~5枚，在茎上等距排列，叶片五角形，宽7.5~11 cm，基部心形，中部裂片菱形或宽菱形，3深裂，远端锯齿状，顶部锐尖，两侧裂片常有浅裂。复总状花序或总状花序长12~45 cm，具5~15朵花，密被糙伏毛，常具黄色腺毛，基部苞片叶状，顶部常线状至披针形。萼片蓝紫色，外面被短柔毛；花瓣合生，距钻形；退化雄蕊裂片长圆形，2裂。

五味子 *Schisandra chinensis* (Turcz.) Baill

分类地位	被子植物亚门 Angiospermae，双子叶植物纲 Dicotyledons，木兰藤目 Austrobaileyales，五味子科 Schisandraceae，五味子属 *Schisandra*
分布现状	东北地区及内蒙古、河北、山西
馆藏独特性	1980 年 5 月 29 日采集于辽宁省沈阳市
保藏地点	中国科学院沈阳应用生态研究所东北生物标本馆

鉴别特征

木质藤本，全株无毛。长枝叶互生，短枝叶簇生，叶广椭圆形。花单性，雌雄同株或异株；雄花多生于枝条基部或下部，雌花生于中上部，单生或2~4花簇生于叶腋；花被片6~9，长圆形或椭圆状长圆形，乳白色。

南五味子 *Kadsura longipedunculata* Finet et Gagnep.

分类地位	被子植物亚门 Angiospermae，双子叶植物纲 Dicotyledons，木兰藤目 Austrobaileyales，五味子科 Schisandraceae，南五味子属 *Kadsura*
生活习性	生于海拔 100~1700 m 的山坡、林中；藤本，花期 6—9 月，果期 9—12 月
分布现状	分布于江苏、安徽、浙江、江西、福建、湖北、湖南、广东、广西、重庆、四川、云南、贵州
馆藏独特性	唐朝的《新修本草》记载“五味皮肉甘酸，核中辛苦，都有咸味”，就是说五味子的果实能让人同时品尝到酸、甜、苦、辣、咸5种味道，故有“五味子”之名。五味子科以东南亚为分布中心，约 100 种，其花的形态、颜色及性系统的多样性是研究被子植物早期分支与传粉者之间相互关系的起源与演化的理想模式。华南植物园罗世孝博士及合作者研究发现地球上现存被子植物早期分支物种主要由产卵的昆虫传粉，形成共生关系，挑战了“原始被子植物只具有‘泛化传粉系统’”的传统观点，为研究和理解被子植物早期与传粉者相互关系打开了一个新的窗口
保藏地点	中国科学院华南植物园标本馆

鉴别特征

叶片纸质，边有疏齿；果期花托不伸长。

焕镛木 *Woonyoungia septentrionalis* (Dandy) Y. W. Law

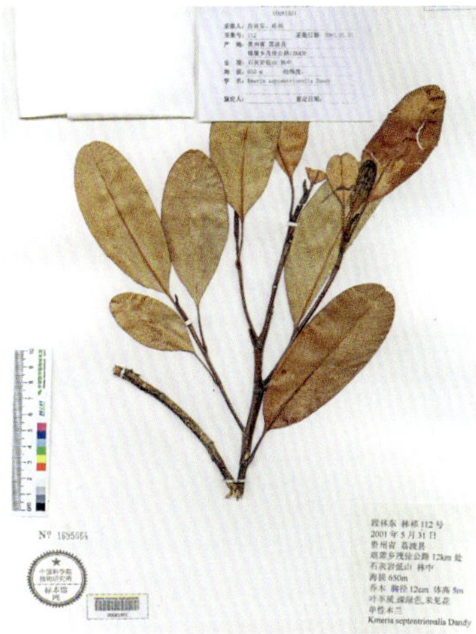

分类地位	被子植物亚门 Angiospermae，双子叶植物纲 Dicotyledons，木兰目 Magnoliales，木兰科 Magnoliaceae，焕镛木属 *Woonyoungia*
生活习性	生于海拔 300~500 m 的石灰岩山地林中。花期 5—6 月，果期 10—11 月
分布现状	我国特有种，产于广西北部、贵州东南部
保藏地点	中国科学院植物研究所植物标本馆

鉴别特征

乔木，高可达18 m，胸径40 cm，树皮灰色。小枝绿色，初被平伏短柔毛。叶革质，先端圆钝而微缺，基部阔楔形，干时网脉两面凸起，托叶痕几达叶柄先端。花单性异株，雄花被片白带淡绿色，外轮3片倒卵形，内轮2片，椭圆形，稍狭小；雄蕊群白色带淡黄色，倒卵圆形；雌花外轮花被片3片，倒卵形，内轮花被片8~10片，线状披针形；雌蕊群绿色，倒卵圆形，花柱短，柱头面鸡冠状。聚合果近球形，果皮革质，熟时红色，径3.5~4 cm，蓇葖背缝全裂，具种子1~2颗；种子外种皮红色，豆形或心形，去外种皮种子黑褐色，顶端平或稍凹，具狭长沟，中具柄，腹背两面数块具不规则凸起。

落叶木莲 *Manglietia decidua* Q. Y. Zheng

分类地位	被子植物亚门 Angiospermae，双子叶植物纲 Dicotyledons，木兰目 Magnoliales，木兰科 Magnoliaceae，木莲属 *Manglietia*
保护级别及濒危程度	国家一级重点保护植物，中国物种红色名录列为易危（VU）
生活习性	生于海拔 400~700 m 竹林中。花期 5—6 月；果期 9—10 月
分布现状	产江西省宜春市
馆藏独特性	木莲中的“稀有金属”。全世界木莲属植物都属于常绿乔木，而这是唯一的落叶乔木，并因此而得名
保藏地点	中国科学院庐山植物园标本馆

鉴别特征

落叶乔木，高达 15 m，树冠宽卵形，树干端直，枝条开展。芽及小枝无毛。叶革质，长圆状椭圆形，长 14~20 cm，先端钝或短尖，基部楔形，上面深绿色，无毛，下面粉绿色，初被白色丝状柔毛，后渐脱落；叶柄长 2.5~6 cm。花淡黄色，花被片 15~16 片，披针形至狭倒卵形，螺旋状排列成 5~6 轮。聚合果卵圆形或近球形，长 4.7~7 cm，成熟时沿果轴从顶部至基部开裂，后反卷；蓇葖沿腹缝及几沿背缝全裂；种子红色。

井冈山木莲 *Manglietia jinggangshanensis* R. L. Liu & Z. X. Zhang

分类地位	被子植物亚门 Angiospermae，双子叶植物纲 Dicotyledons，木兰目 Magnoliales，木兰科 Magnoliaceae，木莲属 *Manglietia*
生活习性	生于海拔 700~1100 m 常绿阔叶林中。花期 5 月，果期 9—10 月
分布现状	产江西。模式标本采自江西井冈山
馆藏独特性	罗霄山脉特有种，国内不超过 3 家标本馆收藏该物种的标本
保藏地点	中国科学院庐山植物园标本馆

鉴别特征

常绿乔木，无毛。叶长 6~15 cm，宽 3.5~6 cm；叶背具白粉，叶反卷，叶柄长 1.5~2.7 cm。花下垂，直径 3.5~5.5 cm，花梗长 2.3~3.5 cm，初具白粉，花被片 8~11 枚，排列成 3~4 轮，最外一轮 3 片。

美毛含笑 *Michelia caloptila* Y. W. Law et Y. F. Wu

分类地位	被子植物亚门 Angiospermae，双子叶植物纲 Dicotyledons，木兰目 Magnoliales，木兰科 Magnoliaceae，含笑属 *Michelia*
保护级别及濒危程度	中国物种红色名录列为易危（VU）
生活习性	生于海拔 450~1000 m 的常绿阔叶林中
分布现状	产江西，模式标本采自抚州市资溪县
馆藏独特性	模式标本馆藏地；江西特有种
保藏地点	中国科学院庐山植物园标本馆

鉴别特征

常绿乔木，高 15 m，胸径 30 cm，树皮灰色，平滑。芽、嫩枝、叶柄、果柄均被褐色茸毛，老枝灰黑色。叶薄革质，狭椭圆形或椭圆形，长 9~16 cm，宽 2.5~5 cm，尾状渐尖，基部楔形，上面褐色，稍有光泽，下面被褐色微茸毛，边缘稍反卷；侧脉每边 7~12 条；叶柄长 5~10 mm，托叶与叶柄离生。聚合果长 4~10 cm，嫩时有褐色短柔毛。成熟蓇葖两瓣全裂，宽卵圆形或近球形，长 1~1.8 cm，顶端具短喙，密被微白色皮孔；种子每心皮 1~4 粒，压扁、红色，宽心形。

刺五加 *Eleutherococcus senticosus* (Rupr. et Maxim.) Harms

分类地位	被子植物亚门 Angiospermae，双子叶植物纲 Dicotyledons，伞形目 Apiales，五加科 Araliaceae，五加属 *Eleutherococcus*
保护级别及濒危程度	中国物种红色名录列为易危（VU）
分布现状	主产我国东北和华北地区
馆藏独特性	1980 年 7 月 24 日采集于黑龙江省牡丹江市宁安市
保藏地点	中国科学院沈阳应用生态研究所东北生物标本馆

鉴别特征

灌木。一年生和二年生枝通常密生针状皮刺。掌状复叶，小叶 3~5，椭圆状倒卵形。伞形花序；花萼先端有小齿 5 或近无齿；花瓣 5，紫黄色。果实近球形，黑色。

人参 *Panax ginseng* C. A. Mey

分类地位	被子植物亚门 Angiospermae，双子叶植物纲 Dicotyledons，伞形目 Apiales，五加科 Araliaceae，人参属 *Panax*
保护级别及濒危程度	国家二级保护植物，中国物种红色名录列为濒危（EN）
分布现状	人参是闻名遐迩的“东北三宝”之一，为多年生草本植物，生长于北纬 33°~48° 之间的海拔数百米的以红松为主的针阔混交林或落叶阔叶林下，产于中国东北、朝鲜半岛、日本、俄罗斯东部
馆藏独特性	1955 年 7 月采集于吉林省白山市抚松县
保藏地点	中国科学院沈阳应用生态研究所东北生物标本馆

鉴别特征

多年生草本，高达 70 cm。根状茎短；主根粗大，肉质，纺锤形，下部分歧，须根长。叶为掌状复叶，（1）3~6 轮生于茎顶轮生叶的数目依生长年限而不同，初生时具 1 三出复叶，继而为 1 由 5 小叶构成的掌状复叶，以后随生长年限而增加，直至具 5~6 轮手叶。伞形花序；花小，淡黄绿色，有两性花及雄花；花瓣 5。浆果状核果扁球形，鲜红色。种子肾形，乳白色。

兴安柳 *Salix hsinganica* Y. L. Chang et Skv.

分类地位	被子植物亚门 Angiospermae，双子叶植物纲 Dicotyledons，杨柳目 Salicales，杨柳科 Salicaceae，柳属 *Salix*
分布现状	产自内蒙古东部山区、黑龙江（大兴安岭东坡）
馆藏独特性	此为模式标本，1950 年 6 月 20 日采集于内蒙古自治区额尔古纳市
保藏地点	中国科学院沈阳应用生态研究所东北生物标本馆

鉴别特征

直立灌木，一年生小枝褐色，二年生小枝淡褐色。叶片长椭圆形或倒卵状长椭圆形，近全缘。柔荑花序，一般与叶近同时开放，雄花序长 1.8~2.5 cm，雄蕊 2；雌花序长 3.5~6 cm，花较稀疏，果期长可达 10 cm。蒴果。

兴安杨 *Populus hsinganica* Wang et Skvortzov

分类地位	被子植物亚门 Angiospermae，双子叶植物纲 Dicotyledons，杨柳目 Salicales，杨柳科 Salicaceae，杨属 *Populus*
分布现状	黑龙江、内蒙古
馆藏独特性	此为模式标本，1928 年 8 月 10 日采集于内蒙古自治区牙克石市
保藏地点	中国科学院沈阳应用生态研究所东北生物标本馆

鉴别特征

乔木，高 20 m；树皮绿灰色；小枝赤褐色；叶近圆形。雄花序长4~8 cm，花序轴无毛，雄蕊 30~60。果序长 13~16 cm，果轴无毛，蒴果3瓣裂。

哈青杨 *Populus charbinensis* Wang et Skvortzov

分类地位	被子植物亚门 Angiospermae，双子叶植物纲 Dicotyledons，杨柳目 Salicales，杨柳科 Salicaceae，杨属 *Populus*
生活习性	喜光树种，适应性强，耐旱，抗寒，但在湿润、肥沃土壤上生长最好，根系发达，抗风力强，生长较快
分布现状	在黑龙江省哈尔滨市及西部平原地区栽培
馆藏独特性	此为模式标本，1952 年 10 月 8 日采集于黑龙江省哈尔滨市
保藏地点	中国科学院沈阳应用生态研究所东北生物标本馆

鉴别特征

乔木,高 15~20 m，树皮灰绿色，老树暗灰色。萌枝叶倒卵圆形，果枝上的叶多为近圆形；苞片黄褐色，花盘杯状；雄蕊约15；雌花序长9 cm左右；花序轴无毛。果序集生于短枝上；蒴果无毛。

核桃楸 *Juglans mandshurica* Maxim.

分类地位	被子植物亚门 Angiospermae，双子叶植物纲 Dicotyledons，胡桃目 Juglandales，胡桃科 Juglandaceae，胡桃属 *Juglans*
分布现状	又名胡桃楸，是中国东北地区珍贵用材树种，是东北三大硬阔树种之一。主要分布于我国东北，华北等地也有少量分布。由于过量砍伐，森林面积急剧缩减，现存大树已不多
馆藏独特性	1959 年 8 月 20 日采集于辽宁省本溪市桓仁满族自治县
保藏地点	中国科学院沈阳应用生态研究所东北生物标本馆

鉴别特征

落叶大乔木，高达20 m。树皮灰色。奇数羽状复叶，叶长 40~60 cm；小叶9~23，对生，纸质，椭圆形或卵状椭圆形；小叶无柄，复叶柄长 9~14 cm。花单性，雌雄同株；雄柔荑花序腋生，先叶开放，具短梗，花被片3~4，绿色，雄蕊 12~14，黄色；雌穗状花序顶生，直立，有花4~10，与叶同时开放，花被片4，柱头红色。核果。

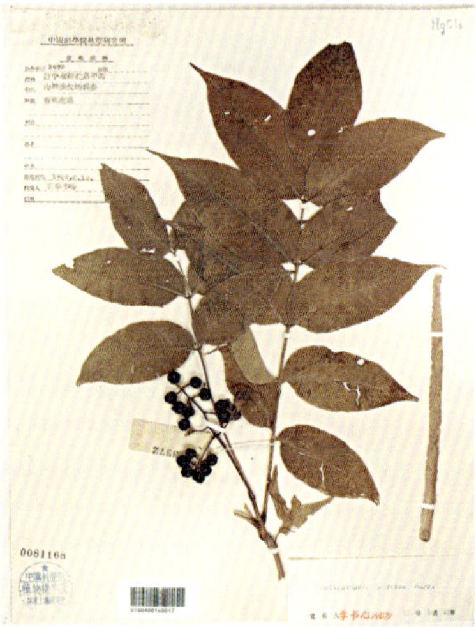

黄檗 *Phellodendron amurense* Rupr.

分类地位	被子植物亚门 Angiospermae，双子叶植物纲 Dicotyledons，芸香目 Rutales，芸香科 Rutaceae，黄檗属 *Phellodendron*
保护级别及濒危程度	国家二级重点保护野生植物，中国物种红色名录列为易危（VU）
生活习性	落叶乔木，也称黄波椤，为东北三大硬阔树种之一
分布现状	主产我国东北和华北。由于过度采伐，资源越来越少
馆藏独特性	1959 年 8 月 19 日采集于辽宁省本溪市桓仁满族自治县。本种为古老的孑遗植物，对古代植物区系、古地理及第四纪冰期气候科学研究很有价值
保藏地点	中国科学院沈阳应用生态研究所东北生物标本馆

鉴别特征

落叶乔木，高达 10~15 m。树皮有厚木栓层，灰褐色，有不规则网状开裂。奇数羽状复叶对生，小叶 5~13，革质，卵状披针形至卵形，长 5~12 cm，宽 3~4.5 cm，边缘有细钝锯齿。花单性，雌雄异株，排成顶生聚伞状圆锥花序；萼片 5，广卵形；雄花雄蕊 5；雌花退化，雄蕊鳞片状。浆果状核果。

鸡爪大黄 *Rheum tanguticum* Maxim. ex Regel

分类地位	被子植物亚门 Angiospermae，双子叶植物纲 Dicotyledons，蓼目 Polygonales，蓼科 Polygonaceae，大黄属 *Rheum*
保护级别及濒危程度	中国物种红色名录列为易危（VU）
生活习性	生于海拔 1600~3000 m 高山沟谷中。喜凉爽、干燥气候，耐寒性强，高温多湿条件下易烂根。花期 6 月，果期 7—8 月
分布现状	分布于甘肃、宁夏、青海及青海与西藏交界一带。现在甘肃及陕西栽培较广
馆藏独特性	1970 年 6 月 21 日采集于青海。江苏省中国科学院植物研究所标本馆珍藏的 265 份德国生药标本之一，这批标本是德国默克公司制作的教学科研标准药材样品，1936 年由民国政府教育部花重金购买，曾为我国药学人才的培养发挥了积极作用
保藏地点	中国科学院西北高原生物研究所青藏高原生物标本馆、江苏省·中国科学院植物研究所标本馆

鉴别特征

高大草本，根及根状茎粗壮，黄色。茎粗，中空，具细棱线，光滑无毛或在上部的节处具粗糙短毛。茎生叶大型，叶片近圆形或及宽卵形，基部略呈心形，通常掌状5深裂，叶上面具乳突或粗糙，下面具密短毛；叶柄近圆柱状，与叶片近等长，被粗糙短毛。大型圆锥花序，分枝较紧聚，花小，紫红色稀淡红色；雄蕊不外露；子房宽卵形，花柱较短，平伸，柱头头状。果实矩圆状卵形到矩圆形，种子卵形，黑褐色。

全缘叶绿绒蒿 *Meconopsis integrifolia* (Maxim.) Franch.

分类地位	被子植物亚门 Angiospermae，双子叶植物纲 Dicotyledons，罂粟目 Rhoeadales，罂粟科 Papaveroideae，绿绒蒿属 *Meconopsis*
生活习性	生于海拔 2700~5100 m 的草坡或林下，花果期 5—11 月
分布现状	甘肃西南部、青海东部至南部、四川西部和西北部、云南西北部和东北部、西藏东部
馆藏独特性	1978 年 6 月 10 日采集于青海
保藏地点	中国科学院西北高原生物研究所青藏高原生物标本馆

鉴别特征

一年生至多年生草本，全体被锈色和金黄色平展或反曲、具多短分枝的长柔毛。茎粗壮，不分枝，具纵条纹，幼时被毛，老时近无毛。基生叶莲座状，两面被毛，边缘全缘且毛较密；最上部茎生叶常成假轮生状。花通常4~5朵，生最上部茎生叶腋内；萼片舟状，外面被毛，里面无毛，具数十条明显的纵脉；花瓣近圆形至倒卵形，黄色，干时具褐色纵条纹；蒴果椭圆形，被金黄色或褐色、平展或紧贴、具多短分枝的长硬毛。

锁阳 *Cynomorium songaricum* Rupr.

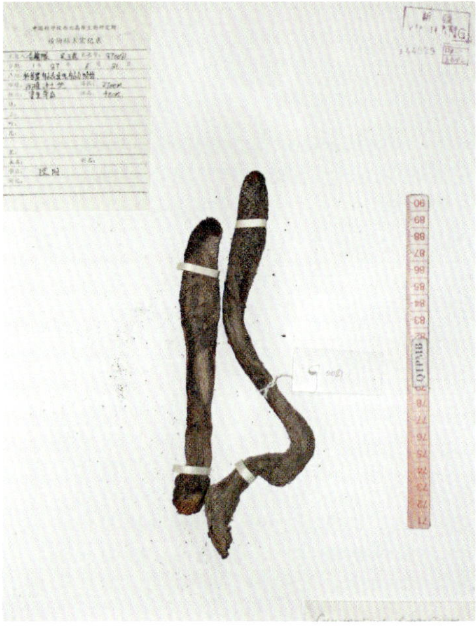

分类地位	被子植物亚门 Angiospermae，双子叶植物纲 Dicotyledons，桃金娘目 Myrtales，锁阳科 Cynomoriaceae，锁阳属 *Cynomorium*
保护级别及濒危程度	中国物种红色名录列为易危（VU）
生活习性	生于草原荒漠与荒漠地带的河边、湖边、池边等生境，且有白刺、枇杷柴生长的盐碱地区，喜干旱少雨，具有耐旱的特性。多寄生在白刺属和红砂属等植物的根上，寄生根系庞大，主侧根很发达，主根可深入 2 m 以下，侧根一般趋于水平走向，四周延伸达 10 m 以上，地上部枝很多，耐沙埋能力极强。花期 5—7 月，果期 6—7 月
分布现状	新疆、青海、甘肃、宁夏、内蒙古、陕西
馆藏独特性	1987 年 6 月 21 日采集于新疆
保藏地点	中国科学院西北高原生物研究所青藏高原生物标本馆

鉴别特征

多年生肉质寄生草本，无叶绿素，全株红棕色，大部分埋于沙中。寄生根上着生大小不等的锁阳芽体，初近球形，后变椭圆形或长柱形。肉穗花序生于茎顶，伸出地面，棒状，其上着生非常密集的小花，雄花、雌花和两性相伴杂生，有香气，花序中散生鳞片状叶。果为小坚果状，多数非常小，1株产2万~3万粒，近球形或椭圆形。种子近球形，深红色，种皮坚硬而厚。

笃斯越橘　*Vaccinium uliginosum* Linn.

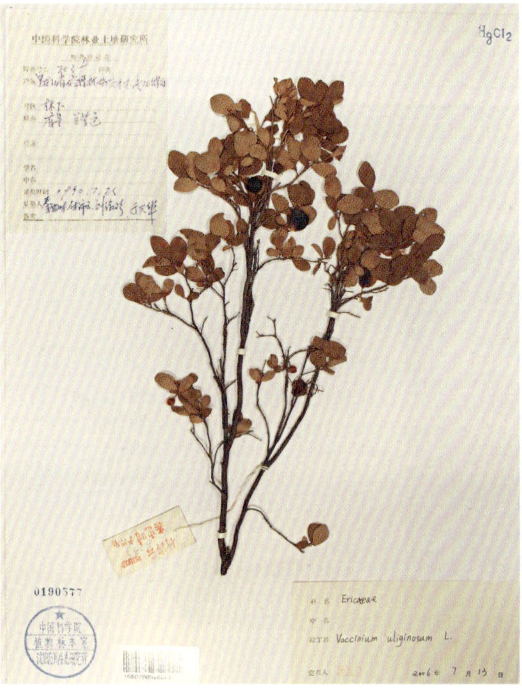

分类地位	被子植物亚门 Angiospermae，双子叶植物纲 Dicotyledons，合瓣花亚纲 Metachlamydeae，杜鹃花目 Ericales，杜鹃花科 Ericaceae，越橘属 *Vaccinium*
保护级别及濒危程度	中国物种红色名录列为易危（VU）
生活习性	我国东北山区的多年生灌木小浆果果树，因果实呈蓝色，故也称为蓝莓。生于海拔 900~2300 m 山坡落叶松林下、林缘，高山草原，沼泽湿地
分布现状	我国分布于大兴安岭北部（黑龙江、内蒙古）、吉林长白山。国外分布于亚洲的朝鲜、日本，欧洲，北美洲
馆藏独特性	1990 年 7 月 25 日采集于黑龙江省大兴安岭地区呼玛县
保藏地点	中国科学院沈阳应用生态研究所东北生物标本馆

鉴别特征

落叶灌木，高0.5~1 m（生于高山者植株高仅10~15 cm）；多分枝。茎短而细瘦，幼枝有微柔毛，老枝无毛。叶多数，散生，叶片纸质，倒卵形，椭圆形至长圆形，长1~2.8 cm，宽0.6~1.5 cm，全缘，表面近于无毛，背面微被柔毛，中脉、侧脉和网脉均纤细；叶柄短，被微毛。花下垂，1~3朵着生于去年生枝顶叶腋；花梗顶端与萼筒之间无关节；萼筒无毛，萼齿4~5，三角状卵形；花冠绿白色，宽坛状，4~5浅裂；雄蕊10枚，比花冠略短，花丝无毛，药室背部有2距。浆果近球形或椭圆形，直径约1 cm，成熟时蓝紫色，被白粉。花期6月，果期7—8月。

封怀凤仙花　*Impatiens fenghwaiana* Y. L. Chen

分类地位	被子植物亚门 Angiospermae，双子叶植物纲 Dicotyledons，合瓣花亚纲 Metachlamydeae，杜鹃花目 Ericales，凤仙花科 Balsaminaceae，凤仙花属 *Impatiens*
生活习性	生于海拔 500~1000 m 林缘或草地潮湿处。花果期 6—8 月
分布现状	产江西
馆藏独特性	模式原产地庐山，来自标本馆门口的新种。为纪念陈封怀先生对中国植物园建设做出的突出贡献而命名，发现于庐山植物园内
保藏地点	中国科学院庐山植物园标本馆

鉴别特征

一年生草本，高30~50 cm，茎肉质。叶膜质，互生或在茎上端密集，卵形或卵状披针形。总花梗细，单生于上部叶腋，明显短于叶，2~3花，稀1或4花，近总状排列；花梗纤细，基部具1苞片，薄膜质，宽卵状心形，粉红色；花径3.5 cm，粉红色；侧生萼片2枚，长圆状卵形；旗瓣近圆形，顶端凹陷，基部微心形，背面具狭龙骨状突起；翼瓣近无柄，基部裂片小，长圆状倒卵形，顶端钝；唇瓣狭漏斗状，口部斜或斜上；花丝线形；花药小，卵圆形，顶端钝；子房纺锤状，直立，渐尖。蒴果线形，长达2 cm，顶端喙状尖。

大树杜鹃 *Rhododendron protistum* var. *giganteum* (Forrest ex Tagg) D. F. Chamb.

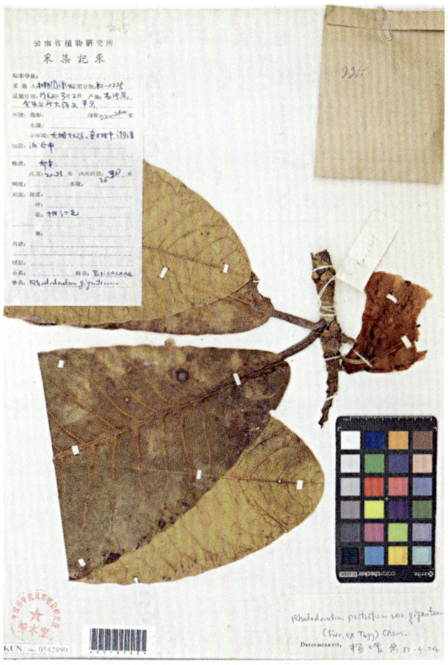

分类地位	被子植物亚门 Angiospermae，双子叶植物纲 Dicotyledons，合瓣花亚纲 Metachlamydeae，杜鹃花目 Ericales，杜鹃花科 Ericaceae，杜鹃花属 *Rhododendron*
保护级别及濒危程度	中国物种红色名录列为极危（CR）
生活习性	生长于海拔 2800~3300 m 的混交林中
分布现状	主要分布于中国云南西部，缅甸东北部也有分布
馆藏独特性	1982 年 3 月由杜鹃图谱组在云南腾冲采集
保藏地点	中国科学院昆明植物研究所标本馆

鉴别特征

常绿乔木，树最高可达30 m，幼枝密被黄灰色茸毛。革质叶长20~45 cm，宽7~20 cm，老叶下面毛被疏松，淡棕色，不脱落；中脉粗壮，极隆起，侧脉明显；叶柄粗，圆柱形，上面具纵沟，长2.5~4 cm，无毛。顶生总状伞形花序，有花20~30朵，花冠斜钟形，7~8 cm，深紫红色，无斑点；内外无毛，筒内基部具深红色蜜腺。圆柱形蒴果被黄棕色茸毛。

小溪洞杜鹃 *Rhododendron xiaoxidongense* W. K. Hu

分类地位	被子植物亚门 Angiospermae，双子叶植物纲 Dicotyledons，合瓣花亚纲 Metachlamydeae，杜鹃花目 Ericales，杜鹃花科 Ericaceae，杜鹃花属 *Rhododendron*
保护级别及濒危程度	中国物种红色名录列为极危（CR）
生活习性	生长于海拔 800~1600 m 的混交林中。花期 5—6 月
分布现状	分布于罗霄山脉井冈山地区（江西和湖南）
馆藏独特性	中国南方杜鹃花科植物中的“大个子”
保藏地点	中国科学院庐山植物园标本馆

鉴别特征

乔木，高8~10 m；叶薄革质，宽长圆状倒卵形，长18.5~22.5 cm，中部以上宽8~9.5 cm，先端圆形，有小突尖头，基部圆形或近斜圆形，上面暗绿色，下面淡绿色，侧脉15~18对；叶柄粗壮，圆柱形，长3.5~4.2 cm，密被长柄腺体，上面有狭沟。花8~9朵，生于顶生的总状花序上；总轴长5 cm，被短腺毛；花梗粗壮，长1.1~1.9 cm，密被短柄腺体；花萼杯状，长约5 mm，外面被短柄腺体，裂片5，长圆状三角形，顶端边缘有腺头睫毛；花冠漏斗状钟形，长6.5 cm，直径近5 cm，白色，外面有长柄腺体，裂片7枚，卵形，顶端无缺刻；雄蕊15枚，不等长，花丝纤细，无毛，花药长圆形，黄色；雌蕊长3.7 cm，子房长卵圆形，密被短柄腺体，花柱长3.2 cm，下部密被短柄腺体，上部则近于短柄腺体，柱头头状，微有裂纹。果长圆柱形，长2~3 cm，幼时被腺毛，老时腺毛残存。

伏毛杜鹃 *Rhododendron strigosum* R. L. Liu

分类地位	被子植物亚门 Angiospermae，双子叶植物纲 Dicotyledons，合瓣花亚纲 Metachlamydeae，杜鹃花目 Ericales，杜鹃花科 Ericaceae，杜鹃花属 *Rhododendron*
生活习性	生于海拔 500~1200 m 常绿阔叶林中。花期 4—5 月
分布现状	产江西，模式标本采自井冈山
馆藏独特性	国内不超过 4 家标本馆收藏该物种的标本
保藏地点	中国科学院庐山植物园标本馆

鉴别特征

常绿灌木，高 1.8 m。一年生枝密被暗褐色平贴的糙伏毛。花芽卵形，沿脊被糙毛。叶厚纸质，二型；春发叶椭圆形，长 2.5~3.2 cm，宽 1.2~1.9 cm，先端短尖，基部宽楔形、全缘、平坦、不反卷，叶面被平伏糙毛，后逐渐脱落，叶背密被锈褐色绢状、平贴的长糙毛；中脉两面凸起，侧脉 3~5 对，于叶缘结网；叶柄长 0.3~0.5 cm，密被糙毛；夏发叶较小。伞形花序顶生，花梗密被具光泽的绢状长糙毛，花萼 5 裂，被糙毛；花冠粉红色，长 3 cm，外面无毛，冠筒内被白色短毛，花冠裂片具紫红色斑点；雄蕊 6~10 枚，花丝中部以下被白色短毛；子房密被银白色绢状长糙毛；花柱无毛，长于花丝。蒴果被糙毛。

小果马银花 *Rhododendron microcarpum* R. L. Liu & L. M. Gao

分类地位	被子植物亚门 Angiospermae，双子叶植物纲 Dicotyledons，合瓣花亚纲 Metachlamydeae，杜鹃花目 Ericales，杜鹃花科 Ericaceae，杜鹃花属 *Rhododendron*
生活习性	生于海拔 1000~1600 m 黄山松（*Pinus taiwanensis*）林下。花期 6—7 月，果期 12 月
分布现状	仅产于江西省赣州市上犹县五指峰乡
馆藏独特性	为中国杜鹃花科马银花组植物再添一员，国内不超过 3 家标本馆收藏该物种的标本
保藏地点	中国科学院庐山植物园标本馆

鉴别特征

常绿灌木。当年生枝具稀疏短毛或无毛。叶聚生枝端，叶宽椭圆形，长 1.2~3.2 cm，宽 0.7~1.7 cm；先端凹陷，具短尖头，基部下延，叶全缘，叶面两面无毛，叶柄无毛。花梗被短茸毛和稀腺毛，花冠初紫红色，后粉红色。蒴果无毛（仅有腺体）。

江西杜鹃　*Rhododendron kiangsiense* Fang

分类地位	被子植物亚门 Angiospermae，双子叶植物纲 Dicotyledons，合瓣花亚纲 Metachlamydeae，杜鹃花目 Ericales，杜鹃花科 Ericaceae，杜鹃花属 *Rhododendron*
保护级别及濒危程度	中国物种红色名录列为濒危（EN）
生活习性	生长于海拔 600~1200 m 的岩石绝壁灌丛中。花期 4 月中旬
分布现状	仅零星分布于江西（罗霄山脉、怀玉山脉）、广西（猫儿山）、浙江（遂昌）
馆藏独特性	中国东部有鳞类杜鹃的“仅存儿”
保藏地点	中国科学院庐山植物园标本馆

鉴别特征

灌木，高约1 m。叶片革质，长圆状椭圆形，长4~5 cm，宽2~2.5 cm，顶端钝尖具小短尖头，基部楔形或钝尖，边缘略反卷，上面深色，无鳞片，下面灰色，被鳞片；叶柄上面平坦无沟槽，疏生粗毛，被鳞片。花序顶生，白色；雄蕊8枚；子房密被鳞片。

背绒杜鹃　*Rhododendron hypoblematosum* Tam

分类地位	被子植物亚门 Angiospermae，双子叶植物纲 Dicotyledons，合瓣花亚纲 Metachlamydeae，杜鹃花目 Ericales，杜鹃花科 Ericaceae，杜鹃花属 *Rhododendron*
生活习性	生于海拔 500~1700 m 山地灌丛中。花期 5—6 月，果期 9—10 月
分布现状	分布于江西、湖南；模式标本采自江西省吉安市遂川县
馆藏独特性	国内不超过 3 家标本馆收藏该物种的标本
保藏地点	中国科学院庐山植物园标本馆

鉴别特征

灌木，高1~2 m。枝被糙伏毛。叶革质，散生，卵形或椭圆状卵形，长1.8~2 cm，宽约8 mm，疏生长柔毛状糙伏毛，下面被一层平贴的绵毛和锈色糙伏毛，侧脉约4对；叶柄密被糙伏毛。伞形花序顶生，具花3~4朵；花冠浅紫色，钟状漏斗形，长12.5 mm，花冠管圆筒状，裂片5；雄蕊5枚，花丝中部以下被微柔毛；子房卵球形，密被有光泽的金黄红色糙伏毛，花柱长9 mm，无毛，比雄蕊短。蒴果卵球形，密被深褐色糙伏毛。

井冈山杜鹃 *Rhododendron jingangshanicum* P. C. Tam

分类地位	被子植物亚门 Angiospermae，双子叶植物纲 Dicotyledons，合瓣花亚纲 Metachlamydeae，杜鹃花目 Ericales，杜鹃花科 Ericaceae，杜鹃花属 *Rhododendron*
保护级别及濒危程度	中国物种红色名录列为濒危（EN）
生活习性	生于海拔 900~1500 m 山谷丛林中。花期 9 月
分布现状	分布于江西井冈山，模式标本产于井冈山。常用于园林观赏
馆藏独特性	模式标本馆藏地，罗霄山脉特有种
保藏地点	中国科学院庐山植物园标本馆

鉴别特征

常绿灌木。叶长倒披针形，长 16~33 cm，宽 6~8 cm，叶面因侧脉下陷而呈细沟不平。总状伞形花序，花冠斜钟形，紫色。未成熟的蒴果长圆柱形。

保康报春 *Primula baokangensis* Chen et C. M. Hu

分类地位	被子植物亚门 Angiospermae，双子叶植物纲 Dicotyledons，合瓣花亚纲 Metachlamydeae，杜鹃花目 Ericales，报春花科 Primulaceae，报春花属 *Primula*
生活习性	生长于 1300~1500 m 的山坡草地或山谷
分布现状	甘肃、湖北
馆藏独特性	模式标本，1975 年 5 月 24 日采集于湖北省襄阳市保康县
保藏地点	中国科学院武汉植物园标本馆

鉴别特征

多年生草本。根茎细弱，须根细长。叶圆形或卵圆形，薄纸质，长 3~6.5 cm，宽 2.5~6 cm；叶片表面绿色，被柔毛，背面沿叶脉密被白色柔毛；基部心形，边缘具不整齐的三角状钝锯齿或波状圆缺；叶柄密被白色柔毛。花萼钟形或管状钟形，花冠紫红色，直径 1~1.2 cm，冠筒与花萼近等长，先端凹陷。花果期 5—7 月。

湖北羽叶报春　*Primula hubeiensis* X. W. Li

分类地位	被子植物亚门 Angiospermae，双子叶植物纲 Dicotyledons，合瓣花亚纲 Metachlamydeae，杜鹃花目 Ericales，报春花科 Primulaceae，报春花属 *Primula*
分布现状	仅在湖北省咸宁市通山县有分布记录
馆藏独特性	模式标本，2016 年 5 月 16 日采集于湖北省咸宁市通山县
保藏地点	中国科学院武汉植物园标本馆

鉴别特征

湖北报春为多年生草本，高达 15 cm。植株表面被毛，且有腺体。基生叶莲座状，小羽片 6~9 对，叶片具粗锯齿至羽状半裂。花冠紫色或淡紫色，基部有白色和黄色的带状条纹。蒴果球状，直径 3~4 mm。花萼宿存。

陕西羽叶报春　*Primula filchnerae* Knuth

分类地位	被子植物亚门 Angiospermae，双子叶植物纲 Dicotyledons，合瓣花亚纲 Metachlamydeae，杜鹃花目 Ericales，报春花科 Primulaceae，报春花属 *Primula*
保护级别及濒危程度	中国物种红色名录列为濒危（EN）
分布现状	陕西、湖北
馆藏独特性	陕西羽叶报春的模式标本产于秦岭南坡，没有详细的产地，曾被认为已经灭绝。2015 年 5 月 20 日采集于湖北省十堰市竹溪县
保藏地点	中国科学院武汉植物园标本馆

鉴别特征

为多年生草本。叶多枚簇生，连柄长 7~12 cm，宽 3~4 cm。叶片羽状全裂，羽片 3~4 对，长 8~25 mm，边缘具粗锯齿或再羽状分裂，小裂片近线形。花萼钟形，长 8~10 mm，宽约 4 mm。花冠紫色，冠筒稍长于花萼，花瓣先端具深凹缺。

黄花珍珠菜 *Lysimachia stenosepala* var. *lutea* Z. E. Zhao et D. X. Li

分类地位	被子植物亚门 Angiospermae，双子叶植物纲 Dicotyledons，合瓣花亚纲 Metachlamydeae，杜鹃花目 Ericales，报春花科 Primulaceae，珍珠菜属 *Lysimachia*
分布现状	中国特有种，分布于湖北
生活习性	生长于海拔约 1000 m 的水沟边
馆藏独特性	模式标本，1988 年 6 月 5 日采自于宜昌市大老岭千斤园
保藏地点	中国科学院武汉植物园标本馆

鉴别特征

多年生草本，全株光滑无毛。叶对生，长 2~4 cm，宽 1~1.5 cm，披针形至长椭圆状披针形，边缘波状。总状花序顶生。花冠黄色。本变种和原变种相似，但本变种的花冠黄色，原变种花冠白色，二者很容易区别。

江西珍珠菜 *Lysimachia jiangxiensis* C. M. Hu

分类地位	被子植物亚门 Angiospermae，双子叶植物纲 Dicotyledons，合瓣花亚纲 Metachlamydeae，杜鹃花目 Ericales，报春花科 Primulaceae，珍珠菜属 *Lysimachia*
保护级别及濒危程度	中国物种红色名录列为近危（NT）
生活习性	生于海拔 250~500 m 山地灌木丛下
分布现状	产于江西东北部。模式标本采自江西省上饶市玉山县陇首村
馆藏独特性	主模式标本馆藏地。国内不超过 2 家标本馆收藏该物种的标本
保藏地点	中国科学院庐山植物园标本馆

鉴别特征

多年生草本。茎粗壮，下部直径达 8 mm，圆柱形，密被褐色柔毛，上部分枝，基部常发出越冬芽；芽上有鳞状的褐色三角形鳞片。叶互生，狭椭圆形至椭圆状披针形，长 10~16 cm，宽 3.5~6 cm，先端渐尖，基部楔状渐狭，两面密被短柔毛，上面绿色，下面淡绿色，无腺点；叶柄如茎密被柔毛。总状花序生于茎端和枝端，细瘦；花序轴密被柔毛；苞片线状披针形，边缘具缘毛；花梗密被柔毛，短于成熟蒴果。蒴果褐色，约与宿存花萼等长。

五岭管茎过路黄 *Lysimachia fistulosa* var. *wulingensis* Chen et C. M. Hu

分类地位	被子植物亚门 Angiospermae，双子叶植物纲 Dicotyledons，合瓣花亚纲 Metachlamydeae，杜鹃花目 Ericales，报春花科 Primulaceae，珍珠菜属 *Lysimachia*
保护级别及濒危程度	中国物种红色名录列为近危（NT）
生活习性	生于海拔 300~1100 m 山谷溪边草地和林下
分布现状	产于云南东北部、贵州、广西、湖南、江西南部和广东北部。模式标本采自广东省清远市英德市
馆藏独特性	副模式标本馆藏地
保藏地点	中国科学院庐山植物园标本馆

鉴别特征

茎明显四棱形；除叶面被稀疏小刚毛外，全体无毛。

南川过路黄 *Lysimachia nanchuanensis* C. Y. Wu

分类地位	被子植物亚门 Angiospermae，双子叶植物纲 Dicotyledons，合瓣花亚纲 Metachlamydeae，杜鹃花目 Ericales，报春花科 Primulaceae，珍珠菜属 *Lysimachia*
生活习性	花期 7—8 月，果期 10 月
分布现状	中国特有种，产于重庆市南川区，福建省龙岩市上杭县、南平市顺昌县
馆藏独特性	模式标本，1957 年 7 月 10 日采集于重庆市南川区
保藏地点	中国科学院武汉植物园标本馆

鉴别特征

多年生直立草本。茎下部倾卧，上部直立，节上生根，高 25~40 cm，近圆柱形，无毛，上部密被褐色无柄腺体，节部稍膨大，紫红色。叶对生，近基部的 1~2 对较小，早凋，上部叶近等大，卵形至卵状披针形，长 4~9.5 cm，宽 2~4 cm；叶上面深绿色，密被小刚毛，渐变无毛，下面淡绿色；两面密生红色粒状腺点。总状花序由 2~4 朵花组成，腋生，疏松，伞房状；花冠黄色，基部合生，裂片上半部分密生红色腺点。蒴果近球形，直径约 4 mm。

金花茶 *Camellia nitidissima* Chi

分类地位	被子植物亚门 Angiospermae，双子叶植物纲 Dicotyledons，合瓣花亚纲 Metachlamydeae，杜鹃花目 Ericales，山茶科 Theaceae，山茶属 *Camellia*
保护级别及濒危程度	国家二级重点保护植物，中国物种红色名录列为易危（VU）
生活习性	生于山地常绿林。花期 11—12 月
分布现状	中国广西、越南北部
保藏地点	中国科学院植物研究所植物标本馆

鉴别特征

常绿灌木，高2~5 m，嫩枝无毛。叶革质，先端尾状渐尖，基部楔形，上面深绿色，发亮，无毛，下面浅绿色，无毛，有黑腺点，中脉及侧脉7对，在上面陷下，在下面凸起，边缘有细锯齿。花金黄色，腋生，单独；苞片5片，散生，宿存；萼片5片，基部略连生，先端圆，背面略有微毛；花瓣8~12片，基部略相连生，边缘有睫毛；雄蕊排成4轮，外轮与花瓣略相连生，花丝近离生或稍联合，无毛；子房无毛，3~4室，花柱3~4条，无毛。蒴果扁三角球形，长3.5 cm，宽4.5 cm，3片裂开，中轴3~4角形，先端3~4裂；果柄有宿存苞片及萼片；种子6~8粒，长约2 cm。

峨眉红山茶 *Camellia omeiensis* H. T. Chang

分类地位	被子植物亚门 Angiospermae，双子叶植物纲 Dicotyledons，合瓣花亚纲 Metachlamydeae，杜鹃花目 Ericales，山茶科 Theaceae，山茶属 *Camellia*
分布现状	红山茶组是山茶属种类最多的类群，本组有 57 种，其中中国有 55 种。此类群主要分布于长江以南的亚热带地区，以云南北部及金沙江流域最为集中。中国是红山茶组的分布中心，具有丰富的种质资源。峨眉红山茶分布于四川省峨眉山，重庆市金佛山，贵州省毕节市、遵义市习水县、赤水市等地
馆藏独特性	模式标本，1957 年采集于四川省峨眉山
保藏地点	中国科学院武汉植物园标本馆

鉴别特征

灌木或小乔木，高4 m，嫩枝无毛，深褐色；花顶生，红色，长5~6 cm，直径9 cm。

黄杨叶连蕊茶 *Camellia buxifolia* H. T. Chang

分类地位	被子植物亚门 Angiospermae，双子叶植物纲 Dicotyledons，合瓣花亚纲 Metachlamydeae，杜鹃花目 Ericales，山茶科 Theaceae，山茶属 *Camellia*
生活习性	生长海拔 200~900 m。植株适应性好，抗逆性强，耐修剪
分布现状	贵州、四川、湖北
馆藏独特性	1956 年采集于四川省峨眉山
保藏地点	中国科学院武汉植物园标本馆

鉴别特征

本组植物的花多为白色，花瓣尖端呈猩红色；整株开满小花时，花朵芳香。本种为灌木，高1.5~3 m，嫩枝有披散柔毛；叶革质，卵形或椭圆形，先端尖而有钝头，基部阔楔形，上面深绿色，无毛，边缘有疏锯齿；花腋生及顶生，花冠白色，花瓣5片。

城口桤叶树 *Clethra fargesii* Franch.

分类地位	被子植物亚门 Angiospermae，双子叶植物纲 Dicotyledons，合瓣花亚纲 Metachlamydeae，杜鹃花目 Ericales，桤叶树科 Clethraceae，桤叶树属 *Clethra*
保护级别及濒危程度	中国物种红色名录列为濒危（EN）
生活习性	生长于海拔 700~2100 m 的山地阔叶林或灌丛中
分布现状	分布于贵州、湖北、湖南、江西、四川
馆藏独特性	模式标本，1959 年 7 月 28 日采集于湖北省宜昌市兴山县。桤叶树科仅有桤叶树属，全世界约有 65 种，中国有 7 种，其中 3 种为特有
保藏地点	中国科学院武汉植物园标本馆

鉴别特征

灌木。小枝圆柱形，嫩枝密被黄褐色星状细茸毛，老枝灰黑色，无毛；叶纸质，卵状椭圆形或长圆形，长5~8 cm，宽2~3 cm，先端尾状渐尖；总状花序2~5枝成丛状或近于伞形状，花序轴和花梗都密被锈色星状茸毛；花瓣5片，白色；花期7月。

红肉猕猴桃 *Actinidia chinensis* f. *rufopulpa* C. F. Liang et R. H. Huang

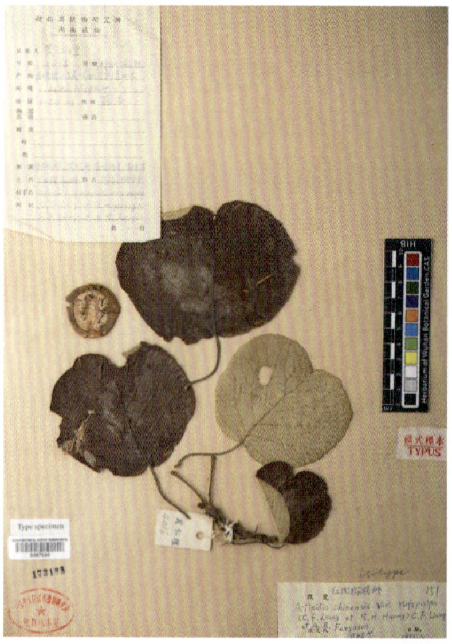

分类地位	被子植物亚门 Angiospermae，双子叶植物纲 Dicotyledons，合瓣花亚纲 Metachlamydeae，杜鹃花目 Ericales，猕猴桃科 Actinidiaceae，猕猴桃属 *Actinidia*
分布现状	作为特异的野生资源，在自然界中数量较少，且分布区域狭窄，分布于湖北省恩施土家族苗族自治州建始县、利川市，宜昌市五峰县；江西省九江市修水县、永修县、武宁县；湖南省邵阳市隆回县，怀化市麻阳苗族自治县、溆浦县；河南省南阳市西峡县
馆藏独特性	模式标本，1980 年 8 月 31 日采集于湖北省宜昌市五峰县。中国是猕猴桃属植物的起源、进化和分布中心，目前有猕猴桃属植物 52 种，其中 44 种为特有种，为我国猕猴桃品种选育和产业发展提供了坚实基础
保藏地点	中国科学院武汉植物园标本馆

鉴别特征

红肉猕猴桃有别于中华猕猴桃原变种的特征是单生果的果柄较长（4~5 cm），果实较小（直径约3 cm），果肉淡红色。现有猕猴桃的果肉颜色可分为绿色、黄色和红色等三种，具红色果肉的猕猴桃主要有软枣猕猴桃（*A. arguta*）、中华猕猴桃（*A. chinensis*）、美味猕猴桃（*A. deliciosa*）及毛花猕猴桃（*A. eriantha*）。

秤锤树 *Sinojackia xylocarpa* Hu

分类地位	被子植物亚门 Angiospermae，双子叶植物纲 Dicotyledons，合瓣花亚纲 Metachlamydeae，杜鹃花目 Ericales，安息香科 Styracaceae，秤锤树属 *Sinojackia*
保护级别及濒危程度	国家二级重点保护植物，中国物种红色名录列为濒危（EN）
生活习性	生于海拔 500~800 m 林缘或疏林中。花期 3—4 月，果期 7—9 月
分布现状	产于江苏（南京），杭州、上海、武汉等地曾有栽培
馆藏独特性	中国发表的第一个新属。中国蕨类学之父秦仁昌先生 1927 年 9 月 25 日在南京幕府山十二洞采集，中国禾本科分类学泰斗耿以礼先生翌年 4 月 22 日采到了这株树长着美丽白花的枝条。中国植物分类学奠基人胡先骕先生同年根据这两份标本发表了中国人发表的第一个植物新属——安息香科秤锤树属，并将这种植物命名为秤锤树。后来该种一度被认为已野外灭绝，但 2019 年江苏省·中国科学院植物研究所的学者们在南京九峰山发现了一片自然生长的居群
保藏地点	中国科学院植物研究所植物标本馆、江苏省·中国科学院植物研究所标本馆、中国科学院武汉植物园标本馆

鉴别特征

小乔木。叶薄纸质，倒卵形或椭圆形，长3~9 cm，边缘具硬锯齿，叶脉疏被星状毛，生于花枝上，叶呈卵形而较小。聚伞花序，花3~5朵；花梗长而下垂；花白色，直径约2.5 cm。果实卵形，木质，红褐色，有浅棕色的皮孔，无毛，顶端具圆锥状的喙，形似秤锤。

黄梅秤锤树　*Sinojackia huangmeiensis* J. W. Ge & X. H. Yao

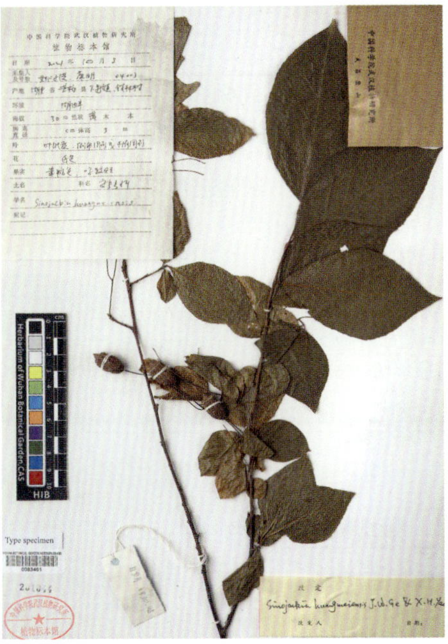

分类地位	被子植物亚门 Angiospermae，双子叶植物纲 Dicotyledons，合瓣花亚纲 Metachlamydeae，杜鹃花目 Ericales，安息香科 Styracaceae，秤锤树属 *Sinojackia*
保护级别及濒危程度	中国物种红色名录列为易危（VU）
生活习性	每年 3—4 月开花，花两性，果实于 9—10 月成熟
分布现状	分布在湖北省黄冈市黄梅县下新镇附近，周边自然环境破坏严重，目前仅有一个居群残存在旺家岭的生境中。秤锤树属被列为国家二级保护植物，但几乎所有秤锤树属植物都处于濒危状态
馆藏独特性	模式标本，2004 年 10 月 8 日采集于湖北省黄冈市黄梅县。该属目前有 7 个种，具有很高的观赏价值
保藏地点	中国科学院武汉植物园标本馆

鉴别特征

落叶灌木或小乔木，高 3~4 m；叶纸质，椭圆形或倒卵状圆形。

五福花科　Adoxaceae E. Mey.

分类地位	被子植物亚门 Angiospermae，双子叶植物纲 Dicotyledons，合瓣花亚纲 Metachlamydeae，川续断目 Dipsacales，五福花科 Adoxaceae
生活习性	五福花生活于海拔 4000 m 以下的林下、林缘或草地
分布现状	产北温带，分布于北纬 27°~60°，北美洲、欧洲和亚洲均有分布
馆藏独特性	标本由熊济华等人于 1952 年 8 月在四川峨眉山采集。1981 年，吴征镒等依据青藏高原多年采集的标本，发表五福花科一新属——华福花属 *Sinadoxa*，结束了 200 多年来五福花科单型科的局面
保藏地点	中国科学院昆明植物研究所标本馆

鉴别特征

多年生多汁小草本，根茎匍匐或直立，茎单生或丛生。基生叶 1~10 枚，茎生叶 2 枚，对生，3 深裂或一至二回羽状三出复叶。花茎直立，花序为总状、聚伞性头状或团伞花序排列成间断的穗状花序，顶生或稀为腋生。

西藏五福花 *Adoxa xizangensis* G. Yao

分类地位	被子植物亚门 Angiospermae，双子叶植物纲 Dicotyledons，合瓣花亚纲 Metachlamydeae，川续断目 Dipsacales，五福花科 Adoxaceae，五福花属 *Adoxa*
生活习性	生长于海拔 3400~3900 m 石灰岩土壤、林下、林缘及草坡
分布现状	四川、西藏、云南
馆藏独特性	模式标本收藏馆。1989 年，江苏省·中国科学院植物研究所的姚淦先生在援藏工作期间采集了大量的西藏标本。其中西藏五福花于 1992 年发表。至此，中国五福花属种类增至 3 种
保藏地点	江苏省·中国科学院植物研究所标本馆

鉴别特征

茎纤细，螺旋上升，茎生叶1枚，3全裂，3~4个果实排列在单生的果序梗上呈头状，果序梗弯曲。

短筒荚蒾 *Viburnum brevitubum* (Hsu) Hsu

分类地位	被子植物亚门 Angiospermae、双子叶植物纲 Dicotyledons，川续断目 Dipsacales，五福花科 Adoxaceae，荚蒾属 *Viburnum*
生活习性	生长于海拔 1300~2400 m 的山谷林中或林缘
分布现状	湖北、贵州、四川、江西
馆藏独特性	模式标本，1957 年 5 月 27 日采集于湖北省宜昌市兴山县
保藏地点	中国科学院武汉植物园标本馆

鉴别特征

落叶灌木，高达4 m。幼枝浅灰绿色，无毛，散生皮孔。叶椭圆状长圆形至狭长圆形，长3~7.5 cm，宽2~3 cm；叶片先端渐尖或急尖，基部钝圆至近圆形，边缘有浅锯齿；上面深绿色，有光泽，下面无毛，呈淡绿色。聚伞花序圆锥状；花冠白色而微红，花冠长约4 mm，裂片宽卵形，长约2.5 mm。核果红色。花期5—6月，果期6—7月。

心叶皱叶忍冬 *Lonicera reticulata champ.* var. *cordifolia* W.B. Xu

分类地位	被子植物亚门 Angiospermae，双子叶植物纲 Dicotyledons，川续断目 Dipsacales，忍冬科 Caprifoliaceae，忍冬属 *Lonicera*
分布现状	该变种目前仅在贵州省黔南布依族苗族自治州三都水族自治县尧人山有分布，数量较少，亟待保护
馆藏独特性	模式标本，2014 年 7 月 18 日采集于贵州省黔南布依族苗族自治州三都水族自治县
保藏地点	中国科学院武汉植物园标本馆

鉴别特征

心叶皱叶忍冬和原变种的区别在于苞片长 1~1.5 cm，远长于萼筒（原变种苞片长 2~3 mm，与萼筒等长或稍超过），叶片卵状心形，宽可达 10 cm，基部明显心形。

黄花蒿 *Artemisia annua* L.

分类地位	被子植物亚门 Angiospermae，双子叶植物纲 Dicotyledons，菊目 Asterales，菊科 Asteraceae，蒿属 *Artemisia*
生活习性	生境适应性强，东部、南部省区生长在路旁、荒地、山坡、林缘等处；其他省区还生长在草原、森林草原、干河谷、半荒漠及砾质坡地等，也见于盐渍化土壤，局部地区可成为植物群落的优势种或主要伴生种。花果期 8—11 月
分布现状	遍及全国；广布于欧洲、亚洲、北美洲的温带、寒温带及亚热带地区
馆藏独特性	中国中医科学院屠呦呦研究员 2015 年获得了诺贝尔生理学或医学奖。同时也引起了一个有趣的讨论：为什么提取“青蒿素”的原料植物，并不叫“青蒿”，而叫“黄花蒿”呢？原因是在 18、19 世纪，日本本草学家张冠李戴，将“青蒿”一名给了另一种与青蒿素源植物互为姊妹种的蒿属植物。中国部分学者沿用了这个张冠李戴的结果，造成了中药用的“青蒿”其实是植物学记述的“黄花蒿”，而植物学所称的“青蒿”却是黄花蒿的近亲，并无抗疟疾之效
保藏地点	中国科学院植物研究所植物标本馆

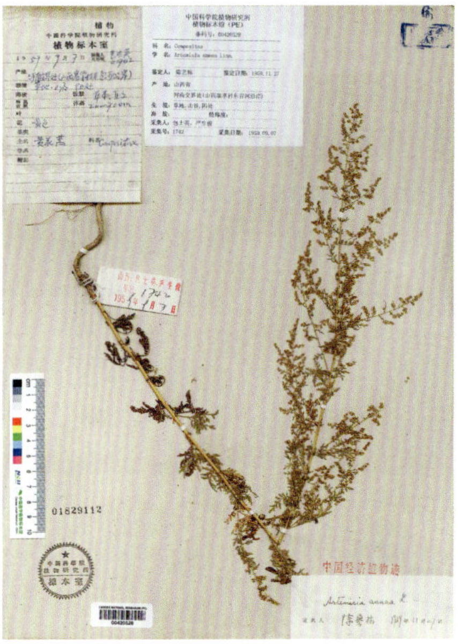

鉴别特征

一年生草本，植株有浓烈的挥发性香气。根单生，垂直，狭纺锤形。茎单生，有纵棱，幼时绿色，后变褐色或红褐色，多分枝。叶纸质，两面具细小脱落性的白色腺点及细小凹点，三至四回栉齿状羽状深裂，裂片中肋明显，中轴两侧有狭翅而无小栉齿，叶柄基部有半抱茎的假托叶。头状花序球形，多数直径 1.5~2.5 mm，有短梗，下垂或倾斜，基部有线形的小苞叶，在分枝上排成总状或复总状花序，并在茎上组成开展、尖塔形的圆锥花序；总苞片 3~4 层，内、外层近等长；花序托凸起，半球形；花深黄色，雌花 10~18 朵，花冠狭管状，檐部具 2~3 裂齿，外面有腺点，花柱伸出花冠外，先端 2 叉；两性花 10~30 朵，结实或中央少数花不结实，花冠管状，花药上端附属物尖，基部具短尖头，花柱近与花冠等长，先端 2 叉。瘦果小，椭圆状卵形，略扁。

二郎山蒿 *Artemisia erlangshanensis* Ling & Y. R. Ling

分类地位	被子植物亚门 Angiospermae，双子叶植物纲 Dicotyledons，菊目 Asterales，菊科 Asteraceae，蒿属 *Artemisia*
生活习性	生长于海拔 2300~3050 m 路旁、山坡、山顶与谷地
分布现状	产于四川西部
馆藏独特性	模式标本，1963 年 8 月 23 日采集于四川省甘孜藏族自治州泸定县二郎山
保藏地点	中国科学院武汉植物园标本馆

鉴别特征

蒿植株高大，高 50~150 cm，半灌木状草本，茎通常丛生，纵棱明显，深褐色或淡紫褐色。叶大，厚纸质或纸质，叶面深绿色；叶面初时被短柔毛与白色腺点，后均脱落；叶背面除叶脉外密被淡黄色或淡灰黄色蛛丝状绵毛。头状花序半球形、近球形或宽卵形，直径 3~4 mm。两性花 15~25 朵，花冠管状，檐部紫色。

神农香菊 *Chrysanthemum indicum* (L.) DesMonl. var. Aromaticum Q. H. Liu

分类地位	被子植物亚门 Angiospermae，双子叶植物纲 Dicotyledons，菊目 Asterales，菊科 Asteraceae，菊属 *Chrysanthemum*
生活习性	生长于 2000 m 以上的高山空旷地或灌丛边，喜阳。花期 8 月中旬至 9 月上旬，果期 9—10 月
分布现状	湖北
馆藏独特性	模式标本，1980 年 9 月 2 日采集于湖北省神农架
保藏地点	中国科学院武汉植物园标本馆

鉴别特征

多年生草本。植物矮小，丛生状多分枝，高 20~40 cm。全株疏被白色短柔毛。本变种和野菊原变种很相似，但是神农香菊的花和叶具有浓香气，叶片较小，深绿色，上面叶脉明显隆起，下面具极小的腺体。头状花序较小，通常直径不超过 1.5 cm。

中国科学院生物标本馆精品集萃

编辑委员会

科学传播局标本馆科普网络委员会

成员

（按姓氏音序排列）

曹　伟　陈世龙　陈孝正　邓　菲　冯伟民　冯　缨
李家堂　李良千　李维薇　宋书银　谭烨辉　佟凤勤
王海峰　王少青　薛钟灵　杨祝良　姚一建　殷海生
张劲硕　张　平　张先锋　张宪春

编写委员会

主编

朱建国　李维薇

副主编

刘鲁明

文字、图片统稿

朱建国　李维薇　刘鲁明　杨　慧　马晓锋

英文校对

钱亚民

馆际协调

李维薇　杨　慧

概述

朱建国　李维薇　杨　慧

参编单位

中国科学院古脊椎动物与古人类研究所中国古动物馆、标本中心

撰稿：张　正　王　原

图片摄影：中国古动物馆

中国科学院南京地质古生物研究所南京古生物博物馆、标本馆

撰稿：王永栋　袁文伟　冯伟民

图片摄影：冯伟民　郭震宇　袁文伟

中国科学院微生物研究所菌物标本馆

撰稿：王　科　魏铁铮　蔡　磊

图片摄影：邓　红　陈海娟

中国科学院植物研究所植物标本馆

撰稿：金效华　陈莹婷　杨志荣　于宁宁　刘　冰　卫　然　杨学健

图片摄影：王钧杰　李　敏　杨学健

中国科学院昆明植物研究所标本馆

撰稿：杨祝良　马文章　王欣宇　张　良　范雪萍　吕春朝　邓　涛　王静华　谢雪丹

图片摄影：杨祝良　马文章　王立松　王欣宇　谢雪丹

中国科学院武汉植物园标本馆

撰稿：杨筑筑　黄　蓉　胡光万

图片摄影：杨筑筑　康强胜　胡光万

中国科学院西双版纳热带植物园植物标本馆

撰稿：李剑武　殷建涛　王　力　周仕顺

图片摄影：李剑武

中国科学院华南植物园标本馆

撰稿：汤银珠

图片摄影：华南植物园标本馆

中国科学院沈阳应用生态研究所东北生物标本馆

撰稿：曹　伟　袁海生　边冬菊

图片摄影：曹　伟　张　悦　袁海生　边冬菊

江苏省·中国科学院植物研究所标本馆

撰稿：褚晓芳　顾子霞　董晓宇　梁珆硕

图片摄影：褚晓芳　董晓宇

中国科学院庐山植物园标本馆

撰稿：唐忠炳　彭焱松

图片摄影：彭焱松　唐忠炳　刘仁林　肖佳伟

中国科学院动物研究所国家动物标本资源库、国家动物博物馆

撰稿：张劲硕　贺　鹏

图片摄影：国家动物博物馆

中国科学院昆明动物研究所昆明动物博物馆

撰稿：李维薇　刘鲁明　杨　慧　刘　硕　杜丽娜　杨劲松　李开琴　钱亚民

图片摄影：马晓锋　刘鲁明　杜丽娜　吴　飞　杨劲松

中国科学院分子植物科学卓越创新中心上海昆虫博物馆

撰稿：殷海生　朱卫兵　王瀚强　戴　莉　栾云霞　卜　云　章伟年

图片摄影：殷海生　王瀚强　卜　云

中国科学院海洋研究所海洋生物标本馆

撰稿：王少青

图片摄影：王少青　张均龙　董　栋　蒋　维

中国科学院南海海洋研究所南海海洋生物标本馆

撰稿：谭烨辉　陈志云　连喜平

图片摄影：陈志云　张艳红

中国科学院成都生物研究所两栖爬行动物标本馆

撰稿：蒋　珂　李家堂

图片摄影：蒋　珂

中国科学院西北高原生物研究所青藏高原生物标本馆

撰稿：肖　洒　陈晓澄　陈世龙　李文靖

图片摄影：肖　洒　王　左

中国科学院新疆生态与地理研究所标本馆

撰稿：冯　缨　帕提曼

图片摄影：范书财　童家强

中国科学院水生生物研究所水生生物博物馆

撰稿：王环珊　王　熙

图片摄影：张先锋

序

标本是在地球某一时空瞬间采集的生物材料，是永久保藏的科研实物和记录，它携带着生物物种、群落性状、产地地理环境和遗传等数据或信息，是地球生命形式和过程的历史反映，是人类认识自然的物证和档案。生物标本馆是系统收集、整理和保藏采自不同时间、不同地点生物标本的机构，是开展生物分类、生物系统演化、生物多样性等研究的第一实验室和其他生命科学研究的支撑平台，还肩负着科学知识普及和教育的功能。

林奈在18世纪中期创造了对生物物种命名的双名法后，统一并规范了物种命名以及分布地和环境记录，促进了分类学的迅速发展。经历了新大陆的发现与全球性的生物采集、考察活动，随着大量标本的积累，人类初步完成了对地球生命系统与资源的认识，推动了生物区系、生物演化、生物多样性、生态学等学科的发展，奠定了生命科学发展的基础。分类学虽然已走过了发展最迅速、最兴旺的阶段，但分类学研究是没有止境的，随着基因和分子研究技术与手段的不断创新和发展，传统分类学研究逐步走向现代系统学研究，人类对地球生命现象本质和发展规律的认识也更加深入、系统和全面，这些进步和发展仍然需要大量使用标本数据和信息。

生物标本馆为科学和社会的进步与发展做出了很多重要贡献，影响广泛而深远，中国科学院就有数百个依托标本馆的科研成果获得了国家科技成果奖励。生物标本馆在现代生命科学前沿领域研究中依然发挥着关键作用，如生物系统进化、生物多样性、生物入侵和全球气候变化等研究领域。在我国国民经济建设和社会发展中，各行各业也需要越来越多的生物资源信息支撑，如自然资源特别是农业资源、国土安全、公共卫生安全、环境变化监测、外贸进出口、生物反恐等领域都对生物学家提出了越来越高的要求，生物标本馆蕴藏着不可估量的、巨大的直接或潜在的科研价值、社会价值和经济价值。

人类社会的发展和经济活动的日益频繁导致大量物种濒危甚至灭绝。生物多样性是人类赖以生存和发展的基础，是衡量一个国家生态环境质量和生态文明程度的重要标志，关乎国家竞争力、可持续发展和高质量发展水平。生物标本馆对普及生物学知识和保护生物多样性也具有重要的作用，科学知识的不断普及和丰富，是唤醒人们保护生物多样性、保护自然等环境意识的重要前提。因此，生物标本馆建设和发展无论从科学研究、应用研究，还是从自然保护来看，对于中国乃至全球都有重要的意义。21世纪以来，我国充分认识到标本馆的科学意义及对国家和社会的贡献，对标本馆这个不可替代的、宝贵的战略资源非常重视，通过中国科学院知识创新工程、中国科学院战略生物资源、国家创新体系、国家科学研究基础设施建设等项目持续支持生物标本馆建设，标本馆在基础设施、保藏条件、标本入库量、人才队伍建设、管理体系和标准化管理等方面都有了明显改善和提高。中国科学院生物标本馆已成为国际上有重要影响的集标本保藏、生物学研究、生物知识普及与教育为一体的重要中心。今后的重点是将标本资源管好、用好，在科学研究和应用研究工作中产生更多创新成果，为国民经济建设和社会发展做出更大贡献，在知识创新、知识传播和知识转移方面发挥中国科学院科研国家队的作用。

来自中国科学院20个生物标本馆一线的专家和工作人员共同编写了这本书。本书从中国科学院20个生物标本馆保藏的2200多万份生物标本中精选了其中400份（号、件）最珍贵、最有意义、最具代表性的馆藏精品；除了描述标本本身重要的科研价值、馆藏价值及应用价值外，还介绍了很多标本背后鲜为人知的历史背景、历史人物或历史故事，以及科学家为追求科学真理而不惜牺牲一切的奉献精神，因而还具有重要的史料价值。标本馆是我国现代科学发展史中历史最悠久的代表之一，将标本馆和标本所蕴藏的各种价值，其背后的各种历史事件、历史人物展示给公众，也是我国生态文明和精神文明建设的重要内容之一。

康乐
中国科学院院士
2022年1月

目　录

第一部分　概　述

第二部分　馆藏精品集萃

第三部分 中国科学院生物标本馆各馆简介

蒙古蒲公英 *Taraxacum mongolicum* Hand.-Mazz.

分类地位	被子植物亚门 Angiospermae，双子叶植物纲 Dicotyledons，菊目 Asterales，菊科 Asteraceae，蒲公英属 *Taraxacum*
生活习性	多年生草本菊科植物，广泛生于中、低海拔地区的山坡草地、路边、田野、河滩
分布现状	国内分布于黑龙江、吉林、辽宁、内蒙古、河北、山西、陕西、甘肃、青海、山东、江苏、安徽、浙江、福建北部、台湾、河南、湖北、湖南、广东北部、四川、贵州、云南等省区。国外在朝鲜、蒙古国、俄罗斯也有分布
馆藏独特性	1958 年 8 月 18 日采集于辽宁省沈阳市
保藏地点	中国科学院沈阳应用生态研究所东北生物标本馆

鉴别特征

多年生草本。叶莲座状，倒披针形，长5~15 cm，宽5~15 mm，外层全缘，向内层边缘具浅裂至深裂，顶裂片近三角状戟形。花葶数个，与叶近等长；总苞绿色，长12~14 mm，总苞片3层。舌状花黄色。瘦果。

苞叶雪莲 *Saussurea obvallata* (DC.) Edgew.

分类地位	被子植物亚门 Angiospermae，双子叶植物纲 Dicotyledons，菊目 Asterales，菊科 Asteraceae，风毛菊属 *Saussurea*
生活习性	生于海拔 3200~4700 m 高山草地、山坡多石处、溪边石隙处、流石滩。花果期 7—9 月
分布现状	甘肃、青海、四川、云南、西藏
保藏地点	中国科学院植物研究所植物标本馆

鉴别特征

多年生草本，高16~60 cm。根状茎粗，颈部有被稠密的褐色纤维状撕裂的叶柄残迹。茎直立，有短柔毛或无毛。基生叶有长柄，柄长8 cm；叶片顶端钝，基部楔形，边缘有细齿，两面有腺毛；茎生叶与基生叶同形并等大，但向上部的茎叶渐小，无柄；最上部茎叶苞片状，膜质，黄色，边缘有细齿，两面被短柔毛和腺毛，包围总花序。头状花序6~15个，在茎端密集成球形的总花序，无小花梗或有短的小花梗。总苞半球形，总苞片4层，外层卵形，中层椭圆形，内层线形；全部苞片顶端急尖，边缘黑紫色，外面被短柔毛及腺毛。小花蓝紫色，长1.8 cm。瘦果长圆形，长5 mm，冠毛2层，淡褐色，外层短。

雪莲 *Saussurea involucrata* (Kar. et Kir.) Sch.-Bip

分类地位	被子植物亚门 Angiospermae，双子叶植物纲 Dicotyledons，菊目 Asterales，菊科 Asteraceae，风毛菊属 *Saussurea*
保护级别及濒危程度	中国物种红色名录列为濒危（EN）
生活习性	多年生草本植物。见于新疆天山南北山坡、阿尔泰山及昆仑山，海拔 4000~5000 m 高山地带
分布现状	主要分布在中国新疆，俄罗斯及哈萨克斯坦也有分布
馆藏独特性	1986 年 8 月 6 日采集于新疆维吾尔自治区天山 1 号冰川
保藏地点	中国科学院新疆生态与地理研究所标本馆

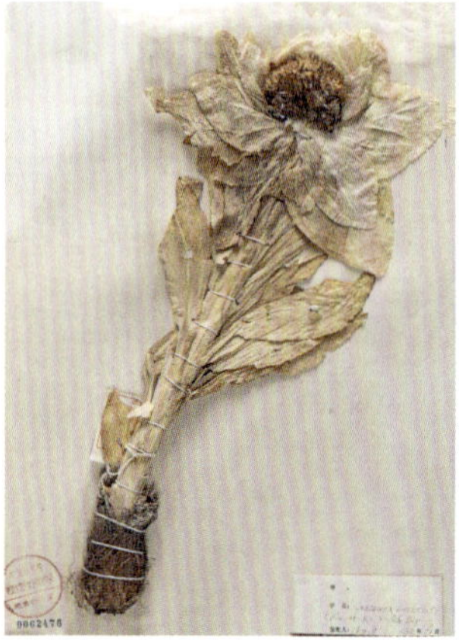

水母雪兔子 *Saussurea medusa* Maxim.

分类地位	被子植物亚门 Angiospermae，双子叶植物纲 Dicotyledons，菊目 Asterales，菊科 Asteraceae，风毛菊属 *Saussurea*
生活习性	生于海拔 3000~5600 m 多砾石山坡、高山流石滩。花果期 7—9 月
分布现状	甘肃、青海、新疆、四川、云南、西藏
馆藏独特性	1971 年 8 月 11 日采集于青海
保藏地点	中国科学院西北高原生物研究所青藏高原生物标本馆

鉴别特征

多年生多次结实草本。根状茎细长，有黑褐色残存的叶柄，有分枝，上部发出数个莲座状叶丛；茎直立，密被白色绵毛。叶密集，连叶柄长，顶端钝或圆形，上部叶渐小，顶端急尖或渐尖；全部叶两面同色，灰绿色，被稠密或稀疏的白色长绵毛。头状花序多数，在茎端密集成半球形的总花序，无小花梗，苞叶线状披针形，两面被白色长绵毛；总苞狭圆柱状，共3层，外层长椭圆形，紫色，中层倒披针形，顶端钝，内层披针形，顶端钝。小花蓝紫色，瘦果纺锤形，浅褐色。

三清山紫菀 *Aster shanqingshanica* J. W. Xiao & W. P. Li

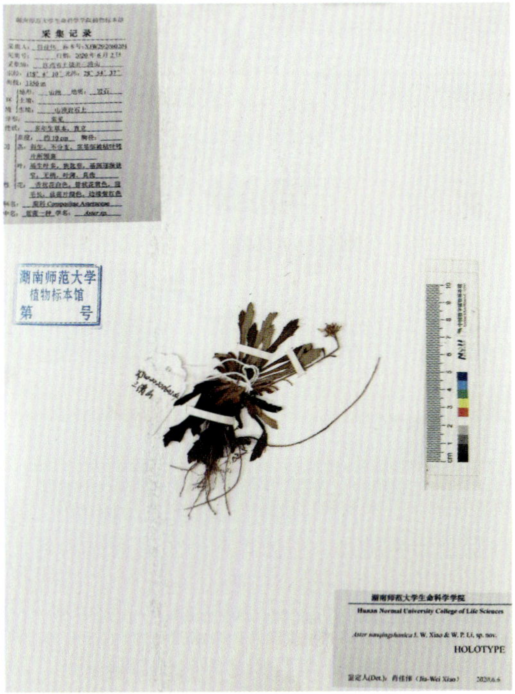

分类地位	被子植物亚门 Angiospermae，双子叶植物纲 Dicotyledons，菊目 Asterales，菊科 Asteraceae，紫菀属 *Aster*
生活习性	生于海拔 1300 m 的林缘边岩石上。花期 3—6 月
分布现状	仅在江西三清山有分布
馆藏独特性	模式标本，被遗忘在南方高山的植物，国内不超过 2 家标本馆收藏该物种的标本
保藏地点	中国科学院庐山植物园标本馆

鉴别特征

多年生草本。根茎稍木质，直径4~5 mm；茎上升，单生，直立，高5~8 cm，细长，无毛或被短柔毛，有许多基生莲座叶和很少的茎生叶，在花期有基生叶，有时为半月形。莲座状的叶较厚，无柄，狭裂片状，长1~6 cm，宽0.2~0.8 cm，基部逐渐变窄，边缘稍回旋，在叶片先端具1~4个粗锯齿，先端锐尖至稍钝，两面具毛，正面稀疏柔毛，背面密被黄色点状物；茎生叶很少，通常较小，最上端非常小，披针形到线形，边缘少量锯齿。花单生先端，花盘直径2~2.5 cm；高2~4 mm；舌片白色。

龟甲兔儿风 *Ainsliaea apiculata* Sch. Bip

分类地位	被子植物亚门 Angiospermae，双子叶植物纲 Dicotyledons，菊目 Asterales，菊科 Asteraceae，兔儿风属 *Ainsliaea*
保护级别及濒危程度	中国物种红色名录列为濒危（EN）
生活习性	生于海拔 100~200 m 的山坡岩石下及杂木林下溪沟边
分布现状	我国分布于江苏；国外日本和朝鲜有分布
馆藏独特性	国内保藏于江苏省·中国科学院植物研究所标本馆
保藏地点	江苏省·中国科学院植物研究所标本馆

鉴别特征

多年生矮小草本。根状茎细长，匍匐，有结节。茎直立，单一或自基部分枝。叶数枚至多枚，在茎下部互生；叶片卵形、心形或肾形，通常5浅裂，偶有3或9裂，叶面深绿色；叶柄长可达叶片长的2倍。头状花序，数个或多个排成疏松伞房状。瘦果密生褐色短毛。

寻乌阴山荠 *Yinshania sinuata* subsp. *qianwuensis* (Y. H. Zhang) Al-Shehbaz et al.

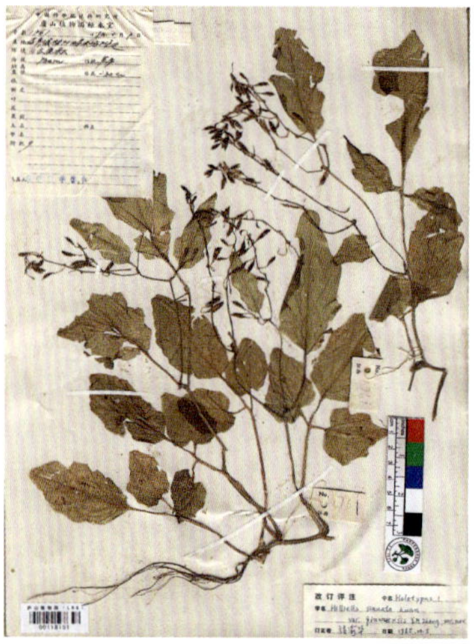

分类地位	被子植物亚门 Angiospermae，双子叶植物纲 Dicotyledons，十字花目 Brassicales，十字花科 Brassicaceae，阴山荠属 *Yinshania*
生活习性	生于山坡或溪谷林边阴湿处
分布现状	产江西（寻乌、崇义）。模式标本采自江西省赣州市寻乌县
馆藏独特性	主模式标本馆藏地，国内不超过 3 家标本馆收藏该物种的标本
保藏地点	中国科学院庐山植物园标本馆

鉴别特征

本变种与原种弯缺阴山荠［*Yinshania sinuata* (K. C. Kuan) Al-Shehbaz, G. Yang］区别在于有3片小叶，短角果较大，长0.6~1.3 cm，宽2~3 mm，种子通常10~21粒。

水曲柳 *Fraxinus mandshurica* Rupr.

分类地位	被子植物亚门 Angiospermae，双子叶植物纲 Dicotyledons，玄参目 Scrophulariales，木犀科 Oleaceae，梣属 *Fraxinus*
保护级别及濒危程度	国家二级重点保护野生植物，中国物种红色名录列为易危（VU）
分布现状	主要分布于我国东北黑龙江的大兴安岭东部和小兴安岭、吉林的长白山等地，向西还分布到辽宁的千山、河北的燕山山脉，以及河南、山西、陕西和甘肃的局部地区
馆藏独特性	1963 年 6 月 29 日采集于辽宁省本溪市。古老的孑遗植物，因砍伐过度，目前大树已很少
保藏地点	中国科学院沈阳应用生态研究所东北生物标本馆

鉴别特征

落叶大乔木，高达35 m。树皮灰褐色，老时纵向开裂。枝对生。叶对生，奇数羽状复叶，长18~50 cm，宽达20 cm，叶轴有狭翼，小叶卵状披针形，边缘有内弯的锐锯齿。花单性，雌雄异株，先叶开放；圆锥花序，花序轴有狭翼；花萼钟状，4裂；无花冠；雄花雄蕊2；雌花子房1。翅果。

武汉葡萄 *Vitis wuhanensis* C. L. Li

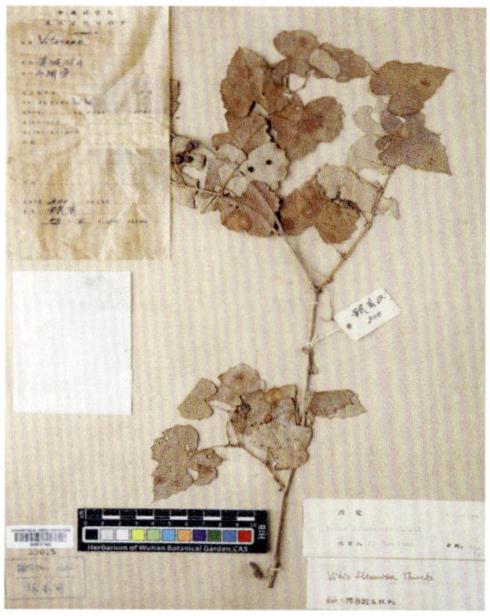

分类地位	被子植物亚门 Angiospermae，双子叶植物纲 Dicotyledons，葡萄目 Vitales，葡萄科 Vitaceae，葡萄属 *Vitis*
保护级别及濒危程度	中国物种红色名录列为易危（VU）
生活习性	生长在长江中游夏季炎热地区，可能是原始葡萄种类向开阔干旱地带发展而演化出来的一个类群，普遍为小型木质藤本，卷须细弱且不分叉或者卷须数量很少
分布现状	主产地包括湖北、河南和江西等省
馆藏独特性	1958 年 6 月 10 日采集于湖北省武汉市黄陂区
保藏地点	中国科学院武汉植物园标本馆

鉴别特征

木质藤本，小枝细弱，圆柱形，有纵棱纹，疏被蛛丝状茸毛。卷须不分枝，每隔两节间断与叶对生。叶卵形或卵圆形，长3~7 cm，宽2.5~6 cm，3浅裂或不明显3~5裂，顶端急尖或渐尖，基部心形；叶上面绿色无毛，下面苍白色。果实球形，直径0.6~0.7 cm。种子倒卵椭圆形，顶端微凹。花期4—5月，果期5—7月。

小叶葡萄 *Vitis sinocinerea* W. T. Wang

分类地位	被子植物亚门 Angiospermae，双子叶植物纲 Dicotyledons，葡萄目 Vitales，葡萄科 Vitaceae，葡萄属 *Vitis*
分布现状	湖北、湖南、江西、广西、福建、浙江、江苏、云南和台湾
馆藏独特性	模式标本，1951 年 7 月采集于湖北省恩施土家族苗族自治州建始县
保藏地点	中国科学院武汉植物园标本馆

鉴别特征

木质藤本，小枝密被短柔毛，卷须不分枝。叶柄有柔毛，叶为单叶，薄纸质，心状卵形或心形；叶上有短柔毛或无毛，下面密被锈色或灰色茸毛；叶片顶端渐尖，基部心形；裂片不分裂，边缘有小锯齿。花序有柔毛。浆果近球形。与蘡薁（*V. adstricta*）非常相似，但蘡薁叶片分裂程度较大，掌状深裂。

牯岭蛇葡萄 *Ampelopsis glandulosa* var. *kulingensis* (Rehder) Momiyama

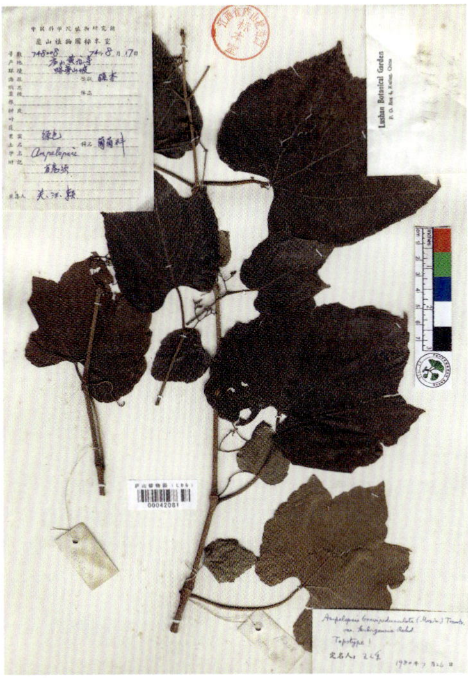

分类地位	被子植物亚门 Angiospermae，双子叶植物纲 Dicotyledons，葡萄目 Vitales，葡萄科 Vitaceae，蛇葡萄属 *Ampelopsis*
生活习性	生于海拔 300~1600 m 的沟谷林下或山坡灌丛。花期 5—7 月，果期 8—9 月
分布现状	产安徽、江苏、浙江、江西、福建、湖南、广东、广西、四川、贵州。模式标本采自江西庐山
馆藏独特性	中国科学院庐山植物园标本馆门口的模式植物，模式标本馆藏地
保藏地点	中国科学院庐山植物园标本馆

鉴别特征

本变种与原变种区别在于，叶片显著呈五角形，上部侧角明显外倾，植株被短柔毛或几无毛。

俞藤 *Yua thomsonii* (M. A. Lawson) C. L. Li

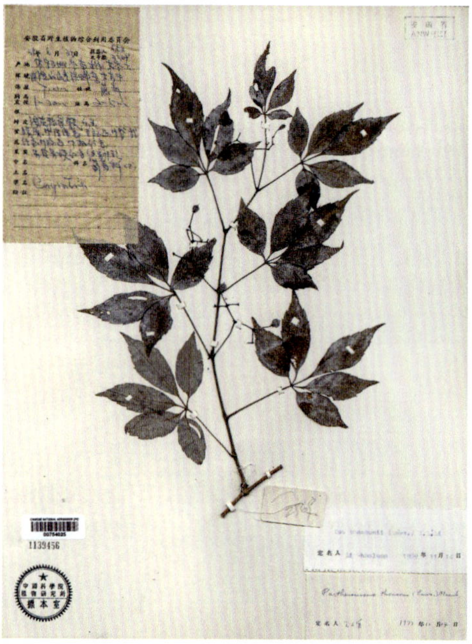

分类地位	被子植物亚门 Angiospermae，双子叶植物纲 Dicotyledons，葡萄目 Vitales，葡萄科 Vitaceae，俞藤属 *Yua*
生活习性	生于海拔 250~1300 m 山坡林中，攀缘树上。花期 5—6 月，果期 7—9 月
分布现状	产安徽、江苏、浙江、江西、湖北、广西、贵州东南部、湖南、福建西南部和四川东南部
保藏地点	中国科学院植物研究所植物标本馆

鉴别特征

木质藤本。小枝圆柱形，褐色，嫩枝略有棱纹，无毛；卷须2叉分枝，相隔2节间断与叶对生。叶为掌状5小叶，草质，小叶顶端渐尖，基部楔形，边缘上半部每侧有4~7个细锐锯齿，上面无毛，下面常被白色粉霜。花序为复二歧聚伞花序，与叶对生，无毛；萼碟形，边缘全缘，无毛；花瓣5片，高3~3.5 mm，无毛，花蕾时黏合，以后展开脱落，雄蕊5枚，花药长椭圆形；雌蕊花柱细，柱头不明显扩大。果实近球形，直径1~1.3 cm，紫黑色，味淡甜。种子梨形，长5~6 mm，宽约4 mm，顶端微凹，背面种脐达种子中部，腹面两侧洼穴从基部达种子2/3处，周围无明显横肋纹，胚乳横切面呈“M”形。

鹤峰唇柱苣苔 *Henckelia briggsioides* (W. T. Wang) D. J. Middleton et Mich. Möller

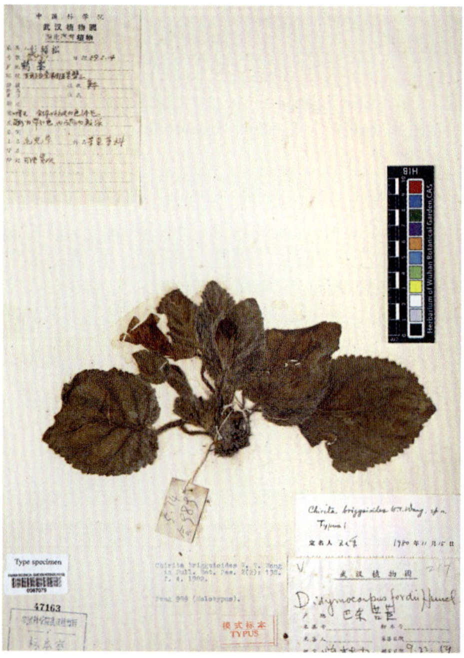

分类地位	被子植物亚门 Angiospermae，双子叶植物纲 Dicotyledons，唇形目 Lamiales，苦苣苔科 Gesneriaceae，汉克苣苔属 *Henckelia*
生活习性	生长于背阴的崖壁
馆藏独特性	模式标本，1959 年 5 月 14 日采集于湖北省恩施土家族苗族自治州鹤峰县
保藏地点	中国科学院武汉植物园标本馆

鉴别特征

多年生草本，具短根状茎；叶片6~10枚，均基生；叶片草质，宽卵形或卵形，顶端微钝，基部心形，边缘具小钝牙齿；两面被短柔毛，下面沿叶脉被淡褐色长柔毛。花冠粉红色，外面无毛，筒漏斗状；雄蕊花丝在中部膝状弯曲；雌蕊无毛，柱头大，近扇形。花期5月。

江西全唇苣苔　*Deinocheilos jiangxiense* W. T. Wang

分类地位	被子植物亚门 Angiospermae，双子叶植物纲 Dicotyledons，唇形目 Lamiales，苦苣苔科 Gesneriaceae，全唇苣苔属 *Deinocheilos*
保护级别及濒危程度	中国物种红色名录列为易危（VU）
生活习性	生于海拔 800~1200 m 岩石或崖壁阴湿处。花期 7 月
分布现状	产江西（寻乌）、浙江（桐庐）、福建（将乐）。模式标本采自寻乌县
馆藏独特性	主模式标本馆藏地，国内不超过 4 家标本馆收藏该物种的标本。由著名植物分类学家王文采院士 1986 年发表，模式标本由江西师范学院生物系 1961 班 1959 年在寻乌项山采集，后来江西师范学院生物系并入了江西大学。但模式标本是如何来到庐山植物园的现已很难得知
保藏地点	中国科学院庐山植物园标本馆

鉴别特征

多年生草本，根状茎短。叶片草质或薄纸质，椭圆形，两侧稍不相等，长2.5~8 cm、宽1.3~4.8 cm，边缘有重锯齿，上面被白色贴伏短柔毛，下面疏被短柔毛，在中脉和侧脉上初被褐色绵毛，后毛稍变疏，侧脉每侧6~8条，上面平，下面稍隆起；叶柄被褐色绵毛或密柔毛。聚伞花序2~4条，长1.6~5 cm，1~2回分枝，有花2~8朵。花冠淡紫色，长约1.5 cm，外面上部被短柔毛，内面无毛；筒漏斗状筒形，上唇近半圆形，顶部近截形，3浅裂，中裂片方卵形，侧裂片扁正三角形。雄蕊无毛，花丝着生于花冠基部，长约1.3 cm，花药分生，长圆形；退化雄蕊不存在。花盘杯状，边缘浅波状。雌蕊无毛，子房线形，顶端渐狭成花柱，柱头小，扁头形。

贝叶芒毛苣苔　*Aeschynanthus monetaria* Dunn

分类地位	被子植物亚门 Angiospermae，双子叶植物纲 Dicotyledons，唇形目 Lamiales，苦苣苔科 Gesneriaceae，芒毛苣苔属 *Aeschynanthus*
生活习性	附生于海拔 300~800 m 雅鲁藏布江河谷地带季雨林中枯木上
分布现状	西藏自治区林芝市墨脱县
馆藏独特性	国内仅 2 份标本收藏于 2 所标本馆中，全球仅 4 份标本。最早于 1912 年在墨脱采集，其后 100 多年再无其他记录，直到 2015 年在墨脱重新发现并采集到，胡君等研究人员补充了物种形态描述，定名为贝叶芒毛苣苔，更正了其分布地为中国西藏的墨脱，而不是印度，拿回了其“中国籍”
保藏地点	江苏省・中国科学院植物研究所标本馆

鉴别特征

附生亚灌木。茎纤细，常下垂；叶小型，对生，叶柄短，叶片厚纸质，圆形至椭圆形，长0.8~1.5 cm，宽0.5~1.2 cm，两面无毛，边缘全缘；花梗、萼片、花冠有短腺毛，花较多，花冠鲜红色，长约4 cm。

世纬苣苔 *Petrocodon scopulorum* Chun

分类地位	被子植物亚门 Angiospermae，双子叶植物纲 Dicotyledons，唇形目 Lamiales，苦苣苔科 Gesneriaceae，石山苣苔属 *Petrocodon*
生活习性	生长于海拔 300~1200 m 的山地石崖阴处；草本，花期 8 月，果期 7—8 月
分布现状	分布于贵州
馆藏独特性	模式标本，采自贵州。1936 年，邓世纬为中山大学农林植物研究所（中科院华南植物园的前身）采集员，率队前往贵阳、龙里等地调查。然而，一行 7 人全都感染了恶疾，相继病逝，成为我国植物采集史上最为悲壮和惨痛的一次考察。1946 年，陈焕镛从他们采集的大量标本中发现了这个新种，于是命名为“世纬苣苔”，以纪念邓世纬及其所代表的为中国植物科学事业默默奉献的“幕后”人员
保藏地点	中国科学院华南植物园标本馆

鉴别特征

花冠辐射对称，近壶状；雄蕊 5 个。

琴柱草 *Salvia nipponica* Miq.

分类地位	被子植物亚门 Angiospermae，双子叶植物纲 Dicotyledons，唇形目 Lamiales，唇形科 Lamiaceae，琴柱草属 *Salvia*
生活习性	生于海拔 300~800 m 溪边潮湿的常绿阔叶林下或林缘边
分布现状	我国仅产于江西省赣州市寻乌县，日本也有分布。模式标本采自日本
馆藏独特性	漂洋过海的植物。中国与日本间断分布种，国内新记录
保藏地点	中国科学院庐山植物园标本馆

鉴别特征

以其叶片三角状卵圆形或三角状戟形，具戟形或近截形的基部而明显区别于鼠尾草属其他种类。

草苁蓉 *Boschniakia rossica* (Cham. et Schlecht.) B. Fedtsch. et Flerov

分类地位	被子植物亚门 Angiospermae，双子叶植物纲 Dicotyledons，唇形目 Lamiales，列当科 Orobanchaceae，草苁蓉属 *Boschniakia*
保护级别及濒危程度	国家二级重点保护野生植物，中国物种红色名录列为濒危（EN）
分布现状	我国主要分布于大兴安岭及长白山
生活习性	为寄生性高等植物，寄生于赤杨属植物的根上。受其寄生特性的限制，天然分布量较少
馆藏独特性	1986 年 7 月 3 日采集于黑龙江省大兴安岭地区呼玛县
保藏地点	中国科学院沈阳应用生态研究所东北生物标本馆

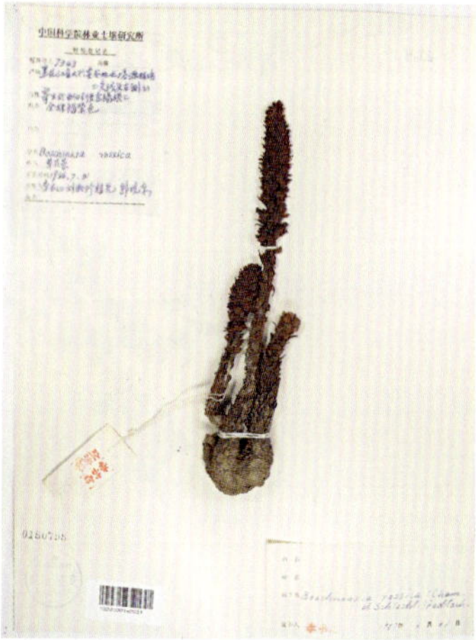

鉴别特征

植株高 15~35 cm，近无毛。根状茎横走，通常有 2~3 条直立茎，不分枝。叶密集生于茎近基部，向上渐稀疏，长宽为 6~10 mm。花序穗状；苞片 1 枚，小苞片无。花萼杯状，裂片披针形，边缘被短柔毛。花冠宽钟状，暗紫色或暗紫红色。雄蕊 4 枚；雌蕊由 2 合生心皮组成。蒴果。

矮马先蒿 *Pedicularis humilis* Bonati

分类地位	被子植物亚门 Angiospermae，双子叶植物纲 Dicotyledons，合瓣花亚纲 Metachlamydeae，唇形目 Lamiales，列当科 Orobanchaceae，马先蒿属 *Pedicularis*
生活习性	仅分布于海拔 3100~4600 m 的高山草甸、草地、杜鹃灌丛中
分布现状	云南特有种，仅分布于云南西北部
馆藏独特性	昆明植物所等单位组成的考察队于 2015 年 8 月在高黎贡山南段海拔 3200 m 的“蜀身毒道”垭口发现了原以为已经野外灭绝的云南特有植物矮马先蒿，这对中国马先蒿属植物的起源与分化、云南植物区系特有现象及高黎贡山生物多样性保护都有重要意义
保藏地点	中国科学院昆明植物研究所标本馆

鉴别特征

多年生草本，茎多条，展开而匍匐。根多数，纺锤形。基生叶片羽状全裂，茎生叶互生，偶有亚对生，与基生叶相似，但较小，其裂片线形；苞片叶状；花腋生，花冠玫瑰色，蒴果。

江西马先蒿 *Pedicularis kiangsiensis* P. C. Tsoong et S. H. Cheng

分类地位	被子植物亚门 Angiospermae，双子叶植物纲 Dicotyledons，合瓣花亚纲 Metachlamydeae，唇形目 Lamiales，列当科 Orobanchaceae，马先蒿属 *Pedicularis*
保护级别及濒危程度	中国物种红色名录列为易危（VU）
生活习性	生长于海拔 1500~1700 m 阳坡石岩上，或山顶阴处灌丛边缘
分布现状	产江西、浙江、广西。模式标本采自江西武功山
馆藏独特性	等模式标本馆藏地
保藏地点	中国科学院庐山植物园标本馆

鉴别特征

多年生草本。茎直立，高 70~80 cm，紫褐色，有两条被毛的纵浅槽。叶假对生，生在茎顶部者常为互生，长卵形至披针状长圆形，具长柄，有纵纹，被疏毛；叶片羽状浅裂至深裂。花序总状而短，生于主茎与侧枝之端，苞片叶状有柄，杂生花中；花冠之管稍在萼内向前弓曲，由萼管裂口斜伸而出，喉部稍扩大，脉不扭转，盔略作镰状弓曲，背略有毛，额部圆钝，端突然向后下方成一方角，其下缘伸长为极细而须状的齿 1 对，下唇不展开，侧裂斜肾脏状椭圆形，内侧大而耳形，甚大于中裂，中裂三角状卵形，多少凸出于侧裂之前，与侧裂组成两个狭而深的缺刻，初开时后方有两条不很明显的褶襞通向花喉；雄蕊花丝两对均无毛；柱头头状，自盔端伸出。

百色豆腐柴 *Premna paisehensis* Pei et S. L. Chen

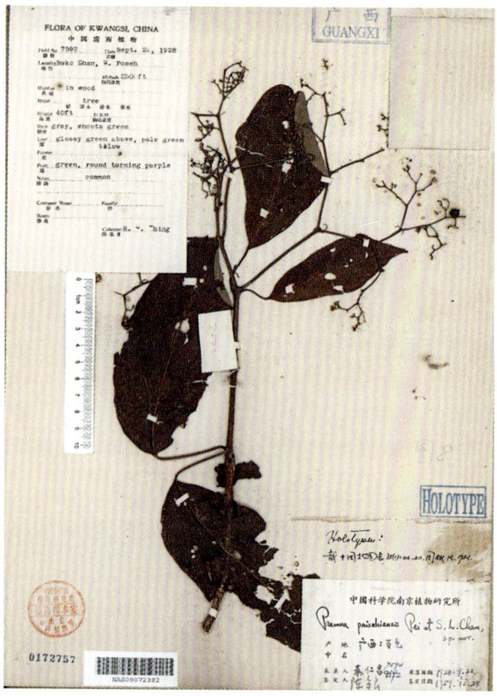

分类地位	被子植物亚门 Angiospermae，双子叶植物纲 Dicotyledons，合瓣花亚纲 Metachlamydeae，唇形目 Lamiales，马鞭草科 Verbenaceae，豆腐柴属 *Premna*
保护级别及濒危程度	中国物种红色名录列为极危（CR）
生活习性	生于海拔约 1000 m 的山地混交林中
分布现状	特产于广西壮族自治区百色市
馆藏独特性	国内仅本馆收藏该物种标本
保藏地点	江苏省·中国科学院植物研究所标本馆

鉴别特征

高大乔木。叶片为长椭圆形，宽 3~6.5 cm，基部明显下延呈楔形，表面绿色，被脱落性小糙毛，背面淡绿色，密被黄褐色茸毛，有淡黄色腺点；聚伞花序在枝顶组成伞房状，无明显的主轴。

唐古红景天 *Rhodiola tangutica* (Maxim.) S. H. Fu

分类地位	被子植物亚门 Angiospermae，双子叶植物纲 Dicotyledons，虎耳草目 Saxifragales，景天科 Crassulaceae，红景天属 *Rhodiola*
保护级别及濒危程度	中国物种红色名录列为易危（VU）
生活习性	生于海拔 2000~4700 m 的高山石缝中或近水边，花期 5—8 月，果期 8 月。生长环境恶劣，缺氧、低温干燥、狂风、受紫外线照射、昼夜温差大，因而具有很强的生命力和特殊的适应性
分布现状	四川、青海、甘肃、宁夏
馆藏独特性	1996 年 8 月 11 日采集于青海
保藏地点	中国科学院西北高原生物研究所青藏高原生物标本馆

鉴别特征

多年生草本。主根粗长，分枝；根茎没有残留老枝茎，或有少数残留，先端被三角形鳞片。雌雄异株，雄株花茎干后稻秆色或老后棕褐色，叶线形，无柄，花序紧密，伞房状，花序下有苞叶，萼片线状长圆形，花瓣干后似为粉红色，长圆状披针形；雌株花茎果时棕褐色，叶线形，花序伞房状，果时倒三角形，萼片线状长圆形，蓇葖狭披针形，直立或稍外弯。

庐山景天 *Sedum lushanense* S. S. Lai

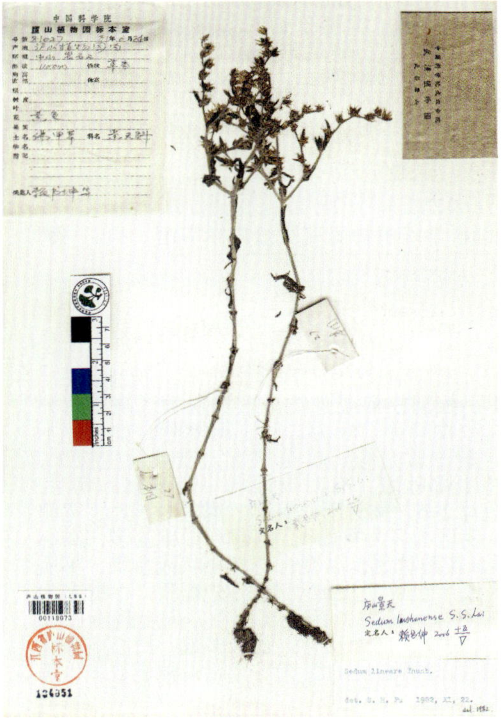

分类地位	被子植物亚门 Angiospermae，双子叶植物纲 Dicotyledons，虎耳草目 Saxifragales，景天科 Crassulaceae，景天属 *Sedum*
保护级别及濒危程度	未评估（NE）
生活习性	生于海拔 800~1100 m 阴湿岩石上或石墙缝口。花期4—5月，果期6—7月
分布现状	产于庐山
馆藏独特性	标本馆门口的新种；模式标本唯一馆藏地。由赖书绅研究员 1981 年在本植物园内和黄龙寺发现
保藏地点	中国科学院庐山植物园标本馆

鉴别特征

多年生草本植物，全体无毛。根纤细状。茎基生的丛生，从老茎萌发的单生或丛生，直立或匍匐，高0.6~1. 6 cm，分枝或不分枝。叶片线形，长0.5~2 cm，宽1~2.5 mm，基部有截状距，有乳突状突起，先端钝，有乳头状突起，对生；3叶或4~5叶轮生，开花枝下部轮生或对生，上部互生。花序伞房状，有多花；苞片叶状。花为5基数；萼片线状，有钝距，先端钝，分离；花瓣黄色，卵状披针形，有短柄，分离；雄蕊10枚，2轮，等长，外轮生于萼片中间，内轮生在花瓣中央，花药红色；鳞片线状匙形，先端钝；心皮5个，与雄蕊等长，先端尖，花柱分离；有多数胚珠；种子卵状，长约1 mm，有乳头状突起。

本州景天 *Sedum hakonense* Makino

分类地位	被子植物亚门 Angiospermae，双子叶植物纲 Dicotyledons，虎耳草目 Saxifragales，景天科 Crassulaceae，景天属 *Sedum*
保护级别及濒危程度	中国物种红色名录列为极危（CR）
生活习性	生于海拔 500~1350 m 山谷林下石壁上
分布现状	我国分布于广东、广西、湖南、江西和福建。模式标本采自日本
馆藏独特性	漂洋过海的植物；中国与日本间断分布种
保藏地点	中国科学院庐山植物园标本馆

鉴别特征

以植株光滑无毛、植株斜生、叶互生、叶腋无株芽、叶呈线形或倒卵状披针形、不育茎不呈匍匐状和花4基数等特征明显区别于景天属其他种类。

中原牡丹 *Paeonia cathayana* D. Y. Hong & K. Y. Pan

分类地位	被子植物亚门 Angiospermae，双子叶植物纲 Dicotyledons，虎耳草目 Saxifragales，芍药科 Paeoniaceae，芍药属 *Paeonia*
保护级别及濒危程度	中国物种红色名录列为野外灭绝（EW）
分布现状	河南、湖北
馆藏独特性	模式标本
保藏地点	中国科学院植物研究所植物标本馆

鉴别特征

灌木或亚灌木。根圆柱形或具纺锤形的块根。当年生分枝基部或茎基部具数枚鳞片。叶为二回三出复叶，小叶片不裂而全缘或分裂、裂片常全缘。单花顶生，或数朵生枝顶，或数朵生茎顶和茎上部叶腋，有时仅顶端一朵开放，大型，直径4 cm以上；苞片2~6，披针形，宿存；萼片3~5片，宽卵形；花瓣5~13朵（栽培者多为重瓣），倒卵形；雄蕊多，离心发育，花丝狭线形，花药黄色，纵裂；花盘杯状或盘状，革质或肉质，完全包裹或半包裹心皮或仅包心皮基部；心皮多为2~3个，稀4~6个或更多，离生，有毛或无毛，向上逐渐收缩成极短的花柱，柱头扁平，向外反卷，胚珠多数，沿心皮腹缝线排成2列。蓇葖成熟时沿心皮的腹缝线开裂；种子数颗，黑色、深褐色，光滑无毛。

五爪金龙 *Ipomoea cairica* (L.) Sweet

分类地位	被子植物亚门 Angiospermae，双子叶植物纲 Dicotyledons，茄目 Solanales，旋花科 Convolvulaceae，番薯属 *Ipomoea*
生活习性	分布于海拔 1000 m 以下的平原或荒地
分布现状	主要分布于华东与华南各省；原产热带非洲，现为全球热带广泛分布的入侵植物
馆藏独特性	梅尔（E.D. Merrill）的采集标本。1911 年采自菲律宾吕宋岛，表明本种由非洲传播至亚洲的历史甚远
保藏地点	江苏省·中国科学院植物研究所标本馆

鉴别特征

草质多年生藤本，茎具缠绕性；叶芽基部具托叶；单叶互生，掌状5~7裂，叶尖渐尖；花序聚伞形，腋生；花冠漏斗形，紫色；果实极为罕见，通常不结果。

党参 *Codonopsis pilosula* (Franch.) Nannf.

分类地位	被子植物亚门 Angiospermae，双子叶植物纲 Dicotyledons，桔梗目 Campanulales，桔梗科 Campanulaceae，党参属 *Codonopsis*
分布现状	国内分布于西藏东南部、四川西部、云南西北部、甘肃东部、陕西南部、宁夏、青海东部、河南、山西、河北、内蒙古及东北等地区。朝鲜、蒙古国、俄罗斯也有分布
馆藏独特性	1963 年 8 月 29 日采集于吉林省白山市长白朝鲜族自治县
保藏地点	中国科学院沈阳应用生态研究所东北生物标本馆

鉴别特征

多年生草本，具白色乳汁及特殊气味。根肥大，纺锤状圆柱形，长30 cm，外皮黄褐色至灰棕色。茎缠绕，长2 m，多分枝，侧枝长30~50 cm，小枝长1~5 cm。茎及侧枝叶互生，小枝叶近对生，狭卵形。花1~3朵生于分枝顶端；花萼筒近半球形，先端5裂；花冠淡黄绿色，先端5浅裂；雄蕊5。蒴果。

金鸡纳树 *Cinchona calisaya* Wedd.

分类地位	被子植物亚门 Angiospermae，双子叶植物纲 Dicotyledons，合瓣花亚纲 Metachlamydeae，龙胆目 Gentianales，茜草科 Rubiaceae，金鸡纳属 *Cinchona*
生活习性	喜欢荫蔽湿润的雨林环境
分布现状	原产于玻利维亚和秘鲁等地。印度、斯里兰卡、菲律宾、印度尼西亚、非洲等地有种植；中国云南、台湾、海南等地也有栽培
馆藏独特性	中越联合考察队于 1965 年 1 月 6 日在越南采集。1952 年 11 月，蔡希陶先生率队到河口考察金鸡纳树。1967 年起，昆明植物研究所开始进行抗疟药物奎宁的植物资源金鸡纳树的采种、育苗栽培及含量分析等系列研究工作。根据中越两国政府科技合作协议，我国 1972 年 4 月开始援助越南种植金鸡纳树
保藏地点	中国科学院昆明植物研究所标本馆

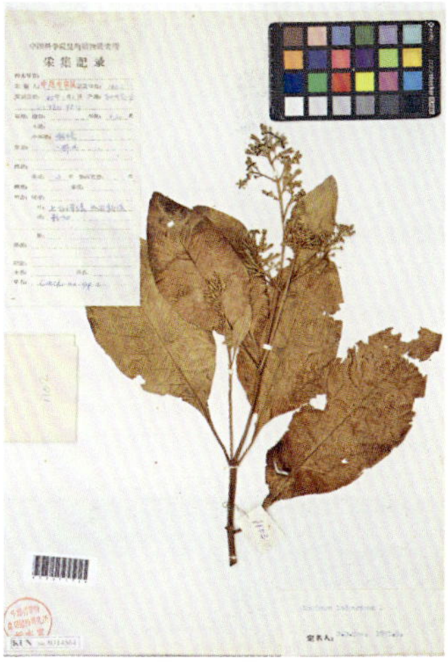

鉴别特征

乔木，树皮灰褐色，嫩枝具4棱，被褐色短柔毛；叶纸质或薄革质，长圆状披针形、椭圆状长圆形或披针形，两面无毛或有时下面有疏短柔毛，侧脉7~11对；花序被淡黄色柔毛，花芳香，花冠白色或浅黄白色，冠管筒形，蒴果。

烟草“大金元” *Nicotiana tabacum* L.

分类地位	被子植物亚门 Angiospermae，双子叶植物纲 Dicotyledons，合瓣花亚纲 Metachlamydeae，管状花目 Tubiflorae，茄科 Solanaceae，烟草属 *Nicotiana*
生活习性	喜温作物
分布现状	原产于南美洲，广泛种植于从北纬 55° 到南纬 40° 之间区域，但最适宜的种植地带非常狭窄。中国南北各省区都有栽培
馆藏独特性	吴征镒先生 1964 年 5 月 20 日在昆明黑龙潭植物园内采集的烟草栽培品种“大金元”标本
保藏地点	中国科学院昆明植物研究所标本馆

鉴别特征

一年生或有限多年生草本，全体被腺毛；根粗壮，茎基部稍木质化；叶矩圆状披针形，顶端渐尖，基部渐狭至茎成耳状而半抱茎，柄不明显或成翅状柄；圆锥状顶生花序，花萼筒状或筒状钟形，花冠漏斗状，淡红色；雄蕊中1枚显著较其余4枚短，不伸出花冠喉部，花丝基部有毛；蒴果。

山莨菪 *Anisodus tanguticus* (Maxim.) Pascher

分类地位	被子植物亚门 Angiospermae，双子叶植物纲 Dicotyledons，合瓣花亚纲 Metachlamydeae，管状花目 Tubiflorae，茄科 Solanaceae，山莨菪属 *Anisodus*
生活习性	生于海拔 2800~4200 m 的山坡、草坡阳处。花期 5—6 月，果期 7—8 月
分布现状	青海、甘肃、西藏东部、云南西北部
馆藏独特性	1976 年 7 月 25 日于西藏采集
保藏地点	中国科学院西北高原生物研究所青藏高原生物标本馆

鉴别特征

多年生宿根草本，高40~80 cm，有时达1 m。茎无毛或被微柔毛，根粗大，近肉质；叶片纸质或近坚纸质，矩圆形至狭矩圆状卵形，顶端急尖或渐尖，基部楔形或下延，全缘或具1~3对粗齿，两面无毛；花俯垂，有时直立，花萼钟形或漏斗状钟形，外面被微柔毛或几无毛，裂片宽三角形，顶端急尖或钝；花冠钟形或漏斗状钟形，紫色或暗紫色，花冠筒里被柔毛，裂片半圆形；雄蕊长为花冠长的1/2左右；雌蕊较雄蕊略长；花盘浅黄色。果实球状或近卵状，肋和网脉明显隆起，果梗挺直。

寄生花 *Sapria himalayana* Griff

分类地位	被子植物亚门 Angiospermae，双子叶植物纲 Dicotyledons，金虎尾目 Malpighiales，大花草科 Rafflesiaceae，寄生花属 *Sapria*
保护级别及濒危程度	中国物种红色名录列为易危（VU）
生活习性	本种无绿叶，寄生在葡萄科崖爬藤属植物的根上，吸收寄主的营养以供生长。寄生花为大花草科寄生植物
分布现状	国内分布于云南省西双版纳傣族自治州和普洱市，西藏南部也有分布。国外分布于印度、泰国、越南等地。数量少，适合生长环境被人工林取代，建议列入受威胁等级
馆藏独特性	20 世纪 80 年代中曾在西双版纳记录到寄生花，但之后 20 年间再无人见过，被认为可能已在此区域野外灭绝，直到 2014 年有植物爱好者拍到了照片。中国科学院西双版纳热带植物园 2019 年对寄生花居群进行人工授粉，成功获得约 38000 粒种子，成为世界第二个获得寄生花种子的植物园
保藏地点	中国科学院西双版纳热带植物园植物标本馆

鉴别特征

寄生植物，花红色，大型，直径约10 cm，雌雄异株，钟状，裂片10枚，2列，覆瓦状排列，具黄色疣点，花被管内面具乳突及约20条纵棱，喉部有一圈紫色的膜质副花冠，其上有许多线状突起。雄花蕊柱细长，顶部杯状体底部凸起；雌花蕊柱稍粗，顶部杯状体具6条不明显的辐射线，底部凹陷。

胡杨 *Populus euphratica* Oliv

分类地位	被子植物亚门 Angiospermae，双子叶植物纲 Dicotyledons，金虎尾目 Malpighiales，杨柳科 Salicaceae，杨属 *Populus*
分布现状	我国分布于内蒙古西部、新疆、甘肃、青海。国外分布在蒙古国、俄罗斯、埃及、叙利亚、印度、伊朗、阿富汗、巴基斯坦等地。我国的胡杨林，主要分布在新疆，即北纬 37°~47° 之间的广大地区，例如在新疆南疆的塔克拉玛干沙漠的周围，犹如一条绿色长城，紧紧锁住流动性沙丘的扩张
馆藏独特性	2006 年 10 月 29 日采集于新疆维吾尔自治区巴音郭楞蒙古自治州轮台县。沙漠中唯一的乔木树种，见证了中国西北干旱区的荒漠化过程
保藏地点	中国科学院新疆生态与地理研究所标本馆

沙生柽柳 *Tamarix taklamakanensis* M. T. Liu

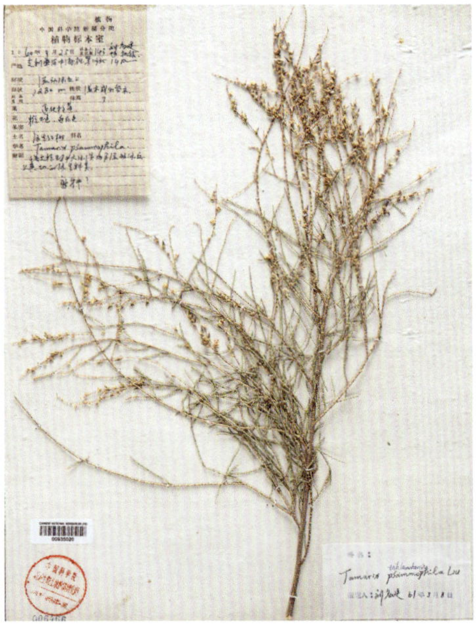

分类地位	被子植物亚门 Angiospermae，双子叶植物纲 Dicotyledons，石竹目 Caryophyllales，柽柳科 Tamaricaceae，柽柳属 *Tamarix*
保护级别及濒危程度	中国物种红色名录列为易危（VU）
分布现状	中国特有种，分布在新疆塔里木盆地、塔克拉玛干沙漠及东面的库姆塔格沙漠，一直延续到甘肃省酒泉市敦煌市的西沿
馆藏独特性	1960 年 9 月 25 日采集于新疆维吾尔自治区塔里木盆地南部的克里雅河
保藏地点	中国科学院新疆生态与地理研究所标本馆

新疆阿魏 *Ferula sinkiangensis* K. M. Shen

分类地位	被子植物亚门 Angiospermae，双子叶植物纲 Dicotyledons，伞形目 Apiales，伞形科 Apiaceae，阿魏属 *Ferula*
保护级别及濒危程度	中国物种红色名录列为极危（CR）
生活习性	新疆特有种，生长于海拔 850 m 左右的荒漠中和带砾石的黏质土坡上
分布现状	仅分布于新疆
馆藏独特性	1975 年 4 月 23 日采集于新疆维吾尔自治区伊犁哈萨克自治州伊宁县
保藏地点	中国科学院新疆生态与地理研究所标本馆

鉴别特征

多年生一次结果草本，高0.5~1.5 m，全株有强烈的葱蒜味。

阿坝当归 *Angelica apaensis* R. H. Shan & C. Q. Yuan

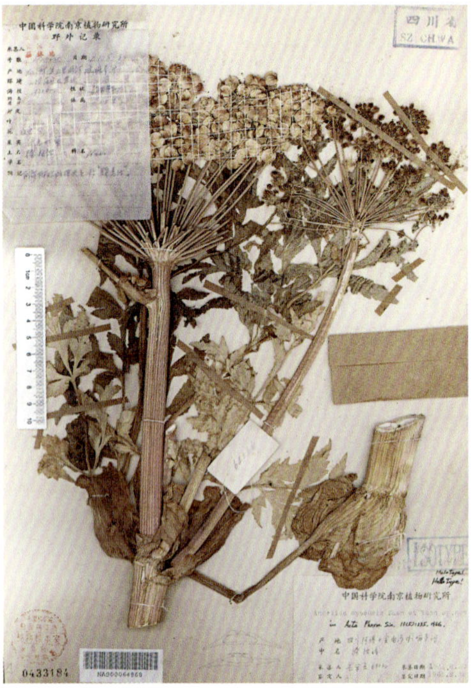

分类地位	被子植物亚门 Angiospermae，双子叶植物纲 Dicotyledons，伞形目 Apiales，伞形科 Apiaceae，独活属 *Angelica*
生活习性	生长于海拔 3000~4000 m 山坡阴湿林下草地或灌丛中
分布现状	主要分布于四川、西藏、云南
馆藏独特性	我国著名伞形科专家单人骅和袁昌齐发表的伞形科植物主模式标本
保藏地点	江苏省·中国科学院植物研究所标本馆

鉴别特征

多年生草本，高1~2 m。茎粗壮，中空，表面红棕色。叶柄基部膨大成广卵圆形阔兜状抱茎的叶鞘；叶片轮廓为长椭圆形或三角状卵形，二至三回羽状分裂，具3~4对羽状裂片，末回裂片长椭圆形或披针形。复伞形花序顶生或腋生，直径达20 cm；无总苞；伞辐28~35；小伞形花序有花30余朵；小总苞数片，线形；萼齿不明显；花瓣白色，二型。双悬果广椭圆形，质厚。

珊瑚菜 *Glehnia littoralis* Fr. Schmidt ex Miq.

分类地位	被子植物亚门 Angiospermae，双子叶植物纲 Dicotyledons，伞形目 Apiales，伞形科 Apiaceae，珊瑚菜属 *Glehnia*
保护级别及濒危程度	国家二级重点保护植物，中国物种红色名录列为极危（CR）
生活习性	生长于海边沙滩或栽培于肥沃疏松的沙质土壤
分布现状	产于我国辽宁、河北、山东、江苏、浙江、福建、台湾、广东等省
馆藏独特性	主要分布在沿海沙滩上。但这份标本之后江苏省·中国科学院植物研究所标本馆再未在江苏采集到其标本，珊瑚菜可能已在江苏野外灭绝。见证了江苏东部经济发达地区的海岸生态受到的巨大的威胁与破坏
保藏地点	江苏省·中国科学院植物研究所标本馆

鉴别特征

多年生草本。根圆柱形，长达70 cm。叶三出一至二回羽裂，裂片卵圆形或近椭圆形，有粗锯齿。花序梗长4~10 cm，密被白或灰褐色茸毛，无总苞片；伞辐10~14，小总苞片8~12，线状披针形；伞形花序有15~20朵花。果球形，密被长柔毛及茸毛，果棱有木栓质翅。

贵州柴胡 *Bupleurum kweichowense* Shan

分类地位	被子植物亚门 Angiospermae，双子叶植物纲 Dicotyledons，伞形目 Apiales，伞形科 Apiaceae，柴胡属 *Bupleurum*
保护级别及濒危程度	中国物种红色名录列为濒危（EN）
生活习性	生于海拔 2100 m 左右向阳的山坡草地及多岩石山坡上
分布现状	仅分布于贵州东北部
馆藏独特性	20 世纪初早期国内外专家联合采集，伞形科专家单人骅先生发表新种的模式标本
保藏地点	江苏省·中国科学院植物研究所标本馆

鉴别特征

多年生草本。茎通常单生，高20~40 cm。基生叶多数，狭匙形至披针形，基部收缩成长柄；下部和中部叶排成两列，长椭圆状披针形，长7~12 cm。复伞形花序顶生或腋生；伞辐5~6，顶生小伞形花序常再生出一伞形花序，伞辐不等长；总苞片1或早落；小总苞片5，倒卵形至倒广卵形，小伞形花序有花10~14朵。果卵形或椭圆形，棱粗。

小沙冬青 *Ammopiptanthus nanus* (M. Pop.) Cheng f.

分类地位	被子植物亚门 Angiospermae，双子叶植物纲 Dicotyledons，豆目 Fabales，豆科 Fabaceae，沙冬青属 *Ammopiptanthus*
保护级别及濒危程度	国家二级重点保护野生植物
分布现状	主要分布在新疆西天山与昆仑山结合处的克孜勒苏柯尔克孜自治州西北部的乌恰县，少量延伸到邻国的中亚部分地区，分布狭窄
馆藏独特性	2015 年 5 月 8 日采集于新疆维吾尔自治区克孜勒苏柯尔克孜自治州阿克陶县
保藏地点	中国科学院新疆生态与地理研究所标本馆

鉴别特征

小灌木。

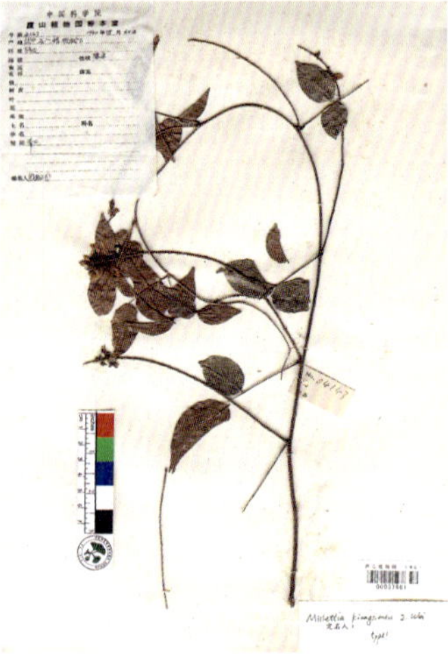

江西鸡血藤 *Callerya kiangsiensis* (Z. Wei) Z. Wei & Pedley

分类地位	被子植物亚门 Angiospermae，双子叶植物纲 Dicotyledons，豆目 Fabales，豆科 Fabaceae，鸡血藤属 *Callerya*
生活习性	生于海拔 200~600 m 山地旷野和向阳的灌丛中。花期 6—8 月，果期 9—10 月
分布现状	产安徽、浙江、江西、福建、湖北、湖南。模式标本采自江西省九江市武宁县
馆藏独特性	模式标本馆藏地
保藏地点	中国科学院庐山植物园标本馆

鉴别特征

藤本。茎细柔，红褐色。羽状复叶长 6~18 cm；叶柄无毛，叶轴上面有狭沟；小叶 3~4 对，间隔 1~2 cm，纸质，卵形，先端锐尖，基部圆形，两面均无毛，侧脉 4~6 对，近叶缘环结；小叶柄长无毛；小托叶针刺状。总状花序腋生，长 8~12 cm，花序轴被微毛；花单生；花萼钟状；花冠白色，先端红色，旗瓣无毛。荚果直，线形，长约 10 cm，宽约 1.2 cm，扁平，顶端具短钩状喙，基部有长约 3 mm 短颈，具皱脉纹，有种子 5~9 粒；种子凸镜形。

降香黄檀 *Dalbergia odorifera* T. Chen

分类地位	被子植物亚门 Angiospermae，双子叶植物纲 Dicotyledons，豆目 Fabales，豆科 Fabaceae，黄檀属 *Dalbergia*
保护级别及濒危程度	国家二级保护野生植物，全球物种红色名录定为易危（VU）
生活习性	生长于 100~500 m 的山坡、疏林中，林缘或村旁旷地上；乔木，花期 4—6 月，果期 7—12 月
分布现状	分布于海南、福建、广东、广西、云南
馆藏独特性	模式标本，采自海南尖峰岭。又称海南黄花梨、花梨木等，由华南植物园豆科植物分类学家陈德昭先生 1963 年发表，是我国价格最昂贵的“红木”原树种。降香黄檀与分布于越南和老挝一带的越南黄檀（*D. tonkinensis*）形态相似，材质也极为相似，传统的木材鉴定技术难以对二者进行精准鉴定。但二者的价格相差 5~10 倍，经过多年研究，目前华南植物园已能精准鉴定降香黄檀和越南黄檀
保藏地点	中国科学院华南植物园标本馆

鉴别特征

枝被短柔毛；小叶顶端急尖，基部圆形；荚果翅果状，种子“突出”。

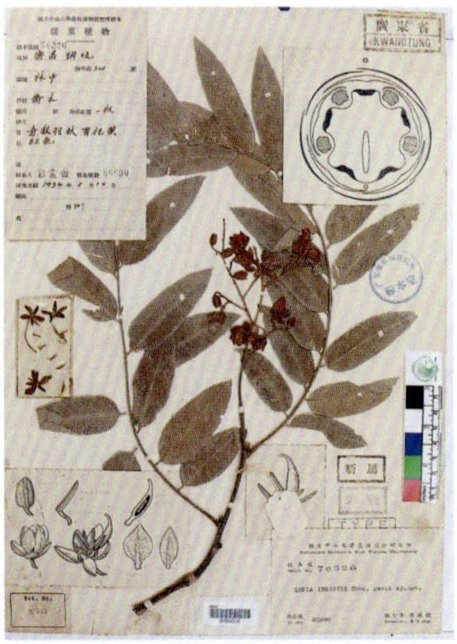

任豆 *Zenia insignis* Chun

分类地位	被子植物亚门 Angiospermae，双子叶植物纲 Dicotyledons，豆目 Fabales，豆科 Fabaceae，任豆属 *Zenia*
保护级别及濒危程度	国家二级保护野生植物
生活习性	生长于海拔 200~1000 m 的山地密林或疏林中；乔木，花期 5 月，果期 6—8 月
分布现状	我国分布于广东、广西、湖南、贵州、云南；越南有分布
馆藏独特性	模式标本，采自广东。由陈焕镛先生 1946 年发表，属名纪念我国现代科学事业主要开拓者和奠基人之一——著名教育家任鸿隽先生（1886—1961）
保藏地点	中国科学院华南植物园标本馆

鉴别特征

高大乔木，奇数羽状复叶，果有宽翅。

羽扇豆　*Lupinus micranthus* Guss.

分类地位	被子植物亚门 Angiospermae，双子叶植物纲 Dicotyledons，豆目 Fabales，蝶形花科 Papilionaceae，羽扇豆属 *Lupinus*
生活习性	生长于沙质土壤
分布现状	原产地中海区域，我国栽培
馆藏独特性	标本采集人是赵志立先生。1937 年中日战争时，赵志立是中山陵园防空会成员之一，兼防毒组长。10 月 13 日车过丹阳新丰镇时遇日军扫射而中弹离世，时年仅 25 岁
保藏地点	江苏省·中国科学院植物研究所标本馆

鉴别特征

一年生草本。茎上升或直立，基部分枝，全株被棕色或锈色硬毛。掌状复叶，小叶5~8枚；叶柄远长于小叶；托叶钻形，长1 cm；小叶倒卵形、倒披针形至匙形，长15~70 mm。总状花序顶生，长不超出复叶；萼二唇形，上唇2齿深裂达萼筒大部或全部；花冠蓝色，旗瓣和龙骨瓣具白色斑纹。荚果长圆状线形。

新疆野果林

分布现状	我国仅新疆有天然分布。其分布特点为不连续的岛状，甚至为星点状，只残存在北疆特殊山地的狭窄地形气候区域，属稀有珍贵的残遗古植物群
馆藏独特性	新疆野果林是我国经济林资源中唯一天然的基因库，也是世界野苹果基因库的重要组成部分，具有重要的科研和保护价值。近年来，由于人为活动的干扰和虫害的危害，新疆野果林的自然种群数量和分布面积日益减少，已处于濒危和灭绝的边缘。中国科学院新疆生态与地理研究所标本馆保存了不同年代新疆野果林中各种不同野果树的不同部位的标本
保藏地点	中国科学院新疆生态与地理研究所标本馆

四、动物篇

1. 节肢动物类

钩纹皮蠹 Dermestidae

分类地位	节肢动物门 Arthropoda，昆虫纲 Insecta，鞘翅目 Coleoptera，皮蠹科 Dermestidae
生活习性	钩纹皮蠹属于皮蠹科，这类虫子在民间被叫作“蠹虫”。成虫、幼虫喜食动物干制品，经常危害人们的衣物、粮食等日常必需品，家里的毛料衣服如不注意也许就会被皮蠹蛀得千疮百孔
分布现状	我国广布种
馆藏独特性	有着 2100 岁传奇身世的标本。发现于湖南马王堆汉墓辛追夫人棺材周围的竹筒中
保藏地点	中国科学院动物研究所国家动物标本资源库、国家动物博物馆

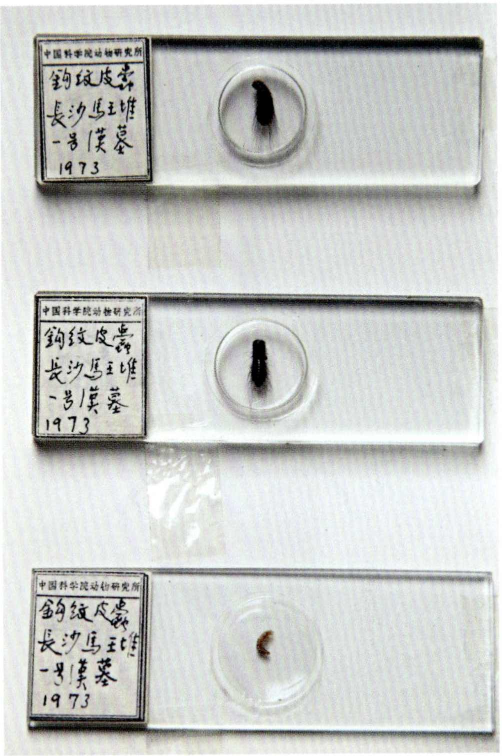

鉴别特征

复眼发达，单眼1个。鞘翅通常盖住腹部。足短，前足基节长形，斜位，前足基节窝开式，后足基节能容纳腿节。

大角金龟 *Goliathus goliathus* Linnaeus, 1758

分类地位	节肢动物门 Arthropoda，昆虫纲 Insecta，鞘翅目 Coleoptera，花金龟科 Cetonidae
分布现状	中非
馆藏独特性	体长 10 cm，体宽 5 cm，于 2003 年采集。世界上最重的甲虫，昆虫收藏中的珍品
保藏地点	中国科学院分子植物科学卓越创新中心上海昆虫博物馆

鉴别特征

身体黑色被绒毛，头部、胸部以及鞘翅有白色条纹，头部前端长有一个分叉的角突。

长戟犀金龟 *Dynastes hercules* (Linnaeus, 1758)

分类地位	节肢动物门 Arthropoda，昆虫纲 Insecta，鞘翅目 Coleoptera，犀金龟科 Dynastidae
分布现状	哥伦比亚
馆藏独特性	体长 13 cm，体宽 4 cm，于 2004 年采集。世界上最大的甲虫，昆虫收藏中的珍品
保藏地点	中国科学院分子植物科学卓越创新中心上海昆虫博物馆

鉴别特征

头部和胸部黑色光亮，头部中央长有一个弯曲的角突，胸部中央也长有一个弯曲的角突。鞘翅颜色有乳白色、黄色和深褐色等。

尖峰角胸牙甲 *Eumetopus acutimontis* Ji and Jäch, 1998

分类地位	节肢动物门 Arthropoda，昆虫纲 Insecta，鞘翅目 Coleoptera，角胸牙甲科 Epimetopidae
生活习性	生存于水质良好的山间小溪
分布现状	海南
馆藏独特性	全世界角胸牙甲科一共有 6 种，在我国分布的仅有此 1 种
保藏地点	中国科学院沈阳应用生态研究所东北生物标本馆

鉴别特征

体长 2.8~3.1 mm，体棕黄色。触角短，球棒状，复眼大。前胸背板倒三角形，表面具大小不等的棘粒。鞘翅卵形，具 10 列刻点，刻点列间隙具圆或长的突起，突起具有金属光泽。足股节及胫节粗壮，跗节 5 节，短小。

稀二叉溪泥甲 *Cuspidevia velaris* Jäch and Boukal, 1995

分类地位	节肢动物门 Arthropoda，昆虫纲 Insecta，鞘翅目 Coleoptera，溪泥甲科 Elmidae
生活习性	幼虫、成虫均生存于环境良好的山间小溪中
保藏地点	中国科学院沈阳应用生态研究所东北生物标本馆

鉴别特征

体长 2.2~2.7 mm，深棕色至黑色，触角及口器淡黄棕色。头后部缩入前胸内；前胸背板表面光滑发亮；鞘翅端部分叉呈角状。

云居蛛甲 *Ancyronyx yunju* Bian et. al., 2012

分类地位	节肢动物门 Arthropoda，昆虫纲 Insecta，鞘翅目 Coleoptera，溪泥甲科 Elmdiae，蛛甲属 *Ancyronyx*
分布现状	主要分布在东南亚地区
生活习性	生活在山间小溪中的腐木上
馆藏独特性	模式标本。足长达体长的近2倍，因长得像“蜘蛛”而得名。我国此前并无这个属的记录。2009 年在江西省云居山首次采集时差点被当成蜘蛛而放掉，但它们优雅而缓慢的走路姿势让科学家们又认真地瞧上几眼，才发现这是仅在文献中见过的蛛甲。2012 年发表，目前我国仅发现这一个种，只在模式产地有分布
保藏地点	中国科学院沈阳应用生态研究所东北生物标本馆

鉴别特征

体长 2~2.3 mm，体底色黑，鞘翅具黄斑，足股节基部及胫节端部黄色，跗节棕色。鞘翅具 10 列刻点；足极长。

中华两栖甲 *Amphizoa sinica* Yu and Stork, 1991

分类地位	节肢动物门 Arthropoda，昆虫纲 Insecta，鞘翅目 Coleoptera，两栖甲科 Amphizoidae
保护级别及濒危程度	国际二级重点保护野生动物
生活习性	两栖甲科是肉食亚目的古老类群，属于活化石，生存于高山针阔叶混交林带寒冷的激流当中，幼虫、成虫均半水生
馆藏独特性	1987年采自吉林省延边朝鲜族自治州。此后，虽然研究人员又多次到长白山进行野外考察，但始终未再发现中华两栖甲的一丝踪迹。两栖甲属全世界一共5种，我国分布有2种，这2种都被收入到1998年出版的《中国珍稀昆虫图鉴》中，可称为水生昆虫中的“大熊猫”
保藏地点	中国科学院沈阳应用生态研究所东北生物标本馆

鉴别特征

体长10~16 mm，体深棕色至黑色。触角短；鞘翅长卵圆形，刻点列不清晰；足细长。

海伦娜闪蝶 *Morpho helena* Staudinger, 1890

分类地位	节肢动物门 Arthropoda，昆虫纲 Insecta，鳞翅目 Lepidoptera，闪蝶科 Morphidae
分布现状	秘鲁
馆藏独特性	展翅宽度 9.5 cm，于2003年采集。秘鲁国蝶，世界上最美丽的蝴蝶之一
保藏地点	中国科学院分子植物科学卓越创新中心上海昆虫博物馆

红颈鸟翼凤蝶 *Trogonoptera brookiana* (Wallace, 1856)

分类地位	节肢动物门 Arthropoda，昆虫纲 Insecta，鳞翅目 Lepidoptera，凤蝶科 Papilionidae
保护级别及濒危程度	《濒危野生动植物种国际贸易公约》（CITES）列入附录Ⅱ
生活习性	飞翔的姿态非常优美，活动能力强
分布现状	马来西亚
馆藏独特性	2002 年采集。马来西亚国蝶
保藏地点	中国科学院分子植物科学卓越创新中心上海昆虫博物馆

鉴别特征

展翅宽度 8.5 cm，因其头颈上有一圈红色的绒毛，故被称为“红颈鸟翼凤蝶”。翅黑色，有翠绿斑纹，整个翅面遍布金绿色鳞片，在阳光照射下变幻多彩，显得十分华贵美丽。

丝尾鸟翼凤蝶 *Ornithoptera paradisea* Studinger, 1893

分类地位	节肢动物门 Arthropoda，昆虫纲 Insecta，鳞翅目 Lepidoptera，凤蝶科 Papilionidae
保护级别及濒危程度	《濒危野生动植物种国际贸易公约》（CITES）列入附录Ⅱ
分布现状	巴布亚新几内亚
馆藏独特性	2002 年采集
保藏地点	中国科学院分子植物科学卓越创新中心上海昆虫博物馆

鉴别特征

展翅宽度 9 cm，雌雄异型。雄蝶个体较小，颜色有金属光泽，艳丽夺目，呈金绿、金黄、黑色、白色，甚至蓝色或橙色。雌蝶个体较大，大多为黑褐色或咖啡色。是所有鸟翼凤蝶中最独特的一种，后翅具细长的丝状凤尾突。

金斑喙凤蝶 *Teinopalpus aureus* Mell, 1923

分类地位	节肢动物门 Arthropoda，昆虫纲 Insecta，鳞翅目 Lepidoptera，凤蝶科 Papilionidae
保护级别及濒危程度	国家一级重点保护野生动物
生活习性	亚热带、热带高山物种，栖息于海拔 1000 m 左右的山地常绿阔叶林，低山常绿与落叶阔叶混交林，幼虫主要寄主植物是木兰科、杜鹃花科，如桂南木莲、深山含笑等。鲜下到地面进行饮水等活动，成虫喜欢吸食花蜜。成虫活动时间短、交配繁殖受气候影响大，加之雌、雄性比相差悬殊（1∶50~1∶200），雌性金斑喙凤蝶很难见到。1 年 2 代，成虫多见于 5—9 月。常飞翔在林间的高空，也时而停在花丛间，其姿态优美，光彩照人
分布现状	我国分布于广西、广东、福建、浙江、江西、海南、云南南部至东南部等地；国外见于老挝、越南等
馆藏独特性	1992 年采集。我国最珍稀的蝴蝶之一，1961 年和 2000 年两次入选邮电部发行的邮票图案，有可能成为我国的国蝶
保藏地点	中国科学院昆明动物研究所昆明动物博物馆，中国科学院分子植物科学卓越创新中心上海昆虫博物馆

鉴别特征

大型凤蝶，体长 30 mm 左右，翅展 81~93 mm。它的翅上鳞粉闪烁着幽幽绿光。前翅上各有一条弧形金绿色的斑带；后翅中央有几块金黄色的斑块，后缘有月牙形的金黄斑，后翅的尾状突出细长，末端一小截颜色金黄。身体大多为绿色，有金色尾突。前翅长约 55 mm，翅表黑色，被有稠密、光亮的绿色鳞片，以及一端缘为亮黄绿色的黑色带。后翅表盘区域内具有一个大型金色斑，并有一些蓝黑色、橘色和绿色带跨越该斑。雌雄异型。

与喙凤蝶近似，但易于从以下特征区分开：触角黑色；雄蝶前翅顶角圆钝；雄蝶前翅腹面外 2/3 灰色；雄蝶后翅中域金黄色呈饱满的五角形；雌蝶整体较白，后翅中域斑极大，呈乳白色。

夜光白闪蝶 *Morpho sulkowskyi* Kollar, 1850

分类地位	节肢动物门 Arthropoda，昆虫纲 Insecta，鳞翅目 Lepidoptera，闪蝶科 Morphidae
分布现状	秘鲁
馆藏独特性	2002 年采集
保藏地点	中国科学院分子植物科学卓越创新中心上海昆虫博物馆

鉴别特征

翅展宽度 6.8 cm，整个翅面有珍珠般的亮丽光泽，在灯光照射时，从不同的角度看，闪耀着乳白色到淡蓝色不断变化的绚丽光芒。从翅面还可看到翅背的花纹，通翅薄如绢。

阿波罗绢蝶 *Parnassius apollo* (Linnaeus, 1758)

分类地位	节肢动物门 Arthropoda，昆虫纲 Insecta，鳞翅目 Lepidoptera，绢蝶科 Parnassiidae
保护级别及濒危程度	国家二级重点保护野生动物，《濒危野生动植物种国际贸易公约》（CITES）列入附录Ⅱ
分布现状	栖息于海拔 750~2000 m 的山区，耐寒性强，常生活在雪线附近。1 年生 1 代，以卵越冬。成虫 8 月出现。幼虫以景天属植物为寄主
馆藏独特性	珍贵的大型绢蝶，在波兰和西班牙早已灭绝
保藏地点	中国科学院新疆生态与地理研究所标本馆

鉴别特征

翅展约7~8.4 cm。前翅较圆，白垩色，翅表有许多黑点、灰白斑及无鳞透明区，这些斑点的形状、密度及其强度常随产地的不同而有所变化，但后翅通常总有显著的鲜红色斑点。触角主干灰白色，有浅黑色环带。雄性外生殖器的背兜发达；1对爪形突较细长，较弯成弓状。雌性外生殖器的产卵瓣半圆形，具鬃；后表皮突粗长，末端钝。绢蝶翅形浑圆；翅膜5色透明；状如丝绢，因此得名。翅面常有黑色、红色和蓝色斑点或者斑纹。

短须灰卒螽 *Zulpha perlaria* (Westwood, 1848)

分类地位	节肢动物门 Arthropoda，昆虫纲 Insecta，直翅目 Orthoptera，螽斯科 Tettigoniidae
分布现状	广西
馆藏独特性	2013 年采集
保藏地点	中国科学院分子植物科学卓越创新中心上海昆虫博物馆

鉴别特征

体长 2.9 cm，头大且圆，活时呈现灰色，前翅有黄褐色斑纹，后翅暗黑色，具排列不规则的紫色纹，翅中央白色，前翅端部斜截形。前胸背板表面具不对称的细疣和刻点状皱褶，外形较好识别，数量稀少。

宽翅似织螽 *Hexacentrus expansus* Wang and Shi, 2005

分类地位	节肢动物门 Arthropoda，昆虫纲 Insecta，直翅目 Orthoptera，螽斯科 Tettigoniidae
生活习性	善攀爬，常攀爬至竹林高处鸣叫，叫声洪亮似鸟
分布现状	重庆
馆藏独特性	2014 年采集
保藏地点	中国科学院分子植物科学卓越创新中心上海昆虫博物馆

鉴别特征

似织螽类群中体形较大的一种，体长 2.5 cm（不包括翅），体翠绿色，前胸背板褐色，前翅膨大鼓胀，发音区具黑色斑记，后缘宽圆，Cu2 脉厚实圆鼓，镜膜发达，后翅稍短。

叶重螽 *Baryprostha foliacea* Ingrisch, 1990

分类地位	节肢动物门 Arthropoda，昆虫纲 Insecta，直翅目 Orthoptera，螽斯科 Tettigoniidae
分布现状	分布于海南，数量较少
馆藏独特性	2017 年采集
保藏地点	中国科学院分子植物科学卓越创新中心上海昆虫博物馆

鉴别特征

体长 3.3 cm（不包括翅），整体侧观如叶片，大致呈绿色，布淡黄色斑点和细纹，复眼淡黄色，翅脉淡黄色较为明显。前胸背板表面粗糙无光泽，翅长为宽的 2.2~2.4 倍，后翅略长于前翅。

彪䗛 *Pharnacia jianfenglingensis* Bi, 1994

分类地位	节肢动物门 Arthropoda，昆虫纲 Insecta，竹节虫目 Phasmatodea，䗛科 Phasmatidae
生活习性	䗛俗称竹节虫，它们有种令人惊叹的本领——断肢再造。在其若虫阶段经常会因为逃避敌害而缺胳膊断腿，但是每次断肢后不久，伤口处就会长出一个弯曲的肢芽，等到下一次蜕皮以后，新的附肢就会长出来，只是一般会稍短于正常的附肢。不过一旦长大为成虫，断肢再造就不可能了
分布现状	海南
馆藏独特性	1992 年采集
保藏地点	中国科学院分子植物科学卓越创新中心上海昆虫博物馆

鉴别特征

头尾长 23 cm，连足长 38 cm，整个身体褐色细长，竹竿状，6 只脚也呈棍棒状，边缘有刺。一般生活在树枝中，与周围环境融合在一起，极难被发现。

藏叶䗛 *Phyllium tibetense* Liu and Cai, 1993

分类地位	节肢动物门 Arthropoda，昆虫纲 Insecta，竹节虫目 Phasmatodea，叶䗛科 Phylliidae
保护级别及濒危程度	国家二级重点保护野生动物
生活习性	著名的拟态昆虫，能够惟妙惟肖地模仿周围环境的颜色和形状，借以保护自己。所有这些伪装的目的是躲避鸟类或青蛙等其他动物的捕食
分布现状	西藏
馆藏独特性	1993年采集。西藏一个战士在站岗时，有一片“树叶”飘到了肩上，他想把这片“叶子”扫下来，但突然发现“叶子”居然有腿，还能动！于是他拿给博物馆两位在西藏出差的工作人员看。工作人员看了非常开心，后经专家研究确定，这是一个新的物种。上海昆虫博物馆的馆标就是以这只昆虫为原型设计的
保藏地点	中国科学院分子植物科学卓越创新中心上海昆虫博物馆

鉴别特征

头尾长11 cm，身宽5 cm，整个身体绿色，头小，腹部宽扁，一对前翅平放在身上就如同一片完整的树叶，还模仿有树叶的主脉和支脉。6只脚也呈扁平状，边缘有类似毛虫咬过的痕迹，模仿那些被昆虫蚕食过的枝叶。

伟铗虮 *Atlasjapyx atlas* Chou and Huang, 1986

分类地位	节肢动物门 Arthropoda，双尾纲 Diplura，铗虮科 Japygidae，巨铗虮亚科 Gigasjapyginae
保护级别及濒危程度	国家二级重点保护野生动物
生活习性	杂食性，主要以其威猛的尾铗捕食其他小型节肢动物为食，如跳虫
分布现状	四川
馆藏独特性	2017年采集
保藏地点	中国科学院分子植物科学卓越创新中心上海昆虫博物馆

鉴别特征

宛若一条硕大的蜈蚣，但它只有6条腿，是六足动物。大部分双尾虫小于1 cm，而伟铗虮是双尾虫中的“巨无霸”，目前有体长超过7 cm的记录，而其他双尾虫仅和它触角的长度相当。

红华蚖 *Sinentomon erythranum* Yin, 1965

分类地位	节肢动物门 Arthropoda，六足动物总纲 Hexapoda，原尾纲 Protura，华蚖目 Sinentomata，华蚖科 Sinentomidae
分布现状	上海、浙江、江苏
馆藏独特性	体长 1.2~1.36 mm，1964 年采集。1964 年由我国著名昆虫学家尹文英院士在上海东佘山首次发现，通过这个标本建立了原尾虫的一个新科，并以我国国名将其命名为华蚖科。是原尾虫研究史上最重要的事件之一
保藏地点	中国科学院分子植物科学卓越创新中心上海昆虫博物馆

鉴别特征

体长 1.2~1.45 mm；成体红褐色，表皮骨化强。中胸和后胸背板不生中央刚毛，两侧各生 1 对气孔，第 2~3 对腹足为 1 节。

天目山巴蚖 *Baculentulus tianmushanensis* (Yin, 1963)

分类地位	节肢动物门 Arthropoda，六足动物总纲 Hexapoda，原尾纲 Protura，蚖目 Acerentomata，檗蚖科 Berberentulidae
分布现状	浙江
馆藏独特性	1963 年我国著名昆虫学家尹文英院士在浙江天目山一块裹着泥土的石头上发现了一个黄白色的小生命。她用一根头发沾了点口水，将这个微小的虫粘起来并装入酒精管中。此次发现是我国原尾虫研究史上的里程碑，尹院士也从此全身心投入原尾虫的研究中，最终成为蜚声国际的原尾虫研究宗师
保藏地点	中国科学院分子植物科学卓越创新中心上海昆虫博物馆

鉴别特征

原尾虫太小，体长仅 1 mm 左右。

中国鲎　*Tachypleus tridentatus* (Leach, 1814)

分类地位	节肢动物门 Arthropoda，肢口纲 Merostomata，剑尾目 Xiphosurida，鲎科 Tachypleidae，鲎属 *Tachypleus*
保护级别及濒危程度	国家二级重点保护野生动物，全球物种红色名录列为濒危（EN）
馆藏独特性	30 多年前，中国鲎是我国东部和南部沿海滩涂上的常见种。由于栖息地污染、破坏及消失和人类过度捕捞采血与食用，现已从大部分海域消失
保藏地点	中国科学院南海海洋研究所南海海洋生物标本馆

鉴别特征

雌雄异体，雌体体长约40 cm，雄体体长约30 cm。体呈瓢状，分为头胸部、腹部和尾剑三部分。全身外被硬甲，背面圆突，腹面凹陷。头胸部、腹甲部各有6对附肢。腹甲背面有细刺。

多刺仿石蟹　*Paralomis multispina* (Benedict, 1895)

分类地位	节肢动物门 Arthropoda，软甲纲 Malacostraca，十足目 Decapoda，石蟹科 Lithodidae，仿石蟹属 *Paralomis*
分布现状	生活在深海中
馆藏独特性	标本 2014 年 4 月 17 日由“科学号”采集于东海冲绳海槽（27°47.441′ N，126°53.802′ E），水深 996.9 m
保藏地点	中国科学院海洋研究所海洋生物标本馆

鉴别特征

与一般的螃蟹有10条腿不同，它只有8条腿。头胸甲表面覆盖有致密的、大小近等的刺突，胃区中央的刺突明显粗壮，额角中央刺短而尖锐，额角下刺退化。螯足和步足表面长有尖锐的刺。

柯氏潜铠虾　*Shinkaia crosnieri* Baba and Williams, 1998

分类地位	节肢动物门 Arthropoda，软甲纲 Malacostraca，十足目 Decapoda，拟刺铠虾科 Munidopsidae，潜铠虾属 *Shinkaia*
生活习性	柯氏潜铠虾是热液和冷泉等化能自养生态系统中的特有物种。其腹面长有长而浓密的绒毛，在绒毛上共生着大量的化能自养菌，化能自养菌可以利用周围环境中的甲烷和硫化氢来生产有机物质
馆藏独特性	此标本 2014 年 3 月 16 日由“科学号”采集于南海冷泉（22° 06.930′ N, 119°17.127′ E），水深 1160.3 m
保藏地点	中国科学院海洋研究所海洋生物标本馆

2. 刺胞动物类

红拟柳珊瑚　*Paragorgia rubra* Li, Zhan and Xu, 2017

分类地位	刺胞动物门 Cnidaria，珊瑚虫纲 Anthozoa，八放珊瑚亚纲 Octocorallia，软珊瑚目 Alcyonacea，拟柳珊瑚科 Paragorgiidae，拟柳珊瑚属 *Paragorgia*
生活习性	群体单平面结构，红色，高 53 cm，宽 44 cm。生活状态下珊瑚虫伸展，白色。分布于迎流面，最大限度捕食水流中浮游生物
分布现状	红拟柳珊瑚是发现于热带西太平洋的拟柳珊瑚属的第 4 个物种
馆藏独特性	标本 2014 年 12 月 24 日由“科学号”采集于雅浦海山（8° 51′ N，137° 47′ E），水深 373 m
保藏地点	中国科学院海洋研究所海洋生物标本馆

鉴别特征

该科珊瑚与名贵的红珊瑚科（Coralliidae）亲缘关系最近，区别在于拟柳珊瑚科的轴由较为松散的骨片组合而成，而红珊瑚的轴是一个致密的整体。

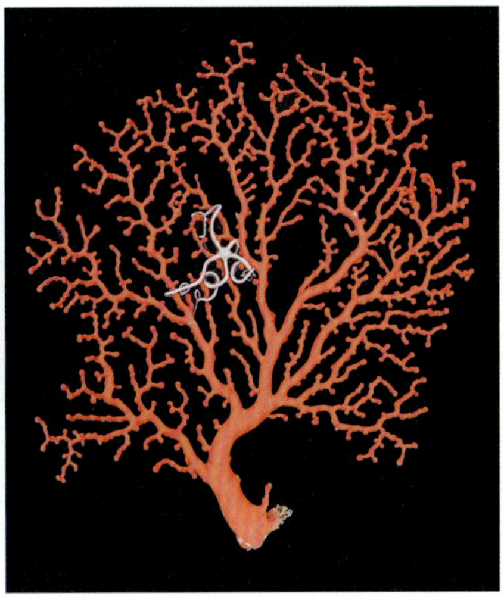

小尖柳珊瑚 *Muricella* sp.

分类地位	刺胞动物门 Cnidaria，珊瑚虫纲 Anthozoa，八放珊瑚亚纲 Octocorallia，软珊瑚目 Alcyonacea，棘柳珊瑚科 Acanthogorgiidae，小尖柳珊瑚属 *Muricella*
馆藏独特性	标本 2016 年 3 月 22 日由“科学号”采集于马里亚纳海沟 (11° 18.41′ N，139° 21.27′ E)，水深 159.8 m。标本高 1.14 m，宽 1.45 m。群体单平面结构，主分枝连接呈网状。通过同位素测年显示此标本约 1200 岁，是目前国内保存的最古老的无脊椎动物标本
保藏地点	中国科学院海洋研究所海洋生物标本馆

鉴别特征

生活时黄褐色至灰白色，珊瑚虫明显，不收缩；珊瑚骨骼黑色，由珊瑚硬蛋白和非骨片钙质物质构成，分枝核心中空。珊瑚表面嵌有大量钙质白色骨片。

3. 软体动物类

螺蛳 *Margarya melanioides* Nevill, 1877

分类地位	软体动物门 Mollusca，腹足纲 Gastropoda，主扭舌目 Architaenioglossa，田螺科 Viviparidae
保护级别及濒危程度	全球物种红色名录列为极危（CR），国家二级重点保护野生动物
生活习性	仅生活在湖泊内，常以宽大的足部在湖底爬行。雌雄异体，卵胎生
分布现状	为云南高原湖泊特有种，仅分布在云南滇池和洱海。但由于水质富营养化、外来种入侵、过度捕捞等原因，目前在洱海湖体已消失，滇池湖体的数量也非常少
保藏地点	中国科学院昆明动物研究所昆明动物博物馆

鉴别特征

贝壳较大，最大者壳高可达80 mm。壳质厚，坚实，外形呈塔形，有6个螺层。壳顶钝。螺旋部较高，体螺层膨大。壳面呈绿褐色或黄褐色。上部各螺层具2条念珠状的螺棱，体螺层上具有5条螺棱，而第2条螺棱是由三角形的棘状突起组成。壳口近圆形。厣角质，卵圆形，具有同心圆的生长纹。脐孔小。

蛇目贝 *Arestorides argus* (Linnaeus, 1758)

分类地位	软体动物门 Mollusca，腹足纲 Gastropoda，中腹足目 Mesogastropoda，宝贝科 Cypraeidae，蛇目宝贝属 *Arestorides*
馆藏独特性	贝长 82 mm，产自菲律宾
保藏地点	中国科学院海洋研究所海洋生物标本馆

鉴别特征

贝壳呈长卵圆形，壳口狭长，外唇和内唇有细齿。壳面平滑而富有光泽，淡黄褐色，有许多大小不等的褐色环纹。

美丽短沟蜷 *Semisulcospira dulcis* (Fulton, 1904)

分类地位	软体动物门 Mollusca，腹足纲 Gastropoda，中腹足目 Mesogastropoda，短沟蜷科 Semisulcospiridae
生活习性	生活于静水的湖泊或龙潭中，以石头上的藻类或细菌为食，是重要的水质变化指示物种
分布现状	仅分布于云南滇池流域。曾在昆明大观河及滇池湖体数量丰富。由于水质恶化、河床沉积物增多，目前仅在滇池周边的少数龙潭有分布
保藏地点	中国科学院昆明动物研究所昆明动物博物馆

鉴别特征

贝壳大，壳高 42 mm。壳质厚，坚硬，外形呈尖圆锥形。有 9~10 个螺层，各螺层缓慢均匀增长。壳顶尖锐，但常被腐蚀。螺旋部高且呈尖圆锥形。体螺层略膨胀。缝合线浅。壳面呈黄褐色，具有细弱的螺棱及螺肋，二者相交形成分布均匀的方格状的瘤状结节，上部各螺层具有 5 排，其中最下一排位于缝合线处。体螺层上具有 8~9 排。壳口呈梨形，周缘完整。厣角质。无脐孔。

海之荣光芋螺 *Conus gloriamaris* Chemnitz, 1777

分类地位	软体动物门 Mollusca，腹足纲 Gastropoda，新腹足目 Neogastropoda，芋螺科 Conidae，芋螺属 *Conus*
馆藏独特性	十分稀有，因外形精美、光泽绚丽，被视为大海的荣耀，因而有了“海之荣光”的称号。此标本由爱国华侨佟钢先生于 2003 年赠送
保藏地点	中国科学院南海海洋研究所南海海洋生物标本馆

龙宫翁戎螺 *Entemnotrochus ruphii* (Schepman, 1879)

分类地位	软体动物门 Mollusca，腹足纲 Gastropoda，原始腹足目 Archaeogastropoda，翁戎螺科 Pleurotomariidae，翁戎螺属 *Entemnotrochus*
分布现状	龙宫翁戎螺出现于古生代寒武纪，距今约 5 亿 7000 万年，有“海中活化石”之称
馆藏独特性	此标本 2013 年 9 月采集于南海
保藏地点	中国科学院海洋研究所海洋生物标本馆

鉴别特征

壳口有一道裂缝，罅裂达壳底周围之一半。口盖比壳口大，壳呈黄色带火焰色彩，直径 10~23 cm。

大珠母贝 *Pinctada maxima* (Jameson, 1901)

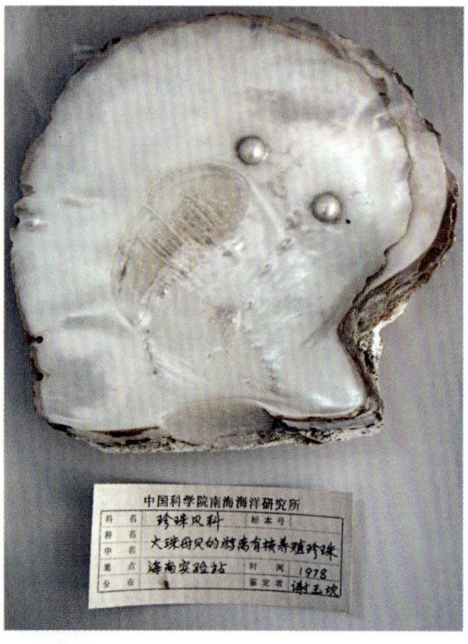

分类地位	软体动物门 Mollusca，双壳纲 Bivalvia，珍珠贝目 Pterioida，珍珠贝科 Pteriidae，珠母贝属 *Pinctada*
保护级别及濒危程度	国家二级重点保护野生动物（仅限野外种群）
馆藏独特性	中国科学院南海海洋研究所和海南行政区水产研究所合作，于 1978 年 10 月在海南亚热带海区的东水湾养成了第一批大珠母贝的大型游离有核养殖珍珠商品珠。此标本为当时的实验标本之一
保藏地点	中国科学院南海海洋研究所南海海洋生物标本馆

鉴别特征

大珠母贝是珍珠贝科中个体最大的种类，大的壳高可达 30 cm 以上。壳内面珍珠层极厚，美丽而富有光泽。

无鳞砗磲 *Tridacna derasa* (Röding, 1798)

分类地位	软体动物门 Mollusca，双壳纲 Bivalvia，帘蛤目 Veneroida，砗磲科 Tridacidae，砗磲属 *Tridacna*
保护级别及濒危程度	国家二级重点保护野生动物（仅限野外种群），全球物种红色名录列为易危（VU）
生活习性	砗磲的独特之处在于其外套膜内共生大量的单细胞虫黄藻，它依靠虫黄藻的光合作用提供的营养和能量生活
馆藏独特性	在世界已知砗磲中个体大小位居第二，是热带珊瑚岛礁重要的造礁、固礁生物之一。中国科学院南海海洋研究所在国内率先完成了无鳞砗磲规模化繁育和种培育，为今后产业化发展、岛礁恢复与重构增添了新的种类和坚实的技术支撑。图为无鳞砗磲 2 龄幼贝标本
保藏地点	中国科学院南海海洋研究所南海海洋生物标本馆

日本深海偏顶蛤 *Bathymodiolus japonicus* Hashimoto and Okutani, 1994

鉴别特征

壳表光滑无毛，有壳皮，成体深棕色，幼体浅棕色或浅黄色；幼体表面有生长线，成体生长线不规则，中部有细弱的放射线。

分类地位	软体动物门 Mollusca，双壳纲 Bivalvia，贻贝目 Mytiloida，贻贝科 Mytilidae，深海偏顶蛤属 *Bathymodiolus*
生活习性	通过足丝附着于基质上或附着其他个体上，其鳃内共生有甲烷氧化细菌。这些细菌通过化能合成作用将甲烷转换为能量进行自养，并将能量供给与其共生的深海偏顶蛤
分布现状	分布于冲绳海槽、日本相模湾等地 679~1170 m 的冷泉区，为冷泉区的稀有种类，有时与其他深海偏顶蛤种类生活在一起。日本深海偏顶蛤是冷泉化能自养生态系统中的特有物种
馆藏独特性	此标本是目前国内采集到的唯一日本深海偏顶蛤标本。2014 年 4 月 17 日由“科学号”采集于东海冲绳海槽（27°47.441′N，126°53.802′E），水深 996.9 m
保藏地点	中国科学院海洋研究所海洋生物标本馆

鹦鹉螺 *Nautilius pompilius* Linnaeus, 1758

分类地位	软体动物门 Mollusca，头足纲 Cephalopoda，鹦鹉螺目 Nautilida，鹦鹉螺科 Nautilidae，鹦鹉螺属 *Nautilius*
保护级别及濒危程度	国家一级重点保护野生动物，《濒危野生动植物种国际贸易公约》（CITES）列入附录 I
生活习性	匍匐于海底或用腕部附着在岩石或珊瑚礁间生活；也可凭借气室悬浮于水层中。垂直分布于水中几米至约 700 m
馆藏独特性	1973 年 5 月采集于西沙群岛东岛
保藏地点	中国科学院南海海洋研究所南海海洋生物标本馆

鉴别特征

软体部被石灰质外壳包被，壳长约 20 cm。外壳沿一个平面做背腹旋转，壳面光滑，黄白色，生长纹明显，从脐部向四周辐射出波状红褐色花纹。脐部封闭。壳口大，内有珍珠光泽，隔壁将壳内分为约 30 个壳室（气室）。动物具数十条腕。

烟灰蛸 *Grimpoteuthis* sp.

分类地位	软体动物门 Mollusca，头足纲 Cephalopoda，八腕目 Octopoda，十字蛸科 Stauroteuthidae，烟灰蛸属 *Grimpoteuthis*
生活习性	广泛分布于温带、热带和寒带海域的大陆架，北冰洋还有一些深海性品种；生活在100~7000 m 以上的深海区域
分布现状	全世界目前记录有十几种
馆藏独特性	此标本是目前国内仅有的一号烟灰蛸标本，2017 年 8 月 21 日由“科学号”采集于西太平洋卡罗琳海山（10°35′11.07″N，140°07′29.41″E），水深 1240 m
保藏地点	中国科学院海洋研究所海洋生物标本馆

鉴别特征

它是一类非常特殊的章鱼，其典型特点是胴部具有一对类似大象耳朵的鳍，因游泳时酷似迪士尼动画片中的小飞象（Dumbo）而得名，俗称“深海小飞象”或“小飞象章鱼”（Dumbo Octopus）。

4. 多孔动物类

舟体海绵 *Dictyaulus kexueae*

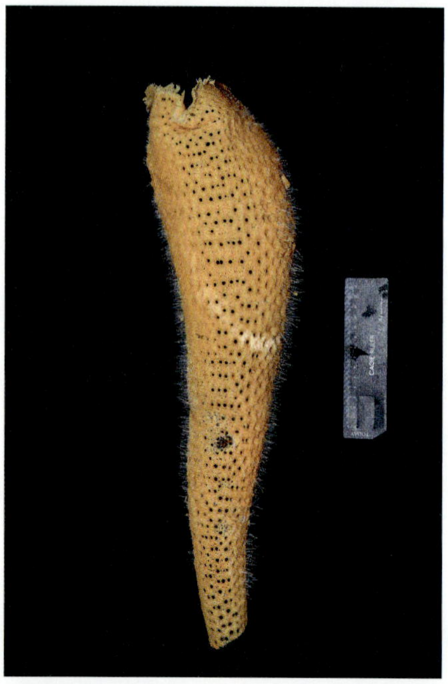

分类地位	多孔动物门 Porifera，六放海绵纲 Hexactinellida，松骨海绵目 Lyssacinosida，偕老同穴科 Euplectellidae，舟体海绵属 *Corbitella*
生活习性	通常体表布满小孔，体内有一个大的空腔，腔内通常有一对俪虾。当俪虾还是幼体时，一雌一雄结对进入海绵腔体内，取食随着海水流入海绵腔体里的有机物，成体后无法从小孔穿出，被滞留其中“白头到老”，偕老同穴由此得名
分布现状	生活于深海
馆藏独特性	此标本 2017 年 8 月 14 日由“科学号”采集于卡罗琳海山（10°23′39″N，140°09′21″E），水深 1372.5 m
保藏地点	中国科学院海洋研究所海洋生物标本馆

5. 鱼类

日本七鳃鳗　*Lampetra japonica* (Martens，1868)

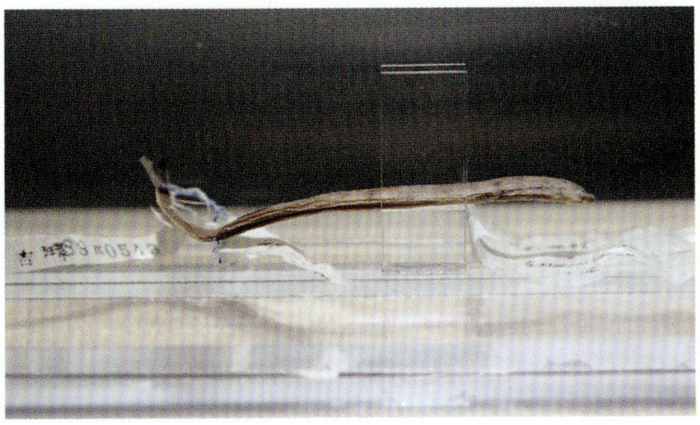

分类地位	脊索动物门 Chordata，七鳃鳗纲 Petromyzontia，七鳃鳗目 Petromyzontiformes，七鳃鳗科 Petromyzontidae，七鳃鳗属 *Lampetra*
保护级别及濒危程度	国家二级重点保护野生动物
生活习性	肉食性鱼类，营寄生生活时，会用吸盘附在其他鱼体上吸食其血与肉，营独立生活时，则以浮游动物为食
分布现状	分布于太平洋北部，南至日本朝鲜沿岸，北至阿纳德尔和阿拉斯加以及黑龙江水系，属江海洄游性鱼类
馆藏独特性	标本采集于 1899 年 9 月，采集地为吉林省延边朝鲜族自治州汪清县，为本馆收藏最早的鱼类标本
保藏地点	中国科学院水生生物研究所水生生物博物馆

楚鲁纳拉蒂迈鱼（矛尾鱼）　*Latimeria chalumnae* Smith, 1939

分类地位	脊索动物门 Chordata，肉鳍鱼纲 Sarcopterygii，腔棘鱼目 Coelacanthiformes，拉蒂迈鱼科 Latimeriidae，拉蒂迈鱼属 *Latimeria*
保护级别及濒危程度	全球物种红色名录列为极危（CR）
生活习性	生活在 90~200 m 的深海，最深可下潜到 700 m。这种环境基本没有光，因此其视力并不是很好，但听觉和嗅觉相当出色。产卵方式为卵胎生，也就是说受精卵在体内发育成小鱼后再被排出体外
采集地点	科摩罗群岛
馆藏独特性	保存在中国科学院古脊椎动物与古人类研究所中国古动物馆一层“肉鳍鱼类”展区的这条拉蒂迈鱼，体长 1.65 m，重 65 kg。于 1976 年 4 月 5 日在科摩罗海域捕获，是馆内为数不多的现生动物标本之一。它是非洲科摩罗政府在 1981 年 3 月访华期间作为国礼赠送给我国的第一条拉蒂迈鱼标本，也是目前国内保存最好的一条。我国回赠了拖拉机等农业生产工具，因此它也被戏称为“用拖拉机换回来的镇馆之宝”
保藏地点	中国科学院古脊椎动物与古人类研究所标本中心（左下图），中国科学院水生生物研究所水生生物博物馆（右下图）

鉴别特征

有8个鱼鳍（1对胸鳍、1对腹鳍、2个背鳍、1个臀鳍、1个尾鳍），除了第1背鳍外，其余7个鳍全都是肉质鳍。所谓肉质鳍，是指鱼鳍上有像鸡腿一样的“大肉块”，内有真正的骨骼而不是鳍条。它可是不折不扣的海中“活化石”。学名献给了1938年12月23日在南非东伦敦海湾发现这种鱼的博物馆馆员马乔里・拉蒂迈小姐。

花鳗鲡　*Anguilla marmorata* Quoy and Gaimard, 1824

分类地位	脊索动物门 Chordata，辐鳍鱼纲 Actinopterygii，鳗鲡目 Anguilliformes，鳗鲡科 Anguillidae，鳗鲡属 *Anguilla*
保护级别及濒危程度	国家二级重点保护野生动物，中国物种红色名录列为濒危（EN）
生活习性	江河洄游性鱼类，性成熟后会沿江河从上游游至下游，群集于河口处然后入海产卵繁殖。性凶猛，以鱼、虾、贝类为食
分布现状	分布于长江下游以南各水系。由于过度捕捞、水质污染等原因，野外数量已十分稀少
保藏地点	中国科学院水生生物研究所水生生物博物馆

鉴别特征

体长33~65 cm，最大个体可超过2 m；体背灰褐色，体侧灰黄色，腹面灰白。头长圆锥形，下颌突出，口斜裂。背鳍、臀鳍低而延长；胸鳍短，紧贴于鳃孔后；尾鳍短，末端较尖。

川陕哲罗鲑　*Hucho bleekeri* Kimura, 1934

分类地位	脊索动物门 Chordata，辐鳍鱼纲 Actinopterygii，鲑形目 Salmoniformes，鲑科 Salmonidae，哲罗鲑属 *Hucho*
保护级别及濒危程度	国家一级重点保护野生动物，中国物种红色名录列为极危（CR）
生活习性	多栖息于两侧高山遮蔽、河道狭窄、水流湍急、含氧量高、水温低的水域。捕食各种鱼类、水生昆虫、蛙类及鼠类等
分布现状	四川、陕西、青海
馆藏独特性	此标本于 1941 年采集自四川灌县（现为四川省都江堰市）
保藏地点	中国科学院水生生物研究所水生生物博物馆

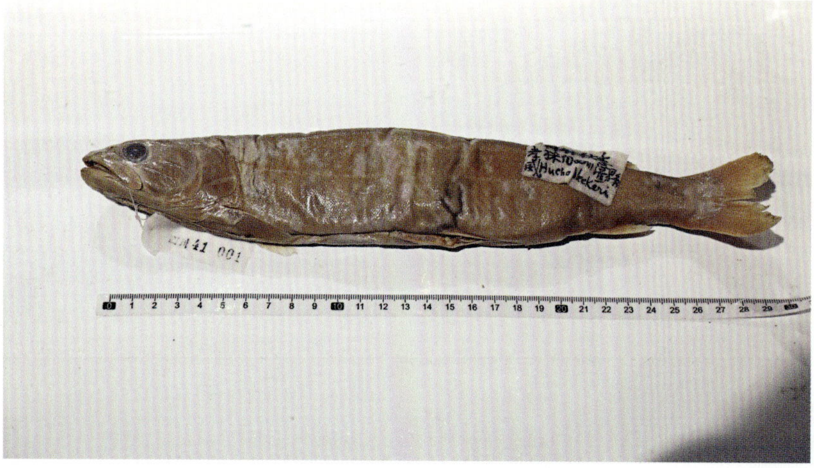

鉴别特征

体色为与栖息环境相适应的保护色。生长缓慢，性成熟期长，在流水砾石水底进行繁殖。

短吻间银鱼 *Hemisalanx brachyrostralis* (Fang, 1934)

分类地位	脊索动物门 Chordata，辐鳍鱼纲 Actinopterygii，胡瓜鱼目 Osmeriformes，银鱼科 Salangidae，间银鱼属 *Hemisalanx*
保护级别及濒危程度	中国物种红色名录列为易危（VU）
生活习性	以浮游动物为主食。半年达性成熟。1 冬龄鱼于 4—5 月从江河中进入湖泊，在湖边水草旺盛的地方繁殖。亲鱼生殖后不久便死亡。生殖季节会形成鱼汛，数量极为可观
分布现状	长江中下游及其附属湖泊中
馆藏独特性	标本 1959 年 11 月采集自湖北新洲县（现为武汉市新洲区）
保藏地点	中国科学院水生生物研究所水生生物博物馆

鉴别特征

一年生鱼类。个体不大，最大个体长仅 14 cm，重约 5 g，长条形，银白色。

异龙鲤 *Cyprinus yilongensis* Yang et al., 1977

分类地位	脊索动物门 Chordata，辐鳍鱼纲 Actinopterygii，鲤形目 Cypriniformes，鲤科 Cyprinidae，鲤属 *Cyprinus*
保护级别及濒危程度	全球物种红色名录和中国物种红色名录均列为灭绝（EX）
生活习性	多栖息于湖中深水无草处。主食浮游生物。产卵期为 4—5 月，卵黏性，卵产于水草上。个体不大，体长约 100~130 mm
分布现状	我国特有种，仅分布于云南异龙湖
馆藏独特性	为我国首个确定灭绝的鱼类。中国科学院昆明动物研究所昆明动物博物馆馆藏异龙鲤标本 3 号，采集于 20 世纪 80 年代前，其价值堪比化石
保藏地点	中国科学院昆明动物研究所昆明动物博物馆、中国科学院水生生物研究所水生生物博物馆

秉氏裸鲤 *Gymnocypris pingi* Tchang, Yueh and Hwang, 1964

分类地位	脊索动物门 Chordata，辐鳍鱼纲 Actinopterygii，鲤形目 Cypriniformes，鲤科 Cyprinidae，裸鲤属 *Gymnocypris*
生活习性	命名为“裸鲤”，因味美、肉多、刺少等特点为食客喜爱
分布现状	高原鱼类，分布于西藏
馆藏独特性	该物种的模式标本现存于中国科学院水生生物研究所水生生物博物馆中。其名是为了纪念中国生物学家秉志先生为鱼类学研究所做出的突出贡献
保藏地点	中国科学院水生生物研究所水生生物博物馆

鉴别特征

通体几乎无鳞片覆盖。

青海湖裸鲤 *Gymnocypris przewalskii* (Kessler, 1876)

分类地位	脊索动物门 Chordata，辐鳍鱼纲 Actinopterygii，鲤形目 Cypriniformes，鲤科 Cyprinidae，裸鲤属 *Gymnocypris*
保护级别及濒危程度	中国物种红色名录列为易危（VU）
生活习性	适应性强，在半咸水（青海湖水含盐量为 12~13‰）或淡水中均可生活。杂食性，主要摄食藻类、轮虫、甲壳类、水生昆虫和小鱼。由于青海湖地处海拔 3000 多米的高原上，水温低，食料生物贫乏和生长期短，故此鱼生长缓慢，除第一年生长达 3.5 cm 外，一生的体长生长无明显的变化阶段
分布现状	青海湖裸鲤又称“湟鱼”，仅分布于中国青海湖及其湖周支流，为高原低温盐碱性水域经济鱼类
馆藏独特性	采集于 1964 年 5 月 28 日
保藏地点	中国科学院西北高原生物所青藏高原生物标本馆

鉴别特征

头锥形。吻钝圆。口裂大，口亚下位，呈马蹄形。眼稍小，侧上位；眼间较宽。颏部和颊部的黏液腔发达。体裸露无鳞，肩鳞明显，为2~3行不规则的鳞片；肛门和臀鳍两侧各有1列发达的大鳞，每列21~32枚，向前达到腹鳍基部，自腹鳍至胸鳍中线偶具退化鳞的痕迹。

圆口铜鱼 *Coreius guichenoti* (Sauvage et Dabry, 1874)

分类地位	脊索动物门 Chordata，辐鳍鱼纲 Actinopterygii，鲤形目 Cypriniformes，鲤科 Cyprinidae，铜鱼属 *Coreius*
保护级别及濒危程度	中国物种红色名录列为极危（CR），国家二级重点保护野生动物
生活习性	生长速度较快。食性较广，一般以底栖动物、水生昆虫幼虫、鱼苗或植物碎屑为食
分布现状	长江上游特有鱼类，分布于长江上游干流、嘉陵江中下游、沱江、岷江下游、金沙江下游、乌江下游等水系
馆藏独特性	经济鱼类。此标本于1963年采集自湖北省武昌市
保藏地点	中国科学院水生生物研究所水生生物博物馆

鉴别特征

头后背明显隆起；体古铜色，带金黄色光泽，腹部淡黄色。吻宽圆，须1对较粗长。侧线平直。胸鳍长；背鳍稍短，无硬刺；尾鳍宽，分叉深。

扁吻鱼（新疆大头鱼） *Aspiorhynchus laticeps* (Day, 1877)

分类地位	脊索动物门 Chordata，辐鳍鱼纲 Actinopterygii，鲤形目 Cypriniformes，鲤科 Cyprinidae，扁吻鱼属 *Aspiorhynchus*
保护级别及濒危程度	中国物种红色名录列为极危（CR），国家一级重点保护野生动物
分布现状	在世界上仅存于塔里木河水系，是塔里木河水系中特有的土著鱼类；已在原最大产地博斯腾湖绝迹
馆藏独特性	中国特产鱼类，也是世界裂腹鱼中的珍贵物种，起源于3亿年前，有着古鱼类活化石之称。仅1属1种，有极高的经济价值和学术价值
保藏地点	中国科学院新疆生态与地理研究所标本馆

双须叶须鱼 *Ptychobarbus dipogon* (Regan, 1905)

分类地位	脊索动物门 Chordata，辐鳍鱼纲 Actinopterygii，鲤形目 Cypriniformes，鲤科 Cyprinidae，叶须鱼属 *Ptychobarbus*
保护级别及濒危程度	中国物种红色名录列为濒危（EN）
生活习性	多见于干支流的流水环境以及底栖
分布现状	分布于雅鲁藏布江水系，系雅鲁藏布江中游支流拉萨河的特有鱼类
保藏地点	中国科学院水生生物研究所水生生物博物馆

团头鲂 *Megalobrama amblycephala* Yih, 1955

分类地位	脊索动物门 Chordata，辐鳍鱼纲 Actinopterygii，鲤形目 Cypriniformes，鲤科 Cyprinidae，鲂属 *Megalobrama*
分布现状	主要分布于长江中下游的中型湖泊
馆藏独特性	此标本 1959 年采集自江西鄱阳湖。俗称武昌鱼，是我国主要的淡水养殖鱼类之一
保藏地点	中国科学院水生生物研究所水生生物博物馆

鉴别特征

体侧扁而高，呈菱形。

稀有鮈鲫 *Gobiocypris rarus* Ye and Fu, 1983

分类地位	脊索动物门 Chordata，辐鳍鱼纲 Actinopterygii，鲤形目 Cypriniformes，鲤科 Cyprinidae，鮈鲫属 *Gobiocypris*
保护级别及濒危程度	中国物种红色名录列为濒危（EN），国家二级重点保护野生动物
生活习性	虽然野外数量稀少，但稀有鮈鲫胚胎发育迅速，性成熟周期短，能连续产卵且产卵量大，并对化学品和污染物反应敏感，可用来检测水质，被称为“测毒鱼”
分布现状	我国长江上游特有的小型鱼类
馆藏独特性	我国具有完全知识产权的本土水生实验动物
保藏地点	中国科学院水生生物研究所水生生物博物馆

鳤 *Ochetobius elongatus* (Kner, 1867)

分类地位	脊索动物门 Chordata，辐鳍鱼纲 Actinopterygii，鲤形目 Cypriniformes，鲤科 Cyprinidae，鳤属 *Ochetobius*
保护级别及濒危程度	中国物种红色名录列为极危（CR）
生活习性	有江湖洄游的习性
分布现状	分布于长江以南至越南北部的各水系
馆藏独特性	是鳤属的唯一物种
保藏地点	中国科学院水生生物研究所水生生物博物馆

鉴别特征

身体细长似剑，虽外形与鯮、鳡相似，但性情温和。

鯮 *Luciobrama macrocephalus* (Lacépède, 1803)

分类地位	脊索动物门 Chordata，辐鳍鱼纲 Actinopterygii，鲤形目 Cypriniformes，鲤科 Cyprinidae，鯮属 *Luciobrama*
保护级别及濒危程度	中国物种红色名录列为极危（CR），国家二级重点保护野生动物
生活习性	为大型凶猛性鱼类
分布现状	我国特有种，分布于长江以南各水系
馆藏独特性	是鯮属的唯一物种。近年来由于过度捕捞、食物短缺等原因，致使鯮的种群个体数量显著减少
保藏地点	中国科学院水生生物研究所水生生物博物馆

鉴别特征

身体细长似剑。

鳡 *Elopichthys bambusa* (Richardson, 1845)

分类地位	脊索动物门 Chordata，辐鳍鱼纲 Actinopterygii，鲤形目 Cypriniformes，鲤科 Cyprinidae，鳡属 *Elopichthys*
生活习性	游动迅速，常在敞水区域追捕鲢、鳙等鱼为食。生长迅速，天然产量高。目前已成为淡水养殖鱼类
分布现状	分布很广，全国各主要水系均产
保藏地点	中国科学院水生生物研究所水生生物博物馆

鉴别特征

体修长，大型凶猛性鱼类，最大重达50 kg以上。

程海白鱼 *Anabarilius chenghaiensis* He, 1984

分类地位	脊索动物门 Chordata，辐鳍鱼纲 Actinopterygii，鲤形目 Cypriniformes，鲤科 Cyprinidae，白鱼属 *Anabarilius*
生活习性	喜流水环境，活动于水体中上层。以枝角类和桡足类为食，兼食水生植物。产卵期在五六月间，繁殖多在入湖的河溪口，或有波浪冲击的石滩上
分布现状	仅分布于云南省丽江市永胜县程海镇
馆藏独特性	由于程海水体富营养化、外来种入侵，以及水利工程建设等原因，导致种群数量急剧减少，在程海湖内可能已消失
保藏地点	中国科学院昆明动物研究所昆明动物博物馆

鉴别特征

体细长而略侧扁，背缘平直，腹缘呈浅弧形，吻尖。眼上位。口端位，下颌前端突起嵌入上颌凹陷处。无须。腹棱自腹鳍基部至肛门。背鳍末根不分支鳍条为光滑硬刺。臀鳍起点位于背鳍条末端之后下方。胸鳍伸达至腹鳍起点间距离的2/3。尾鳍叉形。鳞片薄，在腹鳍基具一腋鳞。侧线在胸鳍上方急剧向下弯曲。鳔2室，后室末端钝圆。

大理裂腹鱼 *Schizothorax taliensis* Regan, 1907

分类地位	脊索动物门 Chordata，辐鳍鱼纲 Actinopterygii，鲤形目 Cypriniformes，鲤科 Cyprinidae，裂腹鱼属 *Schizothorax*
保护级别及濒危程度	国家二级重点保护野生动物，中国物种红色名录列为极危（CR）
生活习性	适应于静水环境，主食浮游生物
分布现状	仅分布于云南洱海
馆藏独特性	20 世纪 60 年代在洱海采集到 2 尾大理裂腹鱼标本，近 50 年无标本收集
保藏地点	中国科学院昆明动物研究所昆明动物博物馆

鉴别特征

体延长，侧扁或略侧扁。背、腹缘隆起，腹部圆。头小，吻略尖，眼大。口端位，稍倾斜。下颌无任何角质，前缘不锐利。下唇不发达，仅在下颌两侧有细狭的唇叶，两唇叶前部联合，唇后沟不连续。须2对，细小，口角须略长于吻须，须长约为眼径的1/3。背鳍末根不分支鳍条为硬刺，后缘具较强的锯齿，约15~22枚。背鳍起点与腹鳍起点相对，距吻端较距尾鳍基为近。尾鳍叉形。身体背部及侧部被细鳞，胸及前腹面裸露无鳞。腹鳍基外侧各有一明显腋鳞。侧线完全，在臀鳍起点前的体侧略下曲。鳃耙细长，主行有5齿。鳔2室。肠长等于体长。

澜沧裂腹鱼 *Schizothorax lantsangensis* Tsao, 1964

分类地位	脊索动物门 Chordata，辐鳍鱼纲 Actinopterygii，鲤形目 Cypriniformes，鲤科 Cyprinidae，裂腹鱼属 *Schizothorax*
保护级别及濒危程度	中国物种红色名录列为濒危（EN）
生活习性	为高原山区底层鱼类，以底栖无脊椎动物为主要食物，兼食硅藻和植物碎片
分布现状	分布于澜沧江中上游，青藏高原鱼类
馆藏独特性	此标本于 1960 年 5 月采集自云南省迪庆藏族自治州维西傈僳族自治县
保藏地点	中国科学院水生生物研究所水生生物博物馆

拉萨裸裂尻鱼 *Schizopygopsis younghusbandi* Regan, 1905

分类地位	脊索动物门 Chordata，辐鳍鱼纲 Actinopterygii，鲤形目 Cypriniformes，鲤科 Cyprinidae，裸裂尻鱼属 *Schizopygopsis*
生活习性	摄食方式为刮食型，属于杂食性鱼类。全年摄食，但繁殖期间的亲鱼停止摄食。食物主要为藻类和大型无脊椎动物，其次是水生植物、小型无脊椎动物和虫卵
分布现状	分布于西藏雅鲁藏布江大拐弯处以上的干支流
馆藏独特性	此标本于 1977 年 6 月采集自西藏自治区山南市错那县聂巴湖
保藏地点	中国科学院水生生物研究所水生生物博物馆

滇池金线鲃 *Sinocyclocheilus grahami* Regan, 1904

分类地位	脊索动物门 Chordata，辐鳍鱼纲 Actinopterygii，鲤形目 Cypriniformes，鲤科 Cyprinidae
保护级别及濒危程度	国家二级重点保护野生动物，中国物种红色名录列为极危（CR）
生活习性	喜清泉流水，营半穴居生活。通常夜间到洞外觅食，主食浮游动物、小鱼、小虾和水生昆虫等，兼爱少量丝状藻和高等植物碎屑
分布现状	仅分布于云南滇池
馆藏独特性	滇池特有鱼类，20 世纪 50—60 年代滇池主要经济鱼类之一。由于环境污染、盲目引种、过度捕捞、水质恶化等原因，已从滇池湖体消失，仅少量存于滇池周边未受污染的溪流、龙潭中。在中国科学院昆明动物研究所科研人员多年努力下，现已人工繁殖成功，10 年来每年放流的滇池金线鲃累计已达百万尾以上
保藏地点	中国科学院昆明动物研究所昆明动物博物馆

鉴别特征

体侧扁，头背面平直，中部稍下凹，头后背部隆起。吻稍尖，向前突出。眼中等大，须2对。体鳞细小，长圆形，呈覆瓦状排列，侧线鳞较大。背鳍外缘稍内凹或平截，胸鳍后伸不达腹鳍起点，腹鳍后伸不达肛门，臀鳍紧接肛门之后，尾鳍叉形。腹膜灰白色。

异育银鲫“中科三号” *Carassius gibelio* (Bloch) var. *CAS* Ⅲ Kwei, 2008

分类地位	脊索动物门 Chordata，辐鳍鱼纲 Actinopterygii，鲤形目 Cypriniformes，鲤科 Cyprinidae，鲫属 *Carassius*
馆藏独特性	其病害少、食性广、生长快，已成为我国鲫鱼养殖的主要品系；是中国科学院水生生物研究所科研人员以雌核发育方式得到的新品种，因此称为“异育银鲫”
保藏地点	中国科学院水生生物研究所水生生物博物馆

胭脂鱼 *Myxocyprinus asiaticus* (Bleeker, 1864)

分类地位	脊索动物门 Chordata，辐鳍鱼纲 Actinopterygii，鲤形目 Cypriniformes，吸口鲤科 Catostomidae，胭脂鱼属 *Myxocyprinus*
保护级别及濒危程度	国家二级重点保护野生动物，中国物种红色名录列为极危（CR）
分布现状	长江
馆藏独特性	由于人为滥捕导致数量下降
保藏地点	中国科学院水生生物研究所水生生物博物馆

鉴别特征

大型淡水鱼类，最重可达40 kg，长100 cm。

个旧盲高原鳅 *Triplophysa gejiuensis* (Chu and Chen, 1979)

分类地位	脊索动物门 Chordata，辐鳍鱼纲 Actinopterygii，鲤形目 Cypriniformes，条鳅科 Nemacheilidae
保护级别及濒危程度	中国物种红色名录列为极危（CR）
生活习性	生活于离地表 400 m 的洞穴地下河中，漆黑无光。常年水温较稳定。水呈弱碱性
分布现状	仅分布于云南省红河哈尼族彝族自治州个旧市卡房镇芭蕉箐的地下河中
馆藏独特性	模式标本。个旧盲高原鳅为生活在洞穴的鱼类，种群数量低，难采集
保藏地点	中国科学院昆明动物研究所昆明动物博物馆

鉴别特征

身体延长，前段略呈圆筒形，身后逐渐侧扁。头中等大，略平扁，头宽大于头高。眼高度退化，外表不见眼的构造。前、后鼻孔紧相邻。口下位。上、下唇厚，唇面具浅皱褶。上唇中央无缺刻，下唇中央缺刻明显。上颌无齿状突。须3对。体裸露无鳞，无色素。侧线完全，平直。鳔前室包于骨质鳔囊中，鳔后室退化。

无眼岭鳅 *Oreonectes anophthalmus* Zheng, 1981

分类地位	脊索动物门 Chordata，辐鳍鱼纲 Actinopterygii，鲤形目 Cypriniformes，爬鳅科 Baliroridae，平头鳅属 *Oreonectes*
保护级别及濒危程度	中国物种红色名录列为濒危（EN），国家二级重点保护野生动物
生活习性	洞穴鱼类
分布现状	仅分布于广西壮族自治区南宁市武鸣县起凤山太极洞
馆藏独特性	我国特有种
保藏地点	中国科学院水生生物研究所水生生物博物馆

鉴别特征

眼睛退化，通体无鳞片，无色，对生态环境要求较高。

长薄鳅 *Leptobotia elongata* (Bleeker, 1870)

分类地位	脊索动物门 Chordata，辐鳍鱼纲 Actinopterygii，鲤形目 Cypriniformes，花鳅科 Cobitidae，薄鳅属 *Leptobotia*
保护级别及濒危程度	中国物种红色名录列为易危（VU），国家二级重点保护野生动物
生活习性	凶猛肉食性鱼类，一般栖息于江河底层
分布现状	中国特有种，主要分布于长江中上游干支流及其附属水域
馆藏独特性	产地重要经济鱼类之一。此标本采集自四川沱江
保藏地点	中国科学院水生生物研究所水生生物博物馆

斯氏高原鳅 *Triplophysa stoliczkai* (Steindachner, 1866)

分类地位	脊索动物门 Chordata，辐鳍鱼纲 Actinopterygii，鲤形目 Cypriniformes，条鳅科 Nemacheilidae，高原鳅属 *Triplophysa*
生活习性	栖息于河流和湖泊岸边浅水的石砾缝隙，常以硅藻、绿藻及植物碎屑和昆虫为食。每年 5—7 月为繁殖旺季
分布现状	分布于青藏高原以及各大河流，如黄河、长江、澜沧江、怒江、雅鲁藏布江、印度河、塔里木河、柴达木河等
馆藏独特性	是世界分布记录海拔最高的鱼类
保藏地点	中国科学院水生生物研究所水生生物博物馆

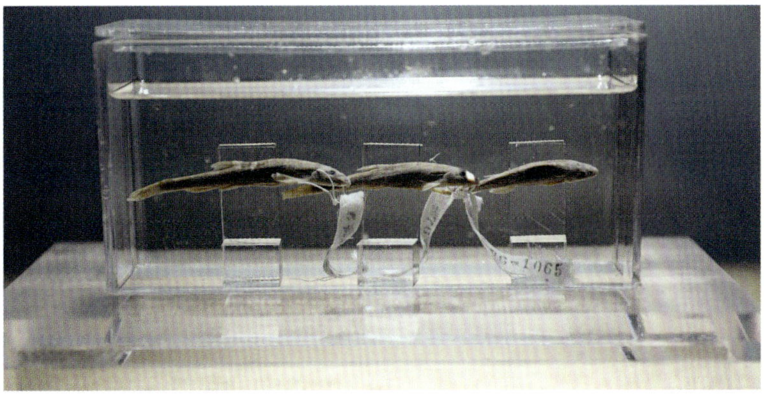

鉴别特征

通体无鳞。

金边双孔鱼 *Gyrinocheilus aymonieri* (Tirant, 1883)

分类地位	脊索动物门 Chordata，辐鳍鱼纲 Actinopterygii，鲤形目 Cypriniformes，双孔鱼科 Gyrinocheilidae，双孔鱼属 *Gyrinocheilus*
保护级别及濒危程度	国家二级重点保护野生动物
生活习性	口部呈吸盘状，可吸附在石块表面并铲食藻类，因此得名“清道夫”或“食藻鱼”
分布现状	原产于澜沧江流域。现作为观赏鱼类而遍布世界各地
保藏地点	中国科学院水生生物研究所水生生物博物馆

鲥 *Tenualosa reevesii* (Richardson, 1846)

分类地位	脊索动物门 Chordata，辐鳍鱼纲 Actinopterygii，鲱形目 Clupeiformes，鲱科 Clupeidae，鲥属 *Tenualosa*
保护级别及濒危程度	国家二级重点保护野生动物
生活习性	江海洄游性鱼类，生长于海中，在江河中产卵
分布现状	产于长江以南各大河流
馆藏独特性	此标本于 1955 年采集自湖北省鄂城（现为鄂州市）梁子湖樊口
保藏地点	中国科学院水生生物研究所水生生物博物馆

鉴别特征

体侧扁，口大，鳞片大而薄。个体较大，肉细脂肥，为鱼中上品，久享盛名。

刀鲚 *Coilia nasus* Temminck & Schlegel, 1846

分类地位	脊索动物门 Chordata，辐鳍鱼纲 Actinopterygii，鲱形目 Clupeiformes，鳀科 Engraulidae，鲚属 *Coilia*
生活习性	为洄游性鱼类
分布现状	为长江下游地区主要经济鱼类之一。分布于长江中下游及附属水体
保藏地点	中国科学院水生生物研究所水生生物博物馆

鉴别特征

小型鱼类，但在同属中其个体最大，大者可达40 cm，重280 g。体极扁薄。

暗纹东方鲀 *Takifugu obscurus* (Abe, 1949)

分类地位	脊索动物门 Chordata，辐鳍鱼纲 Actinopterygii，鲀形目 Tetraodontiformes，鲀科 Tetraodontidae，东方鲀属 *Takifugu*
分布现状	主要分布在我国近海和长江中下游，是海淡水洄游鱼类
馆藏独特性	此标本采集于湖北省武汉市。俗称河豚，从其内脏提取的河豚毒素是高级麻药原料
保藏地点	中国科学院水生生物研究所水生生物博物馆

巨魾 *Bagarius yarrelli* (Sykes, 1839)

分类地位	脊索动物门 Chordata，辐鳍鱼纲 Actinopterygii，鲇形目 Siluriformes，鮡科 Sisoridae
保护级别及濒危程度	中国物种红色名录列为易危（VU），国家二级重点保护野生动物
生活习性	居主河道，常伏卧在流水滩觅食。食物以小鱼为主，性迟钝而贪食，个体大，可超过 50 kg
分布现状	怒江、澜沧江、元江等水系
保藏地点	中国科学院昆明动物研究所昆明动物博物馆

鉴别特征

头和前躯特别粗大，纵扁。头宽大，前端楔形。吻端圆。眼位头的背面，呈椭圆形，眼缘不游离。鼻孔靠近吻端。齿尖锥形，大小不等，齿尖斜身口腔内方。颌须发达，宽扁，后伸可达胸鳍基后端。颏须纤细。鳃盖膜游离，不与鳃峡相连。背鳍具一骨质硬刺，后缘光滑，末端柔软，延长成丝。脂鳍短。胸鳍硬刺后缘带弱齿。尾鳍深分叉。头部背面及体表布满纵向嵴突，腹面光滑。上枕骨和背鳍基骨背面无嵴状突起。

长丝𩷶 *Pangasius sanitwongsei* Smith, 1931

分类地位	脊索动物门 Chordata，辐鳍鱼纲 Actinopterygii，鲇形目 Siluriformes，𩷶科 Pangasiidae，𩷶属 *Pangasius*
保护级别及濒危程度	中国物种红色名录列为极危（CR），国家一级重点保护野生动物
生活习性	体形强悍，游速很快，嘴宽大，杂食性，性凶猛，取食水生植物、浮游动物、小鱼、小虾等
分布现状	主要分布于澜沧江流域。中底层鱼，属于洄游鱼
保藏地点	中国科学院水生生物研究所水生生物博物馆

鉴别特征

显著的特征为高高的背鳍。

盲鼬鳚 *Barathronus diaphanous* Brauer, 1906

分类地位	脊索动物门 Chordata，辐鳍鱼纲 Actinopterygii，鼬鳚目 Ophidiiformes，胶鼬鳚科 Aphyonidae，盲鼬鳚属 *Barathronus*
生活习性	由于水体在 200 m 以下就没有可见光了，盲鼬鳚的眼睛已退化成 2 个白点
馆藏独特性	目前是世界上仅有的 2 号标本之一（另 1 号标本保存于丹麦国家博物馆）。此标本 1959 年 7 月 13 日采集于南海水深 1100 m 处，通过拖网采集，由我国海洋鱼类学家成庆泰先生鉴定
保藏地点	中国科学院海洋研究所海洋生物标本馆

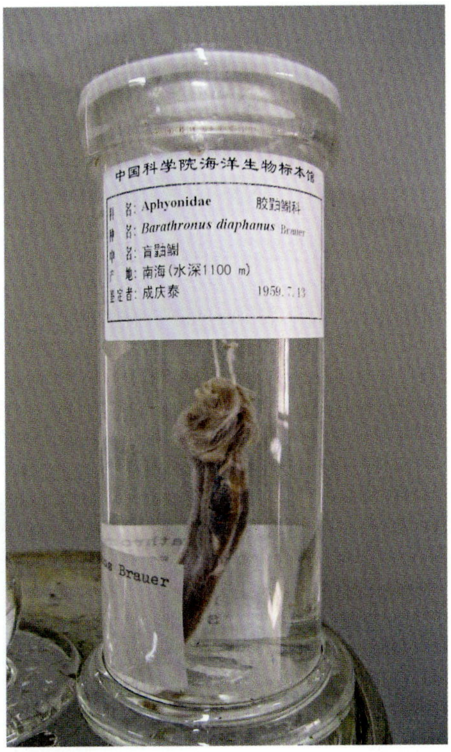

达氏鳇 *Huso dauricus* (Georgi, 1775)

分类地位	脊索动物门 Chordata，辐鳍鱼纲 Actinopterygii，鲟形目 Acipenseriformes，鲟科 Acipenseridae，鳇属 *Huso*
保护级别及濒危程度	中国物种红色名录列为极危（CR），国家一级重点保护野生动物
生活习性	性凶猛，为肉食性鱼类
分布现状	现分布于中俄边界的黑龙江水系
馆藏独特性	该物种起源于距今 1 亿 3000 万年的白垩纪
保藏地点	中国科学院水生生物研究所水生生物博物馆

鉴别特征

大型淡水鱼类，最大个体可达520 kg以上。

中华鲟 *Acipenser sinensis* Gray, 1835

分类地位	脊索动物门 Chordata，辐鳍鱼纲 Actinopterygii，鲟形目 Acipenseriformes，鲟科 Acipenseridae，鲟属 *Acipenser*
保护级别及濒危程度	国家一级重点保护野生动物，中国物种红色名录列为极危（CR）
生活习性	为生长迅速的大型鱼类，一般成熟雄鱼重 40 kg 以上，雌鱼重 120 kg 以上。幼鲟主食各类底栖动物，成鱼取食昆虫幼虫、硅藻及腐殖质。亲鲟在生殖期间基本停食。秋季上溯至江河上游水流湍急、底为砾石的江段繁殖，产卵期在 10—11 月
分布现状	分布于朝鲜半岛西海岸以南的沿海地区和各大江河，以长江出产较多。为洄游性鱼类，栖息于大江河及近海底层
馆藏独特性	其人工子二代已繁殖成功
保藏地点	中国科学院水生生物研究所水生生物博物馆

白鲟 *Psephurus gladius* (Martens, 1862)

分类地位	脊索动物门 Chordata，辐鳍鱼纲 Actinopterygii，鲟形目 Acipenseriformes，匙吻鲟科 Polyodontidae，白鲟属 *Psephurus*
保护级别及濒危程度	国家一级重点保护野生动物，中国物种红色名录列为极危（CR）
生活习性	息于江河中下层，有时进入大型湖泊。健游，性凶猛，主食鱼类，也食虾、蟹等。春季在长江上游产卵。生长迅速，个体特大，曾有体长达 7 m 的记录
分布现状	我国特有珍稀鱼类，分布于长江、钱塘江
馆藏独特性	被认为已功能性灭绝
保藏地点	中国科学院水生生物研究所水生生物博物馆

鉴别特征

头部特长，占体长的1/3，吻延长，呈剑状，布有梅花状的感觉器。

南海海马 *Hippocampus casscsio* Zhang, Qin, Wang and Lin, 2016

分类地位	脊索动物门 Chordata，辐鳍鱼纲 Actinopterygii，海龙目 Syngnathiformes，海龙科 Syngnathidae，海马属 *Hippocampus*
馆藏独特性	模式标本，2012 年 5 月 12 日采于广西北部湾（海草床）。中国科学院南海海洋研究所科研人员初步摸清了我国海域海龙科鱼类的多样性并发表了新种——南海海马，为第一个由中国学者定名的海龙科海马属新种
保藏地点	中国科学院南海海洋研究所南海海洋生物标本馆

鉴别特征

体形侧扁。头部与躯干几乎垂直，具顶冠；吻管状；鳃孔小，近头部背位。背鳍基部隆起，臀鳍短小，胸鳍宽而短。尾四棱形，细长，端尖，无尾鳍。

6. 两栖动物

中国大鲵 *Andrias davidianus* (Blanchard, 1871)

分类地位	脊索动物门 Chordata，两栖纲 Amphibia，有尾目 Caudata，隐腮鲵科 Cryptobranchidae，大鲵属 *Andrias*
保护级别及濒危程度	《濒危野生动植物种国际贸易公约》（CITES）附录 I，国家二级重点保护野生动物，中国物种红色名录列为极危（CR）
生活习性	成鲵常栖息在海拔 1000 m 以下溪河深潭内的岩洞、石穴中，以滩口上下的洞穴内较为常见，其洞口不大，进出一个口；洞的深浅不一，洞内宽敞平坦。大鲵一般夜出晨归，常住一个洞穴，白天常卧于洞穴内，很少外出活动，夏秋季节白天也有上岸觅食或晒太阳的习性；捕食主要在夜间进行，常守候在滩口乱石间，发现猎物经过时，突然张嘴捕食。适栖息于水温 3~23℃的水中，个体大的多生活于深水处，中小型个体多在浅水处。成鲵多数单栖活动，幼鲵常集群在乱石缝中
分布现状	中国特有种。由于经济价值大和环境质量下降等原因，野外种群数量很少
馆藏独特性	据中国科学院昆明动物研究所牵头研究的结果表明，中国大鲵至少由 5 个物种组成。中国大鲵长期以来被当作一个物种对待，且没有区分不同地理种群，现行的保护策略隐藏巨大的风险。建议全面开展中国大鲵遗传资源的调研和分析，有效保护中国大鲵各物种
保藏位置	中国科学院昆明动物研究所昆明动物博物馆、中国科学院水生生物研究所水生生物博物馆

鉴别特征

体大而扁平，一般全长约1 m，大者可达2 m以上。头大扁平而宽阔，头长略大于头宽；躯干粗壮扁平，颈褶明显，体侧有宽厚的纵行肤褶和若干圆形疣粒，腋胯部间距约为全长的1/3，有肋沟12~15条。四肢粗短，后肢略长，指、趾扁平。尾长约为头体长的一半，尾基部略呈柱状，向后逐渐侧扁，尾背鳍褶高而厚，尾腹鳍褶在近尾梢处方始明显，尾末端钝圆。

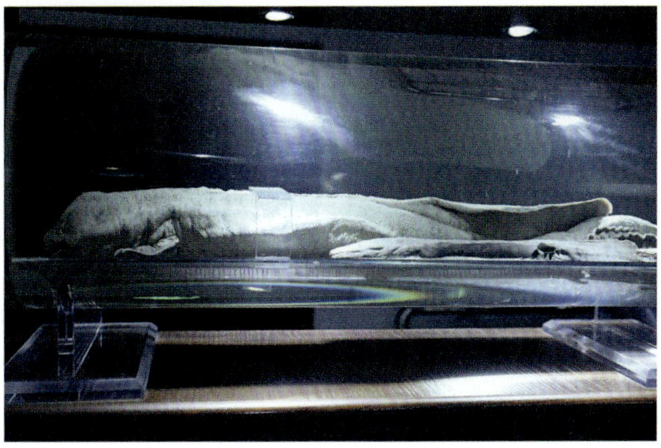

新疆北鲵 *Ranodon sibiricus* Kessler, 1866

分类地位	脊索动物门 Chordata，两栖纲 Amphibia，有尾目 Caudata，小鲵科 Hynobiidae，北鲵属 *Ranodon*
保护级别及濒危程度	国家二级重点保护野生动物，中国物种红色名录列为极危（CR）
分布现状	新疆北鲵栖息地极为狭窄，仅生存在新疆维吾尔自治区博尔塔拉蒙古自治州温泉县西部与哈萨克斯坦接壤的阿拉套山和天山局部泉涌地区，中心地带约为 500 km^2，海拔 2100~3200 m 的高山泉水小溪、湖泊浅水处，数量稀少，有捷麦克沟和苏鲁别珍两个栖息地约存 3500~4000 尾，是天山和阿拉套山由地面抬升时幸存下来的孑遗动物
保藏地点	中国科学院新疆生态与地理研究所标本馆

滇螈 *Cynops wolterstorffi* (Boulenger, 1905)

分类地位	脊索动物门 Chordata，两栖纲 Amphibia，有尾目 Caudata，蝾螈科 Salamandridae，蝾螈属 *Cynops*
保护级别及濒危程度	中国物种红色名录列为灭绝（EX）
生活习性	栖息于滇池及附近静水水域多水草的浅水区
分布现状	曾广泛分布于云南省昆明市滇池、阳宗海等水域，由于生存环境发生巨大改变，现已灭绝
馆藏独特性	中国科学院成都生物研究所两栖爬行动物标本馆保藏有滇螈标本 78 号，大多采于 20 世纪 50 年代。国内仅少数标本馆有馆藏标本。因此物种已灭绝，馆藏标本非常珍贵，在野生动物保护、生态环境保护等方面具有重要警示意义
保藏地点	中国科学院昆明动物研究所昆明动物博物馆、中国科学院成都生物研究所两栖爬行动物标本馆

鉴别特征

成螈具外鳃。

横纹树蛙 *Rhacophorus translineatus* Wu, 1977

分类地位	脊索动物门 Chordata，两栖纲 Amphibia，无尾目 Anura，树蛙科 Rhacophoridae，树蛙属 *Rhacophorus*
保护级别及濒危程度	中国物种红色名录列为易危（VU）
生活习性	栖息于海拔 1500 m 以下的静水水域附近树林
分布现状	仅分布于西藏自治区林芝市墨脱县
馆藏独特性	模式标本（正模），1973 年由赵尔宓院士、吴贯夫先生等采于西藏自治区林芝市墨脱县西工湖畔，是第一次青藏高原综合科学考察的成果之一
保藏地点	中国科学院成都生物研究所两栖爬行动物标本馆

鉴别特征

吻端尖出呈皮质锥状吻突；胫跗关节处有1个三角形片状肤褶；背面有9~12条深褐色横纹。

峨山掌突蟾 *Leptobrachella oshanensis* (Liu, 1950)

分类地位	脊索动物门 Chordata，两栖纲 Amphibia，无尾目 Anura，角蟾科 Megophryidae，掌突蟾属 *Leptobrachella*
生活习性	栖息于海拔 720~1800 m 的山区
分布现状	四川、甘肃、重庆、贵州、湖北
馆藏独特性	是中国科学院成都生物研究所两栖爬行动物标本馆最早在野外采集的标本之一，由我国两栖爬行动物学的主要奠基人之一刘承钊院士于 1940 年采集于四川省乐山市峨边彝族自治县
保藏地点	中国科学院成都生物研究所两栖爬行动物标本馆

鉴别特征

与腹斑掌突蟾相近，但本种股后腺距膝关节远，其间距远大于吻长；胸、腹部几乎无斑纹。蝌蚪尾部无斑点，唇齿式 1：3+3/2+2：1。

金顶齿突蟾　*Scutiger chintingensis* Liu and Hu, 1960

分类地位	脊索动物门 Chordata，两栖纲 Amphibia，无尾目 Anura，角蟾科 Megophryidae，齿突蟾属 *Scutiger*
保护级别及濒危程度	国家二级重点保护野生动物，中国物种红色名录列为濒危（EN）
生活习性	栖息于高海拔溪流边
分布现状	四川
馆藏独特性	该标本是中国科学院成都生物研究所两栖爬行动物标本馆最早在野外采集的标本之一，由我国两栖爬行动物学的主要奠基人之一刘承钊院士于 1939 年采集于四川峨眉山
保藏地点	中国科学院成都生物研究所两栖爬行动物标本馆

鉴别特征

趾间有蹼，背疣长而显著，无鼓膜。雄蟾胸、腋部有两对黑刺团，上臂及前臂内侧均有黑刺。

哀牢髭蟾 *Leptobrachium ailaonicum* (Yang, Chen and Ma, 1983)

分类地位	脊索动物门 Chordata，两栖纲 Amphibia，无尾目 Anura，角蟾科 Megophryidae，拟髭蟾属 *Leptobrachium*
保护级别及濒危程度	国家二级重点保护野生动物
生活习性	生活于海拔 2200~2500 m 的山区，栖息于阴湿的常绿阔叶林区的溪流及其附近，非繁殖期营陆栖生活，夜间外出活动，行动迟缓。繁殖期聚集到河流中产卵，非繁殖期则分散到林中，只有其繁殖期容易在河边及水中见到，其他时期很难寻觅其踪影。成年雄性哀牢髭蟾在繁殖期上唇会长出很多黑色的硬刺，所以也被称为“胡子蛙”，过了繁殖期嘴上的硬刺就会脱落，这可能与雄性繁殖期争夺领地和配偶等有关
分布现状	我国分布于云南，国外分布于越南
馆藏独特性	国内仅分布于云南，长相怪异，行为特殊，行踪隐秘，标本较难采集
保藏位置	中国科学院昆明动物研究所昆明动物博物馆

鉴别特征

体形大，背面紫棕色或紫灰棕色，有许多小黑斑点，后肢横纹显著，而前肢横纹不明显；腹面乳白色，满布碎云斑；通体背面皮肤满布短的彼此交织相连构成的网状肤棱；四肢背面肤棱极强，纵斜排列。头宽大于头长，宽而扁平，吻端圆形，略超出下颌，吻棱显著；眼大，瞳孔垂直椭圆形，眼球上半为浅蓝色，下半为棕黑色；鼓膜隐于皮下。前肢长，前臂及手长超过体长之半，指粗，末端呈圆球状。后肢较短，胫长不到体长之半，足略长于胫，趾间半蹼。

004779

华深拟髭蟾 *Leptobrachium huashen* Fei and Ye, 2005

分类地位	脊索动物门 Chordata，两栖纲 Amphibia，无尾目 Anura，角蟾科 Megophryidae，拟髭蟾属 *Leptobrachium*
生活习性	生活于海拔 1000~2400 m 山区的常绿阔叶林小型溪流及其附近，非繁殖季节营陆栖生活，白天多隐匿于石下或栖于林间草丛或落叶、苔藓下及土隙内
分布现状	云南
馆藏独特性	云南特有种，行踪隐秘，标本较难采集
保藏位置	中国科学院昆明动物研究所昆明动物博物馆

鉴别特征

体形平扁，雄蟾体长47~51 mm，雌蟾体长60 mm左右。头宽而扁平，宽大于长，吻圆而宽扁，上唇缘无角质刺；鼓膜隐于皮下；瞳孔纵置；上颌齿发达，无犁骨齿。皮肤较光滑，体背面网状肤棱明显或不显，体侧具疣粒；四肢背面有弱肤棱；腹面满布白色颗粒疣。前肢细，前臂及手长略大于体长之半；后肢较细短，前伸贴体时胫跗关节达肩部；趾间具微蹼，关节下瘤间肤棱明显。体背面灰蓝色或灰棕色，散有褐黑色虫纹斑或点状斑；眼的上半蓝色，下半褐灰色，体侧有深浅相间斑纹；四肢背面有横斑；体腹面紫罗兰色，胸部中央色浅，颗粒疣为白色，胸部两侧有深色弧形斑，呈“)(”形；胯部有浅色月牙斑。雄蟾上唇缘无锥状角质刺，指上无婚刺；有单咽下内声囊，有粉红色雄性线。

沙巴拟髭蟾 *Leptobrachium chapaense* (Bourret, 1937)

分类地位	脊索动物门 Chordata，两栖纲 Amphibia，无尾目 Anura，角蟾科 Megophryidae，拟髭蟾属 *Leptobrachium*
生活习性	生活于山区溪流附近
分布现状	我国分布于云南；国外分布于越南
馆藏独特性	国内仅分布于云南，行踪隐秘，标本较难采集
保藏位置	中国科学院昆明动物研究所昆明动物博物馆

鉴别特征

体形平扁，雄蟾体长46~52 mm，头扁而宽，上唇缘无角质刺；吻圆而宽扁；瞳孔纵置，虹膜颜色很深或黑色；鼓膜显著或略显；上颌齿发达，无犁骨齿。皮肤较光滑，背部有痣粒组成的网状肤棱；四肢背面肤棱不显；体腹部及四肢腹面满布白色扁平痣粒；腋腺色浅，股后腺不明显。前肢较细，前臂及手长约为体长之一半；后肢甚短，前伸贴体时胫跗关节达肩后；指、趾端圆，趾间具微蹼，趾下有肤棱。背面多为褐色、黑褐色、红褐色或紫褐色，并有深色网状纹；颞部多为棕褐色或棕红色；体侧和股后部黑色，其上有浅黄色或浅棕色斑块；四肢上有宽黑纹；腹部紫褐色，其上满布白点或白色网纹；胸部两侧略显弧形斑，呈“)(”形；四肢腹面有白色斑。雄性上唇缘没有锥状大黑刺，有单咽下内声囊，有雄性线。

7. 爬行动物

玳瑁 *Eretmochelys imbricata* (Linnaeus, 1766)

分类地位	脊索动物门 Chordata，爬行纲 Reptilia，龟鳖目 Testudines，海龟科 Cheloniidae，玳瑁属 *Eretmochelys*
保护级别及濒危程度	国家一级重点保护野生动物，中国物种红色名录列为极危（CR）
生活习性	主要生活在浅水礁和珊瑚礁区，体色会随分布区域及年龄而有所变化。以礁中的海绵等无脊椎动物为食。喜独居，很少群聚
馆藏独特性	1975 年收集于西沙群岛。海洋污染和非法捕捞导致了玳瑁数量急剧减少
保藏地点	中国科学院南海海洋研究所南海海洋生物标本馆

凹甲陆龟 *Manouria impressa* (Günther, 1882)

分类地位	脊索动物门 Chordata，爬行纲 Reptilia，龟鳖目 Testudines，陆龟科 Testudinidae，凹甲陆龟属 *Manouria*
保护级别及濒危程度	国家一级重点保护野生动物，中国物种红色名录列为极危（CR）
生活习性	喜欢栖息于森林中较湿润的地方，主要以植物的叶子及果实等为食
分布现状	我国分布于云南、海南，国外分布于缅甸、泰国、越南及马来半岛
馆藏独特性	国内仅分布于云南和海南，珍稀濒危。生活于热带地区的森林中，具当地人称，他们会在去山里采集野生菌的时候遇到凹甲陆龟，行动迟缓，繁育速度慢，所以目前已极度濒危，野外很难再见到其身影
保藏位置	中国科学院昆明动物研究所昆明动物博物馆

鉴别特征

前肢 5 爪，每块背甲中央处均下凹，臀盾 2 枚，头中等大小，体背隆起；腹甲短于背甲，腹甲除喉盾外其余盾片平坦；头可区分，头顶及下颌表面由多棱角质盾片覆盖；眼大，瞳孔圆形，有上、下眼睑；眼间距为鼻间距的 3 倍；吻端呈棱状，从吻端到鼻孔的距离与鼻间距相等；鼓膜与眼径相等；背甲长，中间高，周围低；肛侧、股基有 1 对大的棘；尾短，上有角质鳞覆盖。头部、上下颌、背甲和腹甲为黄褐色；颈、四肢、腋、胯、股、肛周围及尾部为黑褐色。

四爪陆龟 *Testudo horsfieldii* Gray, 1844

分类地位	脊索动物门 Chordata，爬行纲 Reptilia，龟鳖目 Testudines，陆龟科 Testudinidae，陆龟属 *Testudo*
保护级别及濒危程度	国家一级重点保护野生动物，中国物种红色名录列为极危（CR）
生活习性	常在蒿草丰富、土质湿润、螺壳较多的阴坡凹地栖息
分布现状	生活于海拔 700~1000 m 黄土丘陵草原半荒漠地区。以哈萨克斯坦南部荒漠地区和天山山前地带为多
分布现状	我国仅分布于新疆维吾尔自治区伊犁哈萨克自治州霍城县境内；国外分布于印度、巴基斯坦、伊朗
馆藏独特性	中国现存的四爪陆龟不足 2000 只，其中在野外生存的约有 295 只，人工饲养点内放养的约有 1500 只；野外数量还在不断减少
保藏地点	中国科学院新疆生态与地理研究所标本馆

鉴别特征

背甲中部略微扁平，看上去其背甲基本上呈圆形。头部与四肢均具黄色，它的头比较小，顶部有对称的大鳞；喙缘锯齿状。

凭祥睑虎 *Goniurosaurus luii* Grismer, Viets and Boyle, 1999

分类地位	脊索动物门 Chordata、爬行纲 Reptilia，有鳞目 Squamata，睑虎科 Eublepharidae，睑虎属 *Goniurosaurus*
保护级别及濒危程度	国家二级重点保护野生动物，中国物种红色名录列为易危（VU）
生活习性	栖息于温暖湿润的多岩石森林或灌木丛中
分布现状	国内分布于广西、海南，国外分布于越南
馆藏独特性	睑虎是一类比较原始的壁虎，凭祥睑虎最早在 1993 年发现于广西凭祥，1999 年被正式发表为亚洲睑虎属的一个新物种，仅在广西和越南北部温暖湿润的多岩石森林或灌木丛中发现有分布。现在在凭祥已很难找到凭祥睑虎了
保藏位置	中国科学院昆明动物研究所昆明动物博物馆

鉴别特征

颜色多数偏紫黑，但多数个体有大理石碎斑，从脖子到尾根总共5条清晰横间纹，尾巴花纹则仅有5~6条白色横间纹。

鳄蜥 *Shinisaurus crocodilurus* Ahl, 1930

分类地位	脊索动物门 Chordata、爬行纲 Reptilia，有鳞目 Squamata，鳄蜥科 Shinisauridae，鳄蜥属 *Shinisaurus*
保护级别及濒危程度	国家一级重点保护野生动物，中国物种红色名录列为极危（CR），《濒危野生动植物种国际贸易公约》（CITES）列入附录 I
生活习性	鳄蜥常在山冲溪流不大的积水坑内，平时活动较少，每天晨昏时出来活动和觅食。夜间有的昂首，有的低头静伏在岩石上或离水面 1 m 左右高的树干上，四肢紧抱树干，闭着眼，终夜寸步不移，白昼也多此现象。如受到惊动，立即跃入水中，潜藏在岩石下或洞穴里。繁殖期 6—8 月，活动频繁
分布现状	广西
馆藏独特性	中国特有种，模式产地在广西壮族自治区来宾市金秀瑶族自治县罗香乡，后来当地因环境遭到破坏，大片森林被开垦成农田或由人工种植的经济林替代，已经无法再见到鳄蜥的身影。广西及其他地方仍有少量野生种群，但也较稀少，目前正在实施人工繁育并尝试放归野外，希望能保护这个独特的物种
保藏位置	中国科学院昆明动物研究所昆明动物博物馆

鉴别特征

身体呈圆柱形，尾侧扁似鳄鱼，生活时背面深棕色，头背鳞色深，头侧及体侧为土棕色，杂有黑纹；头侧部由眼辐射出8条深色纹，眼后1条较长，眼下方3条较粗。体侧后端黑纹不规则；腹浅黄有黑短斑纹；尾部有黑色与黄色相间的横纹11~12条。幼体腹面黑色横纹清晰。

平颏海蛇 *Hydrophis curtus* (Shaw, 1802)

分类地位	脊索动物门 Chordata、爬行纲 Reptilia，有鳞目 Squamata，眼镜蛇科 Elapidae，海蛇属 *Hydrophis*
保护级别及濒危程度	国家二级重点保护野生动物
生活习性	栖息于海洋中
分布现状	中国（海南、福建、台湾、山东、香港、广西），阿曼、阿联酋、伊朗、巴基斯坦、斯里兰卡、印度、越南、孟加拉国、澳大利亚、菲律宾、缅甸、泰国、印度尼西亚、日本、巴布亚新几内亚、马来西亚等
馆藏独特性	由于栖息于海洋中，受关注较少，因此我国的海蛇类标本相对较少。但海蛇是研究爬行动物海洋适应性进化的重要材料之一
保藏地点	中国科学院成都生物研究所两栖爬行动物标本馆

鉴别特征

头较大，体粗壮；背鳞呈六角形或近方形，环体鳞最多不超过45行；腹鳞两侧背鳞较大，起棱强。

瘰鳞蛇 *Acrochordus granulatus* (Schneider, 1799)

分类地位	脊索动物门 Chordata、爬行纲 Reptilia，有鳞目 Squamata，瘰鳞蛇科 Acrochordidae，瘰鳞蛇属 *Acrochordus*
保护级别及濒危程度	国家二级重点保护野生动物
生活习性	栖息于河流入海口，海滨，以鱼类为食
分布现状	我国分布于海南，国外分布于澳大利亚、印度尼西亚、东帝汶、孟加拉国、柬埔寨、印度、马来西亚、缅甸、菲律宾、新加坡、斯里兰卡、泰国、越南、巴布亚新几内亚及所罗门群岛
馆藏独特性	此标本为国外赠予，1917年采集于泰国，是成都生物研究所两栖爬行动物标本馆最早的馆藏标本。在中国仅发现于海南，我国标本数量极为稀少
保藏地点	中国科学院成都生物研究所两栖爬行动物标本馆

鉴别特征

鼻孔背位；腹部中线有纵向皮褶；全身被细小鳞片；中段环体鳞约100枚。

西藏温泉蛇 *Thermophis baileyi* (Wall, 1907)

分类地位	脊索动物门 Chordata、爬行纲 Reptilia，有鳞目 Squamata，食螺蛇科 Dipsadidae，温泉蛇属 *Thermophis*
保护级别及濒危程度	国家一级重点保护野生动物，中国物种红色名录列为极危（CR）
生活习性	栖息于青藏高原部分温泉附近，见于乱石堆中、沼泽草甸里，亦见游于河中。捕食高原鳅、高山倭蛙等，冬季利用地热过冬
分布现状	我国西藏（拉萨、日喀则、林芝）高原特有种。温泉蛇的生境十分特殊，分布区较为狭窄，仅出现在喜马拉雅地槽带海拔 4300 m 以上的某些温泉附近，是我国垂直分布最高的蛇种，而昆仑山以北青海境内的温泉附近并未发现，表明了温泉蛇的起源和演化与青藏高原的形成和隆起有着密切的联系
馆藏独特性	西藏温泉蛇是世界上分布海拔最高的蛇类之一。馆藏西藏温泉蛇标本中，有一部分是 1973 年第一次青藏高原综合科学考察期间所采集的，并做了大量详细的野外记录，为后续开展相关研究奠定了基础。1977 年 5 月 22 日采集于西藏羊八井
保藏地点	中国科学院成都生物研究所两栖爬行动物标本馆、中国科学院西北高原生物所青藏高原生物标本馆

鉴别特征

鼻鳞前半部在头背扩展，与吻鳞相切很多；鼻间鳞较短，与吻鳞相切部分极窄；中段背鳞19行；尾下鳞双行为主，间或有单行。

055829

黑网乌梢蛇 *Ptyas carinata* (Günther, 1858)

分类地位	脊索动物门 Chordata、爬行纲 Reptilia，有鳞目 Squamata，游蛇科 Colubridae，鼠蛇属 *Ptyas*
保护级别及濒危程度	国家二级重点保护野生动物，中国物种红色名录列为濒危（EN）
生活习性	颈部 2 个头长可垂直侧扁以警告天敌，喜在云南南缘热带雨林和多灌丛的草坡环境中活动，行动非常迅速，主要以鼠类、蜥蜴及其他蛇为食
分布现状	我国分布于云南，国外分布于马来西亚、缅甸、泰国、印度、印度尼西亚、越南
馆藏独特性	我国有 3 种乌梢蛇，分别为乌梢蛇、黑线乌梢蛇和黑网乌梢蛇，黑网乌梢蛇是 3 种中体形最大的，体长可超过 3 m。它们的共性是行动速度非常快，人们通常说的“草上飞”指的就是乌梢蛇类，要想追上它们是很困难的。黑网乌梢蛇在我国非常罕见，仅在云南南部有少量记录，但在中国以南的其他东南亚国家更容易见到，云南南部可能是其分布的边缘
保藏位置	中国科学院昆明动物研究所昆明动物博物馆

鉴别特征

除蟒蛇外，本种是我国无毒蛇中体形最大者。通身背面棕黄色，自颈部约1.5个头长起至中段，每隔3~5枚鳞片有 1 枚白色鳞片前后交错组成的白色横纹，将棕黄色或浅棕黑色的背部分隔成黑白相间的浅棕黑色或棕黄色宽大横斑；尾部的前半段是由 3 枚黄白色鳞片长、1 枚鳞宽组成的黄白色短纵条纹，条纹间，无论其前后或是上下都相间 1 枚浅棕黑色鳞片，因而形成水平的网格状斑纹；该段之后，黄白色条纹变成黄白色点，相连成水平点状链纹；尾部末端的1/3段全由黄白色圆点组成链纹。

眼镜王蛇 *Ophiophagus hannah* (Cantor, 1836)

分类地位	脊索动物门 Chordata、爬行纲 Reptilia，有鳞目 Squamata，眼镜蛇科 Elapidae，眼镜王蛇属 *Ophiophagus*
保护级别及濒危程度	国家二级重点保护野生动物，中国物种红色名录列为濒危（EN）
生活习性	生活于海拔 700~1800 m山区，常居于山溪旁的树洞中，有护卵习性。眼镜王蛇性极凶猛，受惊发怒时主动向人进攻，主要以其他蛇类为食
分布现状	我国分布于云南、福建、广东、广西、贵州、海南、四川、浙江；国外分布于南亚和东南亚地区
馆藏独特性	中国最大的毒蛇，体大凶猛，数量较少。眼镜王蛇个体大，体长可达 4 m 以上，毒性非常强，性情凶猛。野外遇到比较危险，采集眼镜王蛇标本也存在较大风险。眼镜王蛇在野外比较少见，但有时眼镜王蛇会爬到村庄内甚至房屋中，对人类构成一定威胁。如遇到这种情况，建议不要随意私自处理，尽量请消防人员及专业人士前来处理
保藏位置	中国科学院昆明动物研究所昆明动物博物馆

055975

鉴别特征

头椭圆形，略扁，头与颈可区分；体圆柱形，颈部可膨为宽扁；尾较长，尾末端钝圆形。吻鳞较大，宽大于高；鼻孔较大，位于前后鼻鳞之间；体背黑棕色或黄棕色；下颌面为乳黄色或灰白色；腹面色浅，为棕色或紫灰色；体背有浅色横斑14~37块+10~12块，一般在幼体数目多且非常显著，在成体则数目少且不甚显著。

蟒 *Python bivittatus* Kuhl, 1820

分类地位	脊索动物门 Chordata、爬行纲 Reptilia，有鳞目 Squamata，蟒科 Pythonidae，蟒属 *Python*
保护级别及濒危程度	国家二级重点保护野生动物，中国物种红色名录列为极危（CR），《濒危野生动植物种国际贸易公约》（CITES）列入附录Ⅱ
生活习性	生活于热带、亚热带地区。栖息于海拔 1000 m左右的热带、亚热带丛林中，树栖、陆栖，穴居。善攀爬，可长期生活于水稻田等水域中，嗜昏睡，多夜间活动。以各种脊椎动物为食，如蛙类、爬行类、鸟、羊、兔、鹿等，能吞食；对体形大的动物，则以身体缠绕使其窒息而死，然后吞食
分布现状	我国分布于云南、福建、广东、广西、海南；国外分布于缅甸、马来西亚、泰国、印度尼西亚、越南
馆藏独特性	中国最大的珍稀濒危无毒蛇
保藏位置	中国科学院昆明动物研究所昆明动物博物馆

鉴别特征

头、颈区分明显；头背有大型对称鳞片；有眼下鳞；吻鳞、前两枚上唇鳞具唇窝；尾下鳞大部或全部双行。树栖、水栖。尾具缠绕性。大型蛇类。一般长1~3 m，少数可达3.5 m以上，体长为尾长的7~8倍。头小，吻端较平扁。吻鳞宽胜于高，从头背可见，两边各有 1 个大且深的唇窝；鼻孔偏于鼻鳞背侧。头背黑色，有 1 块矛形斑；从顶鳞后到颈部有 1 条长约10鳞、宽 3 鳞的黄褐色斑纹；又有 1 条斑纹经吻端沿鼻孔上缘、眼前鳞、眼上鳞直达眼后；眼后下方有 1 块黑斑；头侧 1 块黑斑通过眼直达口角后；眼下有 1 条黑纹向后斜向唇缘；头腹面黄白色，躯干及尾部腹面黄白色杂有少数黑褐色斑，腹鳞无斑；体背灰棕色或黄色，与侧面均镶有黑边的云豹状斑纹；背中线上有 1 条较大纵行斑块，略成方形，中央红棕色；两背侧各有 1 条 2 枚鳞宽的黄色纹带延达尾端。

8. 鸟类

帝企鹅
***Aptenodytes forsteri* G. R. Gray, 1844**

分类地位	脊索动物门 Chordata，鸟纲 Aves，企鹅目 Sphenisciformes，企鹅科 Spheniscidae，王企鹅属 *Aptenodytes*
生活习性	全身色泽协调，庄重高雅。实行一夫一妻制，在南极严寒的冬季冰上繁殖后代，雌企鹅每次产1枚蛋，由雄企鹅置于脚蹼上孵化
分布现状	是南极洲的标志性动物，几乎遍布南极周围的海岸带区
馆藏独特性	此标本2005年12月20日采集于南极普里兹湾企鹅岛（69° 22.507′ S，76° 22.279′ E）
保藏地点	中国科学院海洋研究所海洋生物标本馆

鉴别特征

身高一般1.2 m，体重45 kg。典型特征是脖子底下有一片橙黄色羽毛，向下逐渐变淡，耳朵后部最深。

大鸨 *Otis tarda* Linnaeus, 1758

分类地位	脊索动物门 Chordata，鸟纲 Aves，鸨形目 Otidiformes，鸨科 Otididae，大鸨属 *Otis*
保护级别及濒危程度	国家一级重点保护野生动物，中国物种红色名录列为濒危（EN），《濒危野生动植物种国际贸易公约》（CITES）列入附录Ⅱ
分布现状	世界分布自中欧、南欧到中亚；中国分布较广，北自内蒙古的呼伦贝尔、东北地区的南部和西南部，到河北、山西、陕西、河南、山东，西至甘肃兰州等地
保藏地点	中国科学院新疆生态与地理研究所标本馆

鉴别特征

鸨科中最著名的种类，雄鸟重达14 kg，体长120 cm，展翅240 cm。大鸨是草地上最大的鸟，也是世界上能飞起的最重的鸟。

波斑鸨

Chlamydotis macqueenii (J. E. Gray, 1832)

分类地位	脊索动物门 Chordata，鸟纲 Aves，鸨形目 Otidiformes，鸨科 Otididae，波斑鸨属 *Chlamydotis*
保护级别及濒危程度	国家一级重点保护野生动物，中国物种红色名录列为濒危（EN），《濒危野生动植物种国际贸易公约》（CITES）列入附录Ⅰ
生活习性	栖息于广阔草原、半荒漠地带及农田草地，常成群活动。善于奔跑，主要吃野草，也吃甲虫、蝗虫、毛虫等
分布现状	生活栖息在新疆维吾尔自治区昌吉回族自治州木垒哈萨克自治县。专家们预计，如果不加强有效保护，这种美丽的大鸟或许10年以后就会永远消失
保藏地点	中国科学院新疆生态与地理研究所标本馆

鉴别特征

大型地栖鸟类，体形较大鸨为小，外形似鸡，但仅具3趾。

普通鸬鹚 *Phalacrocorax carbo* (Linnaeus, 1758)

分类地位	脊索动物门 Chordata，鸟纲 Aves，鲣鸟目 Suliformes，鸬鹚科 Phalacrocoracidae，鸬鹚属 *Phalacrocorax*
生活习性	迁徙经中国中部，冬季至南方省份、海南岛及台湾越冬。平时栖息于河川和湖沼中，夏季在近水的岩崖或高树上，或沼泽低地的矮树上营巢。除迁徙时期外，一般不离开水域。鸬鹚的翅膀已经进化到可以帮助划水，在海草丛生的水域主要用脚蹼游水，在清澈的水域或是沙底的水域，脚蹼和翅膀并用。主要以鱼类和甲壳类动物为食
分布现状	在中国中部和北部繁殖，可见到大群聚集青海湖
馆藏独特性	此标本 1988 年 10 月 21 日采集于青海湖
保藏地点	中国科学院西北高原生物所青藏高原生物标本馆

鉴别特征

大型水鸟，通体黑色，头颈具紫绿色光泽，两肩、背和翅覆羽铜褐色并具金属光泽。眼周和喉侧裸露皮肤黄色，上嘴黑色，嘴缘和下嘴灰白色，喉囊橙黄色，眼后下方白色。脚黑色。生殖季节，雄鸟头部和颈部会长出许多白色的丝状羽，脸部有红色斑。

朱鹮 *Nipponia nippon* (Temminck, 1835)

分类地位	脊索动物门 Chordata，鸟纲 Aves，鹳形目 Ciconiiformes，鹮科 Threskiorothidae，朱鹮属 *Nipponia*
保护级别及濒危程度	国家一级重点保护野生动物，中国物种红色名录列为濒危（EN），《濒危野生动植物种国际贸易公约》（CITES）列入附录Ⅰ
生活习性	生活在温带山地森林和丘陵地带，主要以小鱼、泥鳅、蛙、蟹、虾、蜗牛、昆虫等小型脊椎动物和无脊椎动物为食。性格较孤僻而沉静，除起飞时鸣叫外，一般活动时不鸣叫。常单独或成对或成小群活动，极少与别的鸟合群
分布现状	曾广泛分布于中国东部、日本、俄罗斯、朝鲜等地
馆藏独特性	朱鹮被称为“东方宝石”，1964 年后的 10 多年时间里，全世界已没有朱鹮的记录。1978 年，中科院动物所成立了鸟类学家刘荫增先生带领的考察队，走遍了历史上朱鹮现身过的 12 个省份，终于在 1981 年第三次进驻陕西省汉中市洋县考察时，发现了世界上仅存的 7 只野生朱鹮。考察队三顾洋县的原因是动物所标本馆里有两号 1957 年在洋县采集的朱鹮标本。这次考察改变了朱鹮的命运，在其后 30 多年，科学家们先后攻克人工饲养、人工繁育、野化放归等难题，最初的 7 只朱鹮至 2020 年已发展到 5000 余只
保藏地点	中国科学院动物研究所国家动物标本资源库、国家动物博物馆

鉴别特征

体形中等，体羽白色，后枕部有长的柳叶形羽冠，额至面颊部皮肤裸露，呈鲜红色；繁殖期时用喙不断啄取从颈部肌肉中分泌的灰色素，涂抹到头部、颈部、上背和两翅羽毛上，使其变成灰黑色。

赤麻鸭 *Tadorna ferruginea* (Pallas, 1764)

分类地位	脊索动物门 Chordata，鸟纲 Aves，雁形目 Anseriformes，鸭科 Anatidae，麻鸭属 *Tadorna*
生活习性	迁徙性鸟类，栖息于江河、湖泊、河口、水塘及其附近的草原、荒地、沼泽、沙滩、农田和平原疏林等各类生境中。每年 3 月初—3 月中旬，当繁殖地的冰雪刚开始融化时就成群从越冬地迁来，10 月末—11 月初又成群从繁殖地迁往越冬地。多成家族群或由家族群集成更大的群体迁飞，常常边飞边叫，多呈直线或横排队列飞行前进，沿途不断停栖和觅食，在停栖地常常集成数十甚至近百只的更大群体。性机警，人难于接近。赤麻鸭 2 龄时性成熟，通常 1 年繁殖 1 次，繁殖期 4—6 月。通常繁殖在开阔的平原，成对的结合较为固定。交配在水中或地上进行，交配前雌鸭颈部向前伸直，头低向地面，并发出“嘎嘎”叫声，来回在雄鸭周围走动，雄鸭此时也伸长脖子走向雌鸭，随后衔住雌鸭肩羽，上到雌鸭背上进行交配。雏鸟早成性，孵出后即长满了绒羽，已孵出的雏鸟和亲鸟一起游泳在水塘和小溪中，见人后雏鸟立刻藏入岸边草丛
分布现状	分布范围广，种群数量趋势稳定
馆藏独特性	此标本 1989 年 5 月 14 日采集于青海湖
保藏地点	中国科学院西北高原生物所青藏高原生物标本馆

鉴别特征

体形较大，全身黄褐色，翅上有明显的白色翅斑和铜绿色翼镜；嘴、脚、尾黑色；飞翔时黑色的飞羽、尾、嘴和脚、黄褐色的体羽与白色的翼上和翼下覆羽形成鲜明的对照。雄鸟头顶棕白色，有一黑色颈环，雌鸟羽色和雄鸟相似，但体色稍淡，头顶和头侧几乎白色，颈基无黑色领环。

大𫛭　*Buteo hemilasius* Temminck & Schlegel, 1844

分类地位	脊索动物门 Chordata，鸟纲 Aves，鹰形目 Accipitriformes，鹰科 Accipitridae，𫛭属 *Buteo*
保护级别及濒危程度	国家二级重点保护野生动物，中国物种红色名录列为易危（VU），《濒危野生动植物种国际贸易公约》（CITES）列入附录Ⅱ
生活习性	白天活动，常单独或小群活动，飞翔时两翼鼓动较慢，在空中做圈状翱翔。性凶猛，也十分机警，休息时多栖息地上、岩石顶上或树、森林突出物上。以鼠类和鼠兔等为主要食物，在草原保护中具有很大作用；捕食方式主要通过在空中盘旋飞翔，或者站在地上和高处等待捕获物，通过锐利的眼睛观察和寻觅，一旦发现地面猎物，突然快速俯冲而下，用利爪抓捕
分布现状	分布于黑龙江、吉林、辽宁、内蒙古、西藏、新疆、青海、甘肃等地的大𫛭主要为留鸟，部分迁徙
馆藏独特性	采集于青海省西宁市
保藏地点	中国科学院西北高原生物所青藏高原生物标本馆

鉴别特征

大型猛禽，体长57~71 cm，体重1320~2100 g；上体暗褐色，有3~9条暗色横斑，羽干白色；头顶和后颈白色，各羽贯以褐色纵纹；头侧白色；虹膜黄褐色，嘴黑色，蜡膜黄绿色；下体大都棕白色；跗跖和趾黄色，爪黑色。

黑兀鹫 *Sarcogyps calvus* (Scopoli, 1786)

分类地位	脊索动物门 Chordata，鸟纲 Aves，鹰形目 Accipitriformes，鹰科 Accipitridae，黑兀鹫属 *Sarcogyps*
保护级别及濒危程度	国家一级重点保护野生动物，中国物种红色名录列为极危（CR），《濒危野生动植物种国际贸易公约》（CITES）列入附录Ⅱ
生活习性	垂直分布高度约 400~2500 m。栖息于热带、亚热带地区的开阔地带，常见于半荒漠地、农耕地、山脚落叶林、稀疏林和人类活动区。喜欢吃腐肉，常与其他食腐鸟类一起进食
分布现状	我国仅见于云南，国外分布于南亚次大陆和中南半岛。但近几年在许多原分布地已消失。《云南鸟类志》（上卷）中描述，在西双版纳和思茅，1958—1961 年，常见单个在村镇附近的大树上停栖，尤其多见在屠宰场附近觅食弃物。1961 年以后逐渐减少，在 80 年代以来的多次考察中，再也没有发现黑兀鹫
馆藏独特性	本馆保藏有 5 号标本，其中 1 号在展示馆展出，均采自 1957—1961 年，国内馆藏标本不多
保藏地点	中国科学院昆明动物研究所昆明动物博物馆

鉴别特征

体形较大，体长 76~86 cm，全身体羽呈亮黑色。头和颈裸露，皮肤红色，颈侧有肉垂；颈基皱领和两胁被白色绒羽；尾短，飞行时呈楔状。

高山兀鹫 *Gyps himalayensis* Hume, 1869

分类地位	脊索动物门 Chordata，鸟纲 Aves，鹰形目 Accipitriformes，鹰科 Accipitridae，兀鹫属 *Gyps*
保护级别及濒危程度	国家二级重点保护野生动物，《濒危野生动植物种国际贸易公约》（CITES）列入附录Ⅱ
生活习性	高山兀鹫主要以腐肉和尸体为食，一般不攻击活物，视觉和嗅觉都很敏锐，常在高空翱翔盘旋寻找地面上的尸体，或通过嗅觉闻到腐肉的气味而向尸体集中，有时为了争抢食物而相互攻击，经常聚集在藏区“天葬台”周围，等候啄食尸体
分布现状	我国分布于内蒙古、四川、云南、西藏、甘肃、青海、宁夏、新疆；国外分布于中亚地区和喜马拉雅山脉除去中国的部分
馆藏独特性	采集于青海省海西蒙古族藏族自治州天峻县
保藏地点	中国科学院西北高原生物所青藏高原生物标本馆

鉴别特征

属大型猛禽，上体沙白色或茶褐色，具矛状条纹及淡色羽缘，头和颈裸露，稀疏的被有少数污黄色或白色像头发一样的绒羽，颈基部有羽簇呈披针形，呈淡皮黄色或黄褐色。上体和翅上覆羽淡黄褐色，飞羽黑色。下体淡白色或淡皮黄褐色，飞翔时淡色的下体和黑色的翅对照鲜明。

白背兀鹫 *Gyps bengalensis* (Gmelin, 1788)

分类地位	脊索动物门 Chordata，鸟纲 Aves，隼形目 Falconiformes，鹰科 Accipitridae，兀鹫属 *Gyps*
保护级别及濒危程度	国家一级重点保护野生动物，《濒危野生动植物种国际贸易公约》（CITES）列入附录Ⅱ
生活习性	栖息于亚洲热带和南亚热带地区的开阔地带，常见于人类活动区域。以动物尸体为食，和黑兀鹫一样为食腐鸟类。营巢于高大树上
分布现状	在国内仅见于云南，罕见留鸟。国外分布于伊朗、阿富汗、巴基斯坦、印度、孟加拉国、尼泊尔、不丹、缅甸、泰国、老挝、柬埔寨。全球红色物种名录列为极危（CR）
馆藏独特性	本馆保藏两号标本，分别为 1959 年 3 月 26 日和 1960 年 2 月 27 日采集于西双版纳傣族自治州勐腊县。国内馆藏标本不多
保藏地点	中国科学院昆明动物研究所昆明动物博物馆

鉴别特征

体形较大，体长 76~93 cm，成鸟体羽主要呈黑褐色。头颈裸出，颈长；下背、腰、翅下覆羽和颈基的皱领白色，与近黑色的飞羽及黑褐色下体形成反差。亚成鸟无白色。

红腿小隼 *Microhierax caerulescens* (Linnaeus, 1758)

分类地位	脊索动物门 Chordata，鸟纲 Aves，隼形目 Falconiformes，隼科 Falconidae，小隼属 *Microhierax*
保护级别及濒危程度	国家二级重点保护野生动物，《濒危野生动植物种国际贸易公约》（CITES）列入附录Ⅱ
生活习性	结小群在开阔的树上捕食。快速追捕昆虫似树燕。守候猎物时头点动而尾轻抽
分布现状	国内极为稀少，仅记录于云南省德宏傣族景颇族自治州盈江县。国外分布于印度东北部、尼泊尔、缅甸、泰国、老挝、柬埔寨、越南
馆藏独特性	1979 年 1 月 8 日采集于云南省德宏傣族景颇族自治州盈江县，为当时国内新记录
保藏地点	中国科学院昆明动物研究所昆明动物博物馆

鉴别特征

世界上最小的猛禽之一，仅麻雀大小，体长 14~18 cm。上体亮黑色，黑色眼纹较粗，后颈具白色领斑；下体白色，颏、喉和腹部至尾下覆羽及覆腿羽锈红色。

白尾梢虹雉 *Lophophorus sclateri* Jerdon, 1870

分类地位	脊索动物门 Chordata，鸟纲 Aves，鸡形目 Gallifomes，雉科 Phasianidae，虹雉属 *Lophophorus*
保护级别与濒危程度	国家一级重点保护野生动物，中国物种红色名录列为濒危（EN），《濒危野生动植物种国际贸易公约》（CITES）列入附录 I
生活习性	栖息于海拔 2500~4200 m 杉树苔藓林，杜鹃林和竹林地带。繁殖期多单独活动。白天觅食时有数只个体集中在数百平方米的地域内，夜晚多独栖，在低矮的枝条上或岩石边过夜。在碧罗雪山白尾梢虹雉有季节性迁移，而高黎贡山的个体冬季基本不下移，这主要是由于碧罗雪山过于陡峭，冬季的虹雉多聚集在山坳里。食物以野百合、蕨根、竹叶、草根及其幼嫩叶片等为主。据访问，每年 4 月产卵，似鸭蛋大小，筑巢于岩石缝隙中
分布现状	我国分布于云南和西藏的狭窄区域。国外见于缅甸东北隅与我国接壤地区
馆藏独特性	全国标本不多，本馆鸟类标本库收藏有 8 号。1973 年 5 月 1 日采集的 1 只雄鸟；1974 年 7 月在腾冲大塘捕得两只雄鸟，喂给米饭、苞谷和蔬菜达两月余
保藏地点	中国科学院昆明动物研究所昆明动物博物馆

鉴别特征

雌雄相异，雄鸟体形较大。雄鸟脸部裸皮钴蓝色，上体大都为具金属光泽的紫蓝色、绿色和古铜色，下背以下纯白；腹部黑色，尾棕而具白端。雌鸟脸部裸皮浅蓝色，上体大都黑褐色具棕黄色纵纹和横斑，下背到尾上覆羽污白密杂褐色横纹；颏和喉棕白，胸、腹部黄褐色，密布黑褐色虫蠹状细斑，尾羽黑褐色具近白色横斑和羽端。

藏马鸡 *Crossoptilon harmani* Elwes, 1881

分类地位	脊索动物门 Chordata，鸟纲 Aves，鸡形目 Gallifomes，雉科 Phasianidae，马鸡属 *Crossoptilon*
保护级别与濒危程度	国家二级重点保护野生动物
生活习性	藏马鸡栖息于海拔 3000~4000 m 的高山和亚高山针叶林和针阔叶混交林带，有时也上到林线上林缘疏林灌丛中活动。喜集群，常成群活动，特别是冬季至春季，有时集群多达 50~60 只。主要以植物的叶、芽、果实和种子等为食，也吃少量昆虫等动物性食物。群中常有一只健壮的雄鸡充当头鸟，它不时昂首观望，警惕性很高，当发现异常情况时，便发出鸣叫，并向高处奔跑，群鸡紧随其后，形成一列不整齐的纵队，危急时则往低处飞。早晨和黄昏时常发出高声的鸣叫，声音短促、粗犷而洪亮，呈断续的“咯、咯、咯、咯”的声音
分布现状	中国特有种，主要分布于西藏
馆藏独特性	此标本 1963 年 5 月 4 日采集于青海省玉树藏族自治州
保藏地点	中国科学院西北高原生物所青藏高原生物标本馆

鉴别特征

雄鸟头顶被以黑色的软而卷曲的短羽如绒，头侧裸出，满布绯红色疣状突，格外醒目。耳羽后面生有两簇白色羽毛向头后伸出，形长而稍硬，往往突出于颈项，好像两只犄角，又宛如围着白雪样的围巾，被微风轻轻掠起，所以也被称为“角鸡”或“耳鸡”。羽色介于白马鸡和蓝马鸡之间，近灰色。

白腹锦鸡 *Chrysolophus amherstiae* (Leadbeater, 1829)

分类地位	脊索动物门 Chordata，鸟纲 Aves，鸡形目 Galliformes，雉科 Phasianidae，锦鸡属 *Chrysolophus*
保护级别及濒危程度	国家二级重点保护野生动物
生活习性	典型的林栖雉类，主要栖息于海拔 2100~3600 m 的常绿阔叶林、针阔叶混交林、针叶林及落叶林中，偶尔可见在荒山稀树灌丛、草地及农田耕作地上觅食，非繁殖季节多 10 余只结群活动。喜在山沟活动，所以在云南被当地人称为“箐鸡”。性机警，发现情况则迅速奔逃，速度极快。奔跑不及时则迅速飞起，飞落在高树上躲避或顺山坡向下滑翔。夜间上树栖宿。杂食性，取食植物种子、果实、嫩芽等，也取食昆虫、蜘蛛等
分布现状	主要分布于我国云南、西藏东南部、四川西部、贵州西部，国外见于缅甸东北部的中缅交界地带
馆藏独特性	保藏有白腹锦鸡骨骼、鸟卵标本及从雏鸟到成鸟的不同阶段假剥制标本
保藏地点	中国科学院昆明动物研究所昆明动物博物馆

鉴别特征

雌雄相异。虹膜褐色以至淡黄色；眼周裸皮淡灰蓝色或蓝白色；嘴和脚均为灰蓝色。雄鸟头顶、背、胸等金属翠绿色；枕冠朱红色；白色披肩，具黑色羽缘，呈现鱼鳞纹；下背和腰金黄色，向后转为朱红色；尾长而具黑色斜形带斑和云石状花纹；腹白色。雌鸟上体、胸部和尾部满布棕黄色与黑褐色相间的横斑和细纹；腹淡棕白。

绿孔雀 *Pavo muticus* Linnaeus, 1766

分类地位	脊索动物门 Chordata，鸟纲 Aves，鸡形目 Galliformes，雉科 Phasianidae，孔雀属 *Pavo*
保护级别及濒危程度	国家一级重点保护野生动物，中国物种红色名录列为极危（CR），《濒危野生动植物种国际贸易公约》（CITES）列入附录Ⅱ
生活习性	一般生活在海拔 2100 m 以下热带、亚热带低山丘陵和河谷地带，主要栖息于河谷地带的常绿阔叶林及落叶阔叶林、针阔叶混交林和疏林草地之中。由于它超长的尾巴和大的体形，太高太密的林地，特别是林下灌丛太密太发达的地方并不太适合它生活。一般成对或 1 只雄鸟伴随 3~5 只雌鸟和亚成体一起活动。杂食性，食物兼具植物和动物性，主要包括植物的花、果实和种子，也吃白蚁、蟋蟀、蚱蜢、金龟子、蝶、蛾等昆虫。繁殖期雄鸟常面对雌鸟抖动并展开其华丽的尾屏，闪现出靓丽的眼状斑，孔雀的这种正面型的求偶炫耀，俗称“孔雀开屏”。昆明动物研究所在笼养条件下观察表明，绿孔雀开屏这种求偶炫耀行为仅出现在 11 月—翌年的 5 月，最高峰为 2—3 月。绿孔雀一天中最多求偶炫耀 20 次，两次求偶间距最短时仅间隔 1 分钟，平均日求偶炫耀 3.3 次，时间为 17.65 分钟，开屏最长时间可达到 1 小时 28 分钟
分布现状	国内目前仅见于云南南部和中部，国外主要分布在缅甸、越南、泰国、老挝、柬埔寨、印度尼西亚的爪哇岛。目前全世界估计数量 1 万 ~2 万只。据昆明动物研究所 2016 年调查，我国的野外种群数量已不足 500 只
保藏地点	中国科学院昆明动物研究所昆明动物博物馆

鉴别特征

我国野生雉类中体形最大的种类，体长雄鸟 180~250 cm，雌鸟 100~110 cm，体羽主要呈金翠绿色。眼周裸皮浅钴蓝色；颊裸皮鲜钴黄色。雄鸟繁殖季节尾上覆羽特别发达，长可达 1 m 以上，羽端有一闪耀蓝色和翠绿色相嵌的眼状斑，形成华丽的尾屏。雌鸟与雄鸟相似，但无尾屏。

黑颈鹤 *Grus nigricollis* (Przevalski, 1876)

分类地位	脊索动物门 Chordata，鸟纲 Aves，鹤形目 Gruiformes，鹤科 Gruidae，鹤属 *Grus*
保护级别及濒危程度	国家一级重点保护野生动物，中国物种红色名录列为易危（VU），《濒危野生动植物种国际贸易公约》（CITES）列入附录 I
生活习性	黑颈鹤是分布于海拔范围 2100~4900 m 的高原鹤类，秋末冬初南迁越冬。活动于河流、湖泊、水库边的沼泽地及草甸，也见于耕作地中。杂食性，以植物的地下根、茎、农田中残留的农作物及蚯蚓、昆虫、小鱼、泥鳅、贝类等为食，有时也会取食啮齿类动物。在高原沼泽湿地繁殖，繁殖期 5—7 月。求偶时会伴随跳舞和共鸣，雌雄鹤头颈伸向前方，并发出叫声彼此呼应，一前一后地相伴行走。通常营巢于湿地浅滩、四周环水的草墩及芦苇丛中或水中。每窝通常产卵 2 枚（偶尔有只产 1 枚）。第一枚卵产出后既开始孵卵，由雌雄亲鸟共同承担，但以雌鸟为主，孵化期 30~33 天。雏鸟早成性，孵出后当日即可行走，一般 4~5 岁性成熟
分布现状	主要分布于我国，属中国鸟类特有种。国内繁殖于西藏、青海、甘肃和四川北部松潘和若尔盖一带，越冬于西藏南部日喀则地区，贵州草海，云南昭通、纳帕海、祥云、丽江、会泽等地。云贵高原栖息着黑颈鹤三大种群中的两个，越冬种群数量以昭通大山包地区为最多。国外分布区域小，数量不多，繁殖于印度东部的拉达克地区，越冬于印度东北部和不丹等
馆藏独特性	此标本 1985 年 3 月 9 日采集于青海湖
保藏地点	中国科学院昆明动物研究所昆明动物博物馆、中国科学院西北高原生物所青藏高原生物标本馆

鉴别特征

大型涉禽，站立高度约 150 cm，颈、腿特别长。头顶裸露，血红色，布有稀疏发状羽，在阳光下看去非常鲜艳，到求偶期间更会膨胀起来，显得特别鲜红。除眼后和眼下方具一小块白色或灰白色斑外，头的其余部分和颈的上部约 2/3 为黑色，故称黑颈鹤。体羽主要呈青灰色，翅膀上最内侧的黑色三级飞羽形长而向下弯曲，覆盖着黑色的初级飞羽和尾羽。

赤颈鹤 *Grus antigone* sharpii (Blanford, 1895)

分类地位	脊索动物门 Chordata，鸟纲 Aves，鹤形目 Gruiformes，鹤科 Gruidae，鹤属 *Grus*
保护级别及濒危程度	国家一级重点保护野生动物，中国物种红色名录列为地区灭绝（RE），《濒危野生动植物种国际贸易公约》（CITES）列入附录Ⅱ
生活习性	多见于田坝区，还有高山沼泽地带。栖息在自然沼泽、有芦苇的浅水处、河流岸边、池塘或稻田中。杂食性，植物性食物有水生植物的块茎和球茎、农田中的落穗、谷物的嫩芽和花生等，动物性食物有昆虫，特别是蚱蜢，也吃鱼、蛙、蛇等。1959 年 3 月 29 日采自勐腊县勐仑田坝区的标本胃内见有泽蛙、蚯蚓、昆虫及少量水草等。留鸟，具垂直地带性迁移的习性
分布现状	种群数量甚稀少，中国为边缘分布。国内仅见于云南勐腊、勐海、贡山、香格里拉，滇西中缅交界处盈江。20 世纪 80 年代中国科学院昆明动物研究所科研人员多次到西双版纳、临沧及德宏等曾有赤颈鹤分布的地点进行调查，未再见有赤颈鹤分布，近几年的野外调查也没有再见到，在中国境内现在可能已经绝迹。国外见于印度阿萨姆东部，缅甸至印度南部的广大地区
馆藏独特性	国内仅有两号标本，均为雄性，其中一只为亚成体，都收藏于昆明动物博物馆鸟类标本库
保藏地点	中国科学院昆明动物研究所昆明动物博物馆

鉴别特征

通体灰色，头及上颈裸露，头顶裸露皮肤灰色；头侧、喉及上颈裸露皮肤呈红色；初级飞羽和初级覆羽黑色，较长的三级飞羽几近白色；尾灰色；脚红色。

麦氏贼鸥 *Catharacta maccormicki* (Saunders, 1893)

分类地位	脊索动物门 Chordata，鸟纲 Aves，鸻形目 Charadriiformes，贼鸥科 Stercorariidae，大贼鸥属 *Catharacta*
生活习性	贼鸥是企鹅的大敌，经常袭击企鹅的栖息地，叼食企鹅蛋和雏企鹅，同时也以磷虾为食
分布现状	贼鸥是地球上在最南纬度可发现的鸟类，在南极点上曾有其出现的记录
馆藏独特性	此标本 2006 年 2 月 12 日采集于南极普里兹湾（69°19.280′S，76°34.299′E）
保藏地点	中国科学院海洋研究所海洋生物标本馆

大紫胸鹦鹉 *Psittacula derbiana* (Fraser, 1852)

分类地位	脊索动物门 Chordata，鸟纲 Aves，鹦形目 Psittaciformes，鹦鹉科 Psittacidae，鹦鹉属 *Psittacula*
保护级别及濒危程度	国家二级重点保护野生动物，中国物种红色名录列为易危（VU），《濒危野生动植物种国际贸易公约》（CITES）列入附录 II
生活习性	栖息于海拔 1250~4000 m 的针叶林、混交林、杜鹃灌丛、农田中。常结成几十只的大群活动。取食植物种子、果实、嫩枝叶，嗜食种子。巢筑于大树洞中
分布现状	主要分布于中国云南西部及西北部、西藏东南部、四川西南部的丘陵林区及山林。云南南部地区为留鸟，在西北部地区有随季节迁徙现象。国外分布于印度东北部
保藏地点	中国科学院昆明动物研究所昆明动物博物馆

鉴别特征

国内体形最大的鹦鹉，体长 46~50 cm，羽色艳丽且尾长。头及胸部整体呈葡萄紫蓝灰色；窄的黑色额带延伸至眼后，形成一细样线；具宽阔的黑色髭纹；上体及尾羽翠绿色，中央尾羽渐变为蓝色。

仓鸮（猴面鹰） *Tyto alba* (Scopoli, 1769)

分类地位	脊索动物门 Chordata，鸟纲 Aves，鸮形目 Strigiformes，草鸮科 Tytonidae，草鸮属 *Tyto*
保护级别及濒危程度	国家二级重点保护野生动物，《濒危野生动植物种国际贸易公约》（CITES）列入附录Ⅱ
生活习性	夜行性鸟类，白天一般藏于树木、山洞、房屋、悬崖等处的洞穴或枝叶茂密的隐蔽处。黄昏时开始出来活动，捕食鼠类和野兔等，也吃鸟、蛙、蛇及大型昆虫等。在建筑物或树洞内营巢。鸣叫声尖厉刺耳，类似“咳咳咳”。飞羽柔软，飞翔的声音很轻微
分布现状	广泛分布于美洲、欧洲、非洲、大洋洲以及南亚和东南亚。我国分布在边缘地区，仅见于云南
馆藏独特性	1960 年 7 月，在昆明一个院子里的大树上，人们发现了一只脸形像猴子的怪鸟。经中科院动物研究所郑作新教授鉴定，其为之前我国还没有记录的仓鸮
保藏地点	中国科学院昆明动物研究所昆明动物博物馆

鉴别特征

体长而有辨识度的鸮，整体偏白；头大而圆，具显著面盘，白色呈心脏形，皱领橙黄色，眼眶深陷，虹膜深褐色，眼睛在上嘴壳基部鼻孔上方两侧，双眼向前平视；上体为灰色（多具纹理）渲染棕黄色，具黑色和白色相并的点斑，形成交错纵线；下体白色或淡棕黄色，散布细小黑点。

雕鸮 *Bubo bubo* (Linnaeus, 1758)

分类地位	脊索动物门 Chordata，鸟纲 Aves，鸮形目 Strigiformes，鸱鸮科 Strigidae，雕鸮属 *Bubo*
保护级别及濒危程度	国家二级重点保护野生动物，《濒危野生动植物种国际贸易公约》（CITES）列入附录Ⅱ
生活习性	夜行猛禽，留鸟，栖息于开阔的草原、林区、山谷等地，栖息地的海拔高度可达 3000~4500 m；白天停栖在较大的树干、草原凹陷的地方或土崖下；营巢于树洞、悬崖峭壁下的凹处或直接产卵于地上，孵卵由雌鸟承担，雏鸟晚成性；听觉和视觉在夜间异常敏锐；飞行缓慢而无声，通常贴着地面飞行；食性很广
分布现状	该物种分布范围广，分布区域碎片化，种群数量趋势稳定
馆藏独特性	采集于青海省果洛藏族自治州花石峡
保藏地点	中国科学院西北高原生物所青藏高原生物标本馆

鉴别特征

体形大，上体棕黄色，密布黑褐色斑点及波纹状；耳孔周缘有明显的黑褐色耳状簇羽，长达 60 mm，有助于夜间分辨声响与夜间定位；下体淡棕色，胸部具宽阔黑褐色纵纹，腹部羽干纹较细，布波状细横纹；尾羽 12 枚，有时仅 10 枚；脚强健有力，常全部被羽，第四趾能向后反转，以利攀缘。

黑顶蛙口夜鹰 *Batrachostomus hodgsoni* (G. R. Gray, 1859)

分类地位	脊索动物门 Chordata，鸟纲 Aves，夜鹰目 Caprimulgiformes，蛙口夜鹰科 Podargidae，蛙口夜鹰属 *Batrachostomus*
保护级别及濒危程度	国家二级重点保护野生动物
生活习性	栖息于热带亚热带地区的常绿林，典型的树栖鸟类，白天在树枝上休息，夜晚活动，善于在森林底层或树枝之外捕捉昆虫。会短距离飞行取食正在休息的鞘翅目昆虫、蝎子、蜈蚣、蜗牛及青蛙等，偶尔也吃植物果实。巢筑于树杈上，巢特别小，呈杯形，仅靠一横枝杈维持平衡，感觉岌岌可危，随时都会掉落，一般产 1 枚卵。国内有关黑顶蛙口夜鹰的生态生物学资料记载极少。该标本是单个停栖于沟谷林的乔木上被采获的，胃内为鞘翅目昆虫，睾丸已膨大，大小为 12 mm × 8 mm
分布现状	中国记录的唯一蛙口夜鹰科物种。国内仅分布于云南西部和南部，国外分布于不丹、印度东北部、孟加拉国、缅甸、泰国、老挝、越南
馆藏独特性	国内仅保藏有 1 号标本。1962 年 4 月 7 日，野考人员在云南省三台山采到一只长相奇怪、匍匐在一棵麻栎树横枝上睡觉的鸟，就像树干上长的一个疙瘩，全身花纹像树皮，是典型的拟态。经我国著名的鸟类学家郑作新教授鉴定，确认为我国鸟类新记录
保藏地点	中国科学院昆明动物研究所昆明动物博物馆

鉴别特征

嘴形特别宽阔且厚短，嘴须发达；上体褐色、黑色和棕黄白色相杂，形成似树皮样的保护色；后颈有一道不完整领斑；两翅内侧白斑较大；下体棕白色，杂以黑斑，胸部多渲染棕褐色，几形成胸带。

双角犀鸟 *Buceros bicornis* Linnaeus, 1758

分类地位	脊索动物门 Chordata，鸟纲 Aves，佛法僧目 Coraciiformes，犀鸟科 Bucerotidae，犀鸟属 *Buceros*
保护级别及濒危程度	国家一级重点保护野生动物，中国物种红色名录列为极危（CR），《濒危野生动植物种国际贸易公约》（CITES）列入附录 I
生活习性	多见于海拔 2000 m 以下原始常绿阔叶林的顶冠层，也可见其在林间空地飞过。常成对活动，每到果实成熟的季节，犀鸟群大多固定在一个地点取食，直到食物吃尽才更换新的取食地点，通常在树上觅食植物果实，偶尔也见在地上捡食落下的果实及捕食地上的小型无脊椎动物。飞翔速度不快，头、颈伸得很直，双翅平展，做几次上下鼓动后，便靠滑翔前进，如同摇橹一般。由于翼下的覆羽未能掩蔽飞羽的基部，所以在飞行时飞羽之间会发出很大的声响，类似拖拉机开动的声音。鸣叫声响亮而粗厉，类似“guo-han-mu, guo-han-mu”。巢营于高大树木的树洞中；雌鸟孵卵时，将洞口封闭，仅留一条椭圆形的狭缝，以便由雄鸟喂食，当幼鸟 4~6 周大时，雌鸟即“破茧”而出，帮助雄鸟喂养和保护它们的“独生子”，这一段时间约 8~10 周
分布现状	双角犀鸟在中国仅分布于云南省德宏傣族景颇族自治州的盈江县、陇川县和瑞丽市，临沧市的镇康县、耿马傣族佤族自治县和沧源佤族自治县，西双版纳傣族自治州的景洪市和勐腊县。根据本所鸟类组近年来专项调查，双角犀鸟在云南省的分布多集中于接近中缅边境的区域，有向边境退缩的趋势，当地群众反映种群数量下降明显。国外分布于印度、尼泊尔、不丹、缅甸、泰国、老挝、越南、柬埔寨、马来西亚、印度尼西亚的苏门答腊等地
馆藏独特性	馆藏双角犀鸟标本均为 1958—1960 年采集于西双版纳勐腊县
保藏地点	中国科学院昆明动物研究所昆明动物博物馆

鉴别特征

体形较大，体长 95~105 cm。嘴及盔突大，黄色，盔突顶部平扁，前缘中央凹陷呈双角状；头侧黑，颈白；尾上覆羽、尾羽、下腹及尾下覆羽均白色，尾羽具一宽阔的黑色横斑，飞羽中部具白色翼斑，端部亦呈白色，体羽余部均为黑色。

黄腰响蜜䴕 *Indicator xanthonotus* Blyth, 1842

分类地位	脊索动物门 Chordata，鸟纲 Aves，啄木鸟目 Piciformes，响蜜䴕科 Indicatoridae，响蜜䴕属 *Indicator*
生活习性	栖息于热带、亚热带地区，营巢于树上洞穴，以蜜蜂、黄蜂及蜂巢为主要食物
分布现状	近危物种，数量稀少，且受到人类采集野蜂蜂巢蜂蜜的影响。罕见于云南省怒江傈僳族自治州泸水市及西藏自治区日喀则市聂拉木县。国外分布于印度阿萨姆东部那加丘陵和缅甸东北部
馆藏独特性	1994 年 10 月 15 日采集于云南泸水老窝，是中国鸟类科、属、种的新记录。国内仅有两号标本，一号收藏于本馆鸟类库，一号收藏于北京师范大学
保藏地点	中国科学院昆明动物研究所昆明动物博物馆

鉴别特征

体形较小似雀。嘴短、粗实而嘴峰稍曲；翅形尖长，具9枚初级飞羽，第1枚几达翼端，第2、第3枚最长，第1枚与第4枚几近等长；尾羽12枚，羽干柔软；跗跖被羽，脚呈对趾型；头至后颈橄榄绿褐色，下背鲜黄色，腰亮橙黄色；上体余部黑褐色，下体灰褐色。

大灰啄木鸟 *Mulleripicus pulverulentus harterti* Hesse, 1911

分类地位	脊索动物门 Chordata，鸟纲 Aves，啄木鸟目 Piciformes，啄木鸟科 Picidae，灰啄木鸟属 *Mulleripicus*
保护级别及濒危程度	国家二级重点保护野生动物
生活习性	多见于阔叶林及热带雨林中，常 2 ~10 只结成小群活动，有时互相追逐，边飞边鸣，食物以昆虫为主。在云南垂直分布高度为 600~800 m
分布现状	易危物种，国内仅见于云南省西双版纳傣族自治州的景洪市、勐腊县，临沧市沧源佤族自治县，数量很稀少，自 1960 年后，已 50 多年未见，近期在盈江县又再次野外观察到。国外分布于印度、缅甸、泰国、菲律宾、印度尼西亚等地
馆藏独特性	国内最大的啄木鸟，全国标本不多，中国科学院昆明动物研究所昆明动物博物馆鸟类标本库收藏有 8 号
保藏地点	中国科学院昆明动物研究所昆明动物博物馆

鉴别特征

体形大，体长约400 mm。通体石板灰色，头顶浅灰色；喉部皮黄色，雄鸟具一红色颊斑，喉部渲染橙红色。

蓝八色鸫 *Hydrornis cyaneus* (Blyth, 1843)

分类地位	脊索动物门 Chordata，鸟纲 Aves，雀形目 Passeriformes，八色鸫科 Pittidae，蓝八色鸫属 *Hydrornis*
保护级别及濒危程度	国家二级重点保护野生动物
生活习性	栖息于海拔 2000 m 以下热带常绿阔叶林和竹林中，多见于较深的河谷旁森林下茂密的灌丛和地表植被中。多见单个在林下阴湿处地面奔跑、活动觅食昆虫，很少飞翔，叫声如流水般动听。主要取食昆虫、蠕虫和螺等
分布现状	国内仅记录于西双版纳。国外分布于印度东北部、缅甸、泰国、老挝西北部、越南、柬埔寨
馆藏独特性	馆藏两号标本，雄鸟 1960 年 3 月 31 日采集于云南省西双版纳傣族自治州景洪市；雌鸟 1982 年 4 月 29 日采集于云南省西双版纳傣族自治州勐腊县
保藏地点	中国科学院昆明动物研究所昆明动物博物馆

鉴别特征

中国有分布的8种八色鸫中，唯一下体具横斑的一种。全长22~24 cm。前额至后枕部中央冠纹、过眼纹及髭纹均黑色；头顶两侧赭灰色，后部渲染橘黄色，枕和后颈部橘红色；上体及尾亮蓝色；下体淡蓝色，满布黑色横斑，渲染淡茶黄色。两性相似。

细嘴钩嘴鹛（剑嘴鹛） *Pomatorhinus superciliaris* (Blyth, 1842)

分类地位	脊索动物门 Chordata，鸟纲 Aves，雀形目 Passeriformes，林鹛科 Timaliidae，钩嘴鹛属 *Pomatorhinus*
生活习性	栖息于热带和南亚热带山地湿性常绿阔叶林、竹林及灌丛、草丛之中。单个、成对或结小群活动，觅食昆虫
分布现状	缅甸北部及西部和越南北部，喜马拉雅山脉东部至云南西部。国内仅记录于云南西部腾冲、龙川江和怒江间山地，西北部贡山和西藏部分地区。罕见
保藏地点	中国科学院昆明动物研究所昆明动物博物馆

鉴别特征

全长200~225 mm。嘴形极细长而向下弯；头顶和头侧灰黑色，窄的眉纹白色；上体棕红褐色；颏、喉白色而具黑灰色纵纹；胸腹深棕黄色。两性相似。

火尾绿鹛 *Myzornis pyrrhoura* Blyth, 1843

分类地位	脊索动物门 Chordata，鸟纲 Aves，雀形目 Passeriformes，鹟科 Muscicapidae，绿鹛属 *Myzornis*
生活习性	栖息于海拔 2000~3950 m 高山区，夏季见于杜鹃灌丛及其他灌丛、箭竹丛中，冬季山顶地带冰雪覆盖之后，向下迁至中低山阔叶林区的灌木丛林地带栖息活动。夏季多成对，冬季结群，最大的群见有 20 余只。觅食植物花蜜、果实及昆虫和蜘蛛等
分布现状	国内仅记录于云南西部和西北部、西藏南部和东南部。国外分布于尼泊尔向东至不丹、印度东北部和缅甸北部
保藏地点	中国科学院昆明动物研究所昆明动物博物馆

鉴别特征

全长11~13 cm，亮丽而夺目的绿色鹛类。头顶具黑色鳞状点斑；眼先、眼圈及飞羽黑色；两翅具栗红色翅镜和白色端斑；尾羽外缘栗红色，羽端黑色；下体绿色较淡，喉和上胸渲染棕红色，腹部中央和尾下覆羽棕黄褐色。两性相似，但雌鸟的羽色较暗且胸不沾染棕红色。

丽䴓 *Sitta formosa* Blyth, 1843

分类地位	脊索动物门 Chordata，鸟纲 Aves，雀形目 Passeriformes，䴓科 Sittidae，䴓属 *Sitta*
保护级别与濒危程度	国家二级重点保护野生动物，中国物种红色名录列为濒危（EN）
生活习性	栖息于热带雨林、季雨林和山地常绿阔叶林中。4 月间见成对或结小群活动于沟谷林乔木树顶。主要以昆虫为食。栖息地海拔约 1600~1720 m
分布现状	种群数量有限。国内仅分布于云南省红河哈尼族彝族自治州绿春县，省外未见有，在我国属边缘分布。国外分布于印度东部、缅甸西部和西南部以及东北部、老挝、越南北部
馆藏独特性	1972 年 4 月采于云南绿春，为我国鸟类新记录，国内仅有 3 号标本，均收藏于昆明动物博物馆
保藏地点	中国科学院昆明动物研究所昆明动物博物馆

鉴别特征

全长160~171 mm。头和上背亮黑，具紫蓝色短矛状纹；翅上覆羽具白色端斑；下背蓝色；下体栗红色。

文俱乐部、达尔文实验站、科学课堂、古动物馆奇妙夜、小小讲解员培训等平台，开展科普讲座、化石修理、野外科考等丰富的科普教学活动，是中小学生古生物爱好者的课外学堂。

古脊椎动物与古人类研究所下辖的标本中心是亚洲规模最大的古脊椎动物、古人类化石及石器标本的收藏中心，是国际重要的古脊椎动物化石收藏中心之一。标本中心始建于1956年，初名标本室，是在中国科学院古脊椎动物与古人类研究所的开创者杨钟健先生的亲切关怀和悉心指导下成立的，其前身可追溯至1922年农商部地质调查所在地质矿产陈列馆内增设的古生物化石展室。标本中心下设馆藏部、技术服务部和数字可视化研发部。

馆藏部主要职能包括藏品的有效管理、科学保护、开发利用、社会征集和数据库建设等。目前中心藏品已达40余万件，主要包括古脊椎动物化石、古人类化石、旧石器时代文化遗物、现代脊椎动物骨骼和现代人骨骼五大类，特别是在脊椎动物化石模式标本和现代脊椎动物骨骼标本的收藏方面是国内该领域收藏门类最齐全、数量最丰富的机构，在国际上也享有盛誉。技术服务部负责藏品的修理修复、复原装架、模型制作、野外考察和保护材料研发等工作。数字可视化研发部负责整合各类资源，建立全球共享、面向研究者和大众不同层次的三维可视化标本数据库。

依托标本中心丰富的典藏标本，研究所建立了建筑面积3000 m^2的中国古动物馆。博物馆对外展示具有代表性的藏品1000余件，包括自5亿多年前寒武纪至距今1万年前的各门类化石标本及模型，涵盖鱼类、两栖类、爬行类、鸟类、哺乳类和古人类化石及旧石器等，全面展现了史前动物和古人类的自然遗存及其生命演化的宏伟历程。

中国古动物馆外的恐龙雕塑

中国古动物馆全景外观

Paleozoological Museum of China and Specimen Center of IVPP

The Paleozoological Museum of China (PMC) is affiliated to the Institute of Vertebrate Paleontology and Paleoanthropology (IVPP) of the Chinese Academy of Sciences. Established in 1994, it is the first institution in China and the first national-level science museum to use fossils as a carrier to systematically popularize knowledge of paleontology, paleoecology, paleoanthropology and evolution. PMC is the National Youth Science and Technology Education Base, the Beijing Youth Education Base, the Science Education Base of the Paleontological Society of China, and the Ideological Education Base of the Central Government. PMC is located in Xi-Zhi-Men-Wai Street, Xicheng District, Beijing, adjacent to the Beijing Planetarium in the east, and across the street from the Beijing Zoo in the north. Its appearance is a blue castle-style building with a construction area of 3000 square meters, of which nearly 2000 square meters are for exhibitions. In December 1995, the Paleozoological Museum of China was officially opened to the public.

There are three divisions in the Paleozoological Museum of China: the Division of Public Education (DPE), the Division of Development and Exhibition (DDE), the Division of Technical Support (DTS). DPE is responsible for museum management related to opening, as well as special exhibitions in PMC, science outreach activities, popular science projects, and creative product development, etc. DDE is responsible for the domestic and foreign special and tour exhibitions, the planning of museums and exhibition halls, the administration of projects of fossil preparation and restoration, model and sculpture production and restoration and installation, and other related development work. DTS provides all-round technical support for museum maintenance and projects.

The beauty and complete variety of exhibits in the Paleozoological Museum of China are the best in China as well as in Asia. In recent years, the number of visitors has been increasing, and the museum has achieved a good role in the popularization of geology and paleontology in China. The museum has also established platforms such as the Young Darwin Club, Darwin Experimental Station, Science Classroom, Museum Night at PMC, and Young Guide Training, etc. It has carried out popular science teaching activities such as science lectures, fossil preparations, and field excursions and other extracurricular activities for enthusiasts.

The Specimen Center of IVPP is Asia's largest collection center for vertebrate paleontology, ancient human fossils and stone tool specimens, and one of the most important international collection centers for

镇馆之宝——“中国第一龙”许氏禄丰龙的模式标本

麻雀（树麻雀） *Passer montanus* (Linnaeus, 1758)

分类地位	脊索动物门 Chordata，鸟纲 Aves，雀形目 Passeriformes，文鸟科 Ploceidae，麻雀属 *Passer*
生活习性	栖息地海拔约为 300~3100 m，在西藏可达 4500 m。常成群活动于城镇或村寨的房屋及附近的树上，秋末至春季，常集结成大群。在谷物播种和成熟季节，常群集田间啄食种芽和谷粒。在繁殖期间吃一部分昆虫。营巢于屋檐、墙缝、洞穴。每年繁殖两窝
分布现状	麻雀是世界分布广、数量多和最为常见的一种小鸟。分布于欧洲、中东、中亚和东亚及东南亚
馆藏独特性	此为郑作新院士等动物研究所鸟类研究者为给麻雀“平反”，在河北昌黎采集、研究过的麻雀标本
保藏地点	中国科学院动物研究所国家动物标本资源库、国家动物博物馆

鉴别特征

体形略小的短圆麻雀。前额、头顶至后颈纯肝褐色，上体沙棕褐色，背杂有黑色条纹；耳羽有黑块斑，颏、喉黑色。

9. 哺乳动物

中华白海豚 *Sousa chinensis* (Osbeck, 1765)

分类地位	脊索动物门 Chordata，哺乳纲 Mammalia，鲸目 Cetacea，海豚科 Delphinidae，驼背豚属 *Sousa*
保护级别与濒危程度	国家一级重点保护野生动物，中国物种红色名录列为濒危（EN），《濒危野生动植物种国际贸易公约》（CITES）列入附录 I
生活习性	多栖息在沿岸及河口，性活泼，喜跃出水面，常跟随船只游泳。一般单独或数头一起游动。母豚对仔豚爱抚行为强烈
馆藏独特性	此标本是 1995 年在珠江口因搁浅自然死亡的个体。有“海上大熊猫”“海上国宝”的美誉。其进化史、生活史、生理和生态特征都有很高的科研价值
保藏地点	中国科学院南海海洋研究所南海海洋生物标本馆

鉴别特征

体色随年龄而变异，幼体灰白色，成体乳白色。头部、体侧、鳍肢及尾鳍散布灰色斑点。

印太江豚 *Neophocaena phocaenoides* (Cuvier, 1892)

分类地位	脊索动物门 Chordata，哺乳纲 Mammalia，鲸目 Cetacea，鼠豚科 Phocoenidae，江豚属 *Neophocaena*
保护级别及濒危程度	国家二级重点保护野生动物，中国物种红色名录列为易危（VU），《濒危野生动植物种国际贸易公约》（CITES）列入附录 I
馆藏独特性	为2014年在广东阳江海滩搁浅死亡个体。标本体长约2 m，是江豚中少见的大个子
保藏地点	中国科学院南海海洋研究所南海海洋生物标本馆

鉴别特征

头钝圆，无吻突。无背鳍，仅在背鳍相应处具一皮肤隆起。体色灰黑色，腹部较浅。

窄脊江豚长江亚种 *Neophocaena asiaeorientalis asiaeorientalis* (Pilleri and Gihr, 1972)

分类地位	脊索动物门 Chordata，哺乳纲 Mammalia，鲸目 Cetacea，鼠豚科 Phocoenidae，江豚属 *Neophocaena*
保护级别及濒危程度	国家一级重点保护野生动物，中国物种红色名录列为极危（CR），《濒危野生动植物种国际贸易公约》（CITES）列为附录 I
生活习性	是一种近岸分布的小型鲸类动物，海洋和淡水环境中均有它的存在
分布现状	江豚包括印太江豚和窄脊江豚两个种，长江江豚是窄脊江豚的长江亚种，是鼠海豚科的唯一的淡水亚种，仅分布于长江中下游干流及与其相连的洞庭湖和鄱阳湖中
馆藏独特性	近年来，长江江豚面临着人类活动的威胁，数量正在急剧减少，目前数量不足1000头
保藏地点	中国科学院水生生物研究所水生生物博物馆

鉴别特征

皮肤黝黑柔软，身躯呈流线型，头部钝圆，无喙，没有背鳍。

弗氏海豚 *Lagenodelphis hosei* Fraser，1956

分类地位	脊索动物门 Chordata，哺乳纲 Mammalia，鲸目 Cetacea，海豚科 Delphinidae，弗氏海豚属 *Lagenodelphis*
保护级别及濒危程度	国家二级重点保护野生动物，《濒危野生动植物种国际贸易公约》（CITES）列入附录Ⅱ
生活习性	热带物种，多成数十头至上百头的大群。主要捕食中层鱼类、甲壳类和乌贼
馆藏独特性	此标本 2013 年 5 月 10 日因误入渔网受伤而导致搁浅死亡。标本陈列在本馆科普厅，由于人类活动所导致的海洋生物死亡逐年增加，旨在呼吁人们保护海洋生物
保藏地点	中国科学院南海海洋研究所南海海洋生物标本馆

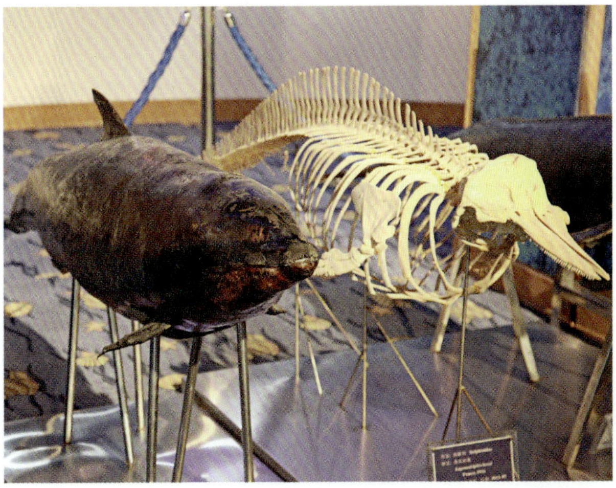

鉴别特征

吻突较短。背鳍小，近三角形，末端微后曲；鳍肢和尾鳍较小。由口角通过眼至肛门后方有一蓝黑色宽带；背部蓝黑色或黑灰色，腹面白色。

北白颊长臂猿 *Nomascus leucogenys* Ogilby, 1840

分类地位	脊索动物门 Chordata，哺乳纲 Mammalia，灵长目 Primates，长臂猿科 Hylobatidae，冠长臂猿属 *Nomascus*
保护级别及濒危程度	国家一级重点保护野生动物，中国物种红色名录列为极危（CR），《濒危野生动植物种国际贸易公约》（CITES）列入附录Ⅰ
生活习性	旱季通常在清晨开始活动，并开始晨鸣。觅食、运动、戏耍、休息都是群体活动。以多种热带型野果（浆果、核果、坚果，特别喜食榕树果）、嫩树叶、花苞、树芽等为主要食物，也食昆虫、小鸟和鸟卵。食物种类约 85 种，其中，植物性食物占食物总数的 90.6%。营小群体生活，一般每群 3~5 只，少数可达 7~8 只
分布现状	为越南、老挝、泰国三国交界地区的特有种，分布区非常狭窄，分布总面积可能不及 800 km^2。在中国云南仅见于西双版纳、江城、建水、勐腊和绿春黄连山。国外见于越南北部和老挝北部。目前在我国境内可能已野外消失
馆藏独特性	有完好姿态标本，馆藏标本 20 余号
保藏地点	中国科学院昆明动物研究所昆明动物博物馆

鉴别特征

体长为45~62 cm，体重5~7 kg。腿短，手掌比脚掌长，手指关节长；身体纤细，肩宽而臀部窄；有较长的犬齿。体毛长而粗糙，雄兽以黑色为主，混有不明显的银色，只是面颊的两旁从嘴角至耳朵的上方各有一块白色或黄色的毛，雌兽体毛为橘黄色至乳白色，腹部没有黑色的毛，从而区别于黑冠长臂猿。

西黑冠长臂猿

Nomascus concolor (Harlan, 1826)

分类地位	脊索动物门 Chordata，哺乳纲 Mammalia，灵长目 Primates，长臂猿科 Hylobatidae，冠长臂猿属 *Nomascus*
保护级别及濒危程度	国家一级重点保护野生动物，中国物种红色名录列为极危（CR），《濒危野生动植物种国际贸易公约》（CITES）列入附录 I
生活习性	主要栖于热带雨林和南亚热带山地湿性季风常绿阔叶林，其栖息地海拔 1000 ~2500 m，是已知长臂猿中分布海拔最高的一个种。活动与觅食均在 15 m 高大乔木的树冠层或中层中穿越进行，很少下至 5 m 以下的小树上活动。西黑冠长臂猿与其他长臂猿不同之处在于它的群体较大，一夫一妻与一夫二妻配偶制共存。西黑冠长臂猿社群的活动范围远大于其他长臂猿
分布现状	西黑冠长臂猿系老挝北部和中国南部的特有种，已记录有 4 个亚种。分布于澜沧江以西的为滇西亚种，见于云南西南部；指名亚种分布于云南南部及越南北部；景东亚种分布于云南中部；老挝亚种分布于老挝西北部
馆藏独特性	保存完好，深受参观者的喜爱
保藏地点	中国科学院昆明动物研究所昆明动物博物馆

鉴别特征

体矫健，体重 7~10 kg，体长 400~550 mm，前肢明显长于后肢，无尾。毛被短而厚密。雄性全为黑色，头顶有短而直立的冠状簇毛，雌性体背灰黄色，棕黄色或橙黄色，头顶有棱形或多角形黑褐色冠斑。胸腹部浅灰黄色，常染有黑褐色。

高黎贡白眉长臂猿
Hoolock tianxing
Fan et al., 2017

鉴别特征

成年高黎贡白眉长臂猿的体长600~900 cm，后足长140~153 cm，颅全长93~99 cm；体重6~8.5 kg。雄性和雌性的体形差别不大，但雄性有长阴毛；对生而短的拇指；弯曲的手指悬挂时可牢固抓握。无尾。前肢明显长于后肢，用来悬挂和在树间荡臂。雌雄异色，成年雄性褐黑色或暗褐色，有两条明显分开的白色眼眉，头顶的毛较长而披向后方，故头顶扁平，无直立向上的簇状冠毛，与冠长臂猿属相区别。虽然都有着标志性的白色眉毛，但高黎贡白眉长臂猿的眉毛并没有东部白眉长臂猿那么厚重。雄性高黎贡白眉长臂猿的下巴上没有和眉色配套的白胡子，而雌性高黎贡白眉长臂猿的白眼圈也不像东部白眉长臂猿的那么浓密。

分类地位	脊索动物门 Chordata，哺乳纲 Mammalia，灵长目 Primates，长臂猿科 Hylobatidae，白眉长臂猿属 *Hoolock*
保护级别及濒危程度	国家一级重点保护野生动物，全球物种红色名录列为濒危（EN），《濒危野生动植物种国际贸易公约》（CITES）列为附录 I
生活习性	高黎贡白眉长臂猿完全树栖，几乎常年生活在树上。不筑巢，觅食、睡觉、休息都在树上进行，很少下地活动，树栖，偶尔也到地上行走。高黎贡白眉长臂猿以多种野果、鲜枝嫩叶、花芽等为主要食物，亦食昆虫和小型鸟类。为单雄单雌配偶系动物，集小的一夫一妻的家庭群。同自己的幼仔组成一个小的群体，通常 3~5 只为一群，每个家庭家域领地严格
分布现状	分布区非常狭小，仅在中国云南 3 县（区）有分布，种群数量不足 200 只，且呈现出明显的片断化分布，如：高黎贡山国家级自然保护区内有白眉长臂猿不到 20 群，数量 60~70 只，其他种群分布在盈江县和中缅边境的腾冲市猴桥镇
馆藏独特性	有雌、雄、幼完好姿态标本保藏，2017 年以我国科学家为主重新命名的灵长目新物种
保藏地点	中国科学院昆明动物研究所昆明动物博物馆

滇金丝猴 *Rhinopithecus bieti* Milne-Edwards, 1897

分类地位	脊索动物门 Chordata，哺乳纲 Mammalia，灵长目 Primates，猴科 Cercopithecidae，仰鼻猴属 *Rhinopithecus*
保护级别及濒危程度	国家一级重点保护野生动物，中国物种红色名录列为濒危（EN），《濒危野生动植物种国际贸易公约》（CITES）列入附录Ⅰ
生活习性	群栖生活，滇金丝猴的猴群不大，多为 20~60 只，偶有 150 只以上的大群。为多雄多雌的混合群体，有社群等级行为。一个家庭常由一只雄性和 2~3 个雌性及若干幼仔组成。有季节性垂直迁移现象
分布现状	分布在喜马拉雅山南缘横断山系的云岭山脉当中，澜沧江和金沙江之间一个狭小地域。面积约 20000 km^2，向北延伸到西藏境内的宁静山脉，包括云南境内的德钦、维西、丽江、剑川、兰坪、云龙等地，以及西藏境内的芒康
馆藏独特性	中国特有种，有完好的姿态标本。滇金丝猴作为昆明动物研究所的代表物种成为研究所标志的设计原型，代表着非人灵长类研究是昆明动物研究所的重点研究方向
保藏地点	中国科学院昆明动物研究所昆明动物博物馆

鉴别特征

体长 51~83 cm，尾长 52~75 cm；体重 9~17 kg。滇金丝猴的皮毛并不是金黄色的毛，以灰黑色、白色为主。中文正式名称是黑白仰鼻猴。它们的头顶长有尖形黑色冠毛，眼周和吻鼻部青灰色或肉粉色，鼻端上翘呈深蓝色。身体背侧、手足和尾均为灰黑色，背后具有灰白色的稀疏长毛。身体腹面、颈侧、臀部及四肢内侧均为白色。

亚洲象 *Elephas maximus* Linnaeus, 1758

分类地位	脊索动物门 Chordata，哺乳纲 Mammalia，长鼻目 Proboscidea，象科 Elephantidae，亚洲象属 *Elephas*
保护级别及濒危程度	国家一级重点保护野生动物，中国物种红色名录列为极危（CR），《濒危野生动植物种国际贸易公约》（CITES）列入附录 I
生活习性	亚洲象主要食用草、树叶、嫩芽和树皮，也会吃农作物如香蕉和甘蔗。亚洲象喜群居生活，每群数头或数十头不等，由一头成年雌象作为群体的首领带着活动，没有固定的住所，活动范围很广
分布现状	分布于东南亚、南亚等热带地区。野生象现已很少，我国的野生象仅分布于云南省南部与缅甸、老挝相邻的边境地区
馆藏独特性	作为云南吉祥物的代表，亚洲象展区的五头大象有着“五象”迎宾之意。昆明动物博物馆对于大型哺乳类动物的馆藏十分丰富，在标本制作方面亚洲象皮的处理也有专利保护
保藏地点	中国科学院昆明动物研究所昆明动物博物馆

鉴别特征

亚洲象是亚洲现存的最大陆生动物，头顶为最高点，体长5~6 m，身高2.1~3.6 m，体重达3~5 t。象牙是雄象上颌突出口外的门齿，也是强有力的防卫武器。象的眼小耳大，耳朵向后可遮盖颈部两侧。四肢粗大强壮，前肢5趾，后肢4趾。尾短而细，皮厚多褶皱，全身被稀疏短毛。

大熊猫 *Ailuropoda melanoleuca* (David, 1869)

分类地位	脊索动物门 Chordata，哺乳纲 Mammalia，食肉目 Carnivora，大熊猫科 Ailuropodidae，大熊猫属 *Ailuropoda*
保护级别及濒危程度	国家一级重点保护野生动物，中国物种红色名录列为易危（VU），《濒危野生动植物种国际贸易公约》（CITES）列入附录 I
生活习性	大熊猫每天除去一半进食的时间，剩下的一半时间多数便是在睡梦中度过。在野外，大熊猫在每两次进食的中间睡 2~4 个小时，平躺、侧躺、俯卧，伸展或蜷成一团都是它们喜好的睡觉方式。善于爬树，也爱嬉戏，爬树的行为一般是临近求婚期，或逃避危险，或彼此相遇时弱者借以回避强者的一种方式
分布现状	大熊猫是中国特有种，现存的主要栖息地在中国四川、陕西和甘肃的山区
馆藏独特性	这个生境柜的制作运用光影等技术，基本上还原出熊猫生活的真实环境。图中呈坐姿的标本名叫“珍珍”，它在昆明动物园因衰老而死亡，享年 26 岁
保藏地点	中国科学院昆明动物研究所昆明动物博物馆

鉴别特征

大熊猫体形肥硕似熊、丰腴富态，头圆尾短，头躯长 1.2~1.8 m，尾长 10~12 cm。体重 80~120 kg，最重可达 180 kg，饲养的熊猫略重，一般雄性个体稍大于雌性。头部和身体毛色黑白相间分明，但黑非纯黑，白也不是纯白，而是黑中透褐，白中带黄。

雪豹 ***Panthera uncia*** **(Schreber, 1775)**

分类地位	脊索动物门 Chordata，哺乳纲 Mammalia，食肉目 Carnivora，猫科 Felidae，豹属 *Panthera*
保护级别及濒危程度	国家一级重点保护野生动物，中国物种红色名录列为濒危（EN），《濒危野生动植物种国际贸易公约》（CITES）列入附录 I
生活习性	雪豹是高原地区岩栖性动物，经常在永久冰雪高山的裸岩及寒漠带环境中活动，在祁连山 4500 m 以下至 4100 m 以上的山顶脊部，在珠穆朗玛峰北坡 5400 m 高的雪地上曾见雪豹的足迹。夜行性，昼伏夜出，每日清晨及黄昏为捕食、活动的高峰。行动敏捷机警，动作灵活，善于跳跃，3~4 m 的高崖可纵身而下。以岩羊、北山羊、盘羊等高原动物为主食，处于高原食物链的顶端，亦被人们称为“高海拔生态系统健康与否的气压计”。往往采取伏击或偷袭的猎食方法，常在岩羊活动地区附近隐藏，进食时一般先食腹部、内脏，然后再吃肌肉，最后食头。雪豹 2~3 岁时性成熟，在野外的寿命一般在 8~13 年
分布现状	中国青藏高原及帕米尔高原地区
馆藏独特性	由于非法捕猎等多种人为因素，雪豹的数量正急剧减少，已成为濒危物种
保藏地点	中国科学院西北高原生物所青藏高原生物标本馆、中国科学院新疆生态与地理研究所标本馆、中国科学院昆明动物研究所昆明动物博物馆

鉴别特征

皮毛灰白色，有黑色点斑和黑环，尾巴长而粗大，有“雪山之王”之称。是亚洲高山高原地区最具代表性的大型猫科食肉动物和旗舰种。

金钱豹 *Panthera pardus* (Linnaeus, 1758)

分类地位	脊索动物门 Chordata，哺乳纲 Mammalia，食肉目 Carnivora，猫科 Felidae，豹属 *Panthera*
保护级别及濒危程度	国家一级重点保护野生动物，中国物种红色名录列为濒危（EN），《濒危野生动植物种国际贸易公约》（CITES）列入附录 I
生活习性	豹的体能极强，视觉和嗅觉灵敏异常，性情机警，既会游泳，又善于爬树，为食性广泛、胆大凶猛的食肉类。善于跳跃和攀爬，一般单独居住，夜间或凌晨、傍晚活动，常在林中往返游荡。豹栖息环境多种多样，从低山、丘陵至高山森林、灌丛均有分布，有隐蔽性强的固定巢穴
分布现状	金钱豹分布地区十分广泛。中国亚种华南豹由于人为过量捕杀，种群数量急剧下降；华北豹分布在山西，100 多只。甘肃已绝迹，河南、河北已不见报道；东北豹近半个多世纪来，在黑龙江省已无踪迹（东北亚种曾见于黑龙江省的大、小兴安岭和吉林的东部山区，向东延伸至俄罗斯沿海区和朝鲜北部）
馆藏独特性	金钱豹完整的姿态标本以及皮张标本都有馆藏
保藏地点	中国科学院昆明动物研究所昆明动物博物馆

鉴别特征

体形与虎相似，但小于虎，雄性体重约 75 kg，雌性体重约 55 kg，身体全长（连尾巴）1.6~2 m，尾长超过体长之半。头圆、耳短、四肢强健有力，爪子锐利伸缩性强。豹全身颜色鲜亮爪色棕黄，遍布黑色斑点和环纹，形成古钱状斑纹，故称之为“金钱豹”。

荒漠猫 *Felis bieti* Milne-Edwards, 1892

鉴别特征

体形较家猫大，尾长，四肢略长，体背部棕灰色或沙黄色，身上毛长而密，绒毛丰厚。头部与体背颜色一致，上唇黄白色，胡须白色。鼻孔周围和鼻梁棕红色。两眼内角各有一条白纹，额部有3条暗棕色纹。耳背面棕色，边缘棕褐色，耳尖生有一撮棕色笔毛，耳内侧毛长丽密，呈棕灰色。四肢外侧各有4~5条暗棕色横纹。尾末梢部有5个黑色半环，尖部黑色。牙齿构造基本似虎、豹。

分类地位	脊索动物门 Chordata，哺乳纲 Mammalia，食肉目 Carnivora，猫科 Felidae，猫属 *Felis*
保护级别及濒危程度	国家一级重点保护野生动物，中国物种红色名录列为极危（CR），《濒危野生动植物种国际贸易公约》（CITES）列入附录Ⅱ
生活习性	生活规律，晨昏夜间活动，白天休息。性孤僻，除交配期（1—3月）外，营独居生活。主要以鼠类、鼠兔、旱獭、鸟类等为食，能大量消灭鼠类，有益于农、林、牧业。它在捕食较大的动物的时候，一般先从头部和颈部开始撕咬，留下皮毛和部分内脏，而在吃鼠类等小型动物时，则将其整个身体，包括皮毛、内脏和尾巴都统统吃尽
分布现状	我国特产动物，分布于中国新疆、青海、内蒙古、甘肃、四川、宁夏、陕西，栖息在海拔 2800~4000 m 的黄土丘陵干草原、荒漠、半荒漠、草原草甸、山地针叶林缘、高山灌丛和高山草甸地带，也在雪地上活动
馆藏独特性	采集于青海省海北藏族自治州刚察县。由于 20 世纪 50—70 年代常使用化学药品毒杀鼠类，也间接导致了其捕食者种群数量的锐减
保藏地点	中国科学院西北高原生物所青藏高原生物标本馆

狗獾 *Meles leucurus* (Hodgson, 1847)

分类地位	脊索动物门 Chordata，哺乳纲 Mammalia，食肉目 Carnivora，鼬科 Mustelidae，狗獾属 *Meles*
生活习性	狗獾栖息于森林中或山坡灌丛、田野、坟地、沙丘草丛及湖泊、河溪旁边等各种生境中；挖洞穴居，有冬眠习性；以春、秋两季活动最盛，一般以夜间 8—9 时开始，至拂晓 4 时左右回洞。狗獾性情凶猛，但不主动攻击家畜和人，当被人或猎犬紧逼时，常发出短促的“哺、哺”声，同时能挺起前半身以锐利的爪和犬齿回击。杂食性，在草原地带喜食狼吃剩的食物，在作物播种期和成熟期为害刚播下的种子和即将成熟的玉米、花生、马铃薯、白薯、豆类及瓜类等
分布现状	我国除广西、海南、香港、澳门、台湾外，其他各地均有分布；国外分布于中亚地区、俄罗斯中部、朝鲜半岛
馆藏独特性	采集于青海省海北藏族自治州刚察县
保藏地点	中国科学院西北高原生物所青藏高原生物标本馆

鉴别特征

鼬科中是体形较大的种类，身体肥壮，头型尖长，鼻垫与上唇之间被毛；颈部粗短，四肢短健；肛门附近具腺囊，能分泌臭液；从头顶至尾部遍被以粗硬的针毛，体背褐色与白色或乳黄色混杂，四肢内侧黑棕色或淡棕色。

贡山麂　*Muntiacus gongshanensis* Ma et al., 1990

分类地位	脊索动物门 Chordata，哺乳纲 Mammalia，偶蹄目 Artiodactyla，鹿科 Cervidae，麂属 *Muntiacus*
保护级别及濒危程度	国家二级重点保护野生动物，中国物种红色名录列为濒危（EN）
生活习性	主要栖于海拔 2000 m 中高山阔叶林、针阔混交林和高山湿性暗针叶林。一般单独活动。多夜间活动，喜在林缘草坡处啃食青草，亦在疏林中食鲜枝嫩叶。喜水，能游泳、跨溪沟行动自如。通常 5—7 月产仔，孕期 5~6 个月，每年 1 胎，每胎 3~5 仔
分布现状	仅见于云南西北部高黎贡山，西藏东南部波密；国外分布于缅甸东北部（高黎贡山西坡）
馆藏独特性	馆藏标本为模式标本（正模标本），为昆明动物研究所科研人员运用传统分类学方法结合细胞学研究方法（核型）发现的一种大型兽类新种
保藏地点	中国科学院昆明动物研究所昆明动物博物馆

鉴别特征

体形中等的麂类，体重 16 kg，体长 950 mm。额顶无簇形冠毛。额腺不明显。颏腺甚小。角粗短，角柄明显短于角长，角柄长约 30 mm，直径为 13.5 mm；角细而尖，70 mm 左右，显著较非氏麂的粗大。足蹄为麂属中最发达的，雄性前蹄 67 mm × 30 mm，后蹄 55 mm × 36 mm。体背暗棕红色，体侧和四肢暗黑色，角柄和额棕黄色，腋下、大腿内侧和下颌纯白色，尾背与背色相似。

马麝 *Moschus chrysogaster* (Hodgson, 1839)

分类地位	脊索动物门 Chordata，哺乳纲 Mammalia，偶蹄目 Artiodactyla，麝科 Moschidae，麝属 *Moschus*
保护级别及濒危程度	国家一级重点保护野生动物，中国物种红色名录列为极危（CR），《濒危野生动植物种国际贸易公约》（CITES）列入附录Ⅱ
生活习性	栖息在海拔 2500~5000 m 的针叶林和高山灌丛，雄麝喜欢攀登山势险峻之处，行动灵活，迅速敏捷。马麝性情孤僻，雌雄分离，营独居生活方式。生性多疑，行动时总是东张西望地警惕着四周，恐惧感比林麝更严重，在不受惊扰情况下，它的活动很有规律，活动的道路也都是固定的，受惊之后，离开自己巢域几天后，又会回来，因而人们说它是“舍命不舍山”
分布现状	我国分布在青海、甘肃、西藏、四川、云南等西部地区；国外分布于尼泊尔、不丹、印度
馆藏独特性	采集于青海湖江西沟
保藏地点	中国科学院西北高原生物所青藏高原生物标本馆

鉴别特征

是麝类中体形最大的一种，个体大小似成体山羊。背部沙黄褐色或灰褐色，背毛粗而脆，腹、腋下毛细长柔韧。雌、雄均无角，头形狭长，吻端尖，耳朵直竖。雄体具发达的月牙状上犬齿，向下伸出唇外，腹部具特殊的麝香腺囊。

鉴别特征

盘羊个体大小似毛驴，头大颈粗，尾短小。雄羊长有一对特别粗壮而呈螺旋形弯曲的大角，长达1 m以上。角似镰刀，雌羊角形简单，角也短细。毛的颜色从淡棕色至白灰色，胸、腹部的颜色浅一些。脖子白色，没有类似赤羊的鬃毛。四肢粗短，蹄的前面特别陡直，适于攀爬于岩石间。

阿尔泰盘羊　*Ovis ammon* (Linnaeus, 1758)

分类地位	脊索动物门 Chordata，哺乳纲 Mammalia，偶蹄目 Artiodactyla，牛科 Bovidae，盘羊属 *Ovis*
保护级别及濒危程度	国家二级重点保护野生动物，中国物种红色名录列为极危（CR），《濒危野生动植物种国际贸易公约》（CITES）列入附录Ⅱ
生活习性	典型的山地动物，喜在半开阔的高山裸岩带及起伏的山间丘陵生活，分布海拔范围在1500~5500 m。它们能在悬崖峭壁上奔跑跳跃，来去自如，而且极耐渴，能几天不喝水，冬天无水就吃雪。常以小群活动，每群数量不多，数只至10多只的较常见，似乎不集成大群活动。盘羊的腿比较长，身材比较瘦，在逃跑时一般避免逃向陡峭的山坡
分布现状	我国主要分布在新疆、青海、甘肃、宁夏、西藏、四川、内蒙古；国外分布于中亚和喜马拉雅地区除去中国的部分
馆藏独特性	采集地为青海省海北藏族自治州祁连县
保藏地点	中国科学院西北高原生物所青藏高原生物标本馆

岩羊　*Pseudois nayaur* (Hodgson, 1833)

分类地位	脊索动物门 Chordata，哺乳纲 Mammalia，偶蹄目 Artiodactyla，牛科 Bovidae，岩羊属 *Pseudois*
保护级别及濒危程度	国家二级重点保护野生动物
生活习性	栖息在海拔 2100~6300 m 的高山裸岩地带，有较强的耐寒性。经常出现于比较开阔的地方，但其攀登山峦的本领在动物中是无与伦比的，它们受惊时能在乱石间迅速跳跃，并攀上险峻陡峭的山崖。喜群居，常 10 多只或几十只在一起活动，有时也可结成数百只的大群。群体成员依恋性强，如果有的成员不幸死亡，其他成员常将死尸围住，不让兀鹫等食腐动物叼走。主要以蒿草、苔草、针茅等高山荒漠植物和杜鹃、绣线菊、金露梅等灌木的枝叶为食
分布现状	我国分布于四川西部、云南北部、内蒙古西部、甘肃、宁夏北部、新疆南部、陕西等地；国外分布于喜马拉雅地区除去中国的部分
馆藏独特性	采集于青海省海西蒙古族藏族自治州都兰县
保藏地点	中国科学院西北高原生物所青藏高原生物标本馆

鉴别特征

体形中等，通身均为青灰色，头部长而狭，耳朵短小，吻部和颜面部为灰白色与黑色相混。两性具角，雄羊角粗大似牛角，但仅微向下后上方弯曲。胸部为黑褐色，向下延伸到前肢的前面，转为明显的黑纹，直达蹄部。腹部和四肢的内侧则呈白色或黄白色。体侧的下缘从腋下开始，经腰部、鼠蹊部，一直到后肢的前面蹄子上边，有一条明显的黑纹。臀部和尾巴的底部为白色，尾巴背面末端的2/3为黑色。雄兽的四肢前缘有黑纹，而雌兽则没有。

北山羊 *Capra sibirica* Pallas, 1776

分类地位	脊索动物门 Chordata，哺乳纲 Mammalia，偶蹄目 Artiodactyla，牛科 Bovidae，山羊属 *Capra*
保护级别及濒危程度	国家二级重点保护野生动物
生活习性	冬天也不迁移到很低的地方，所以堪称栖居位置最高的哺乳动物之一
分布现状	我国分布于甘肃、新疆、内蒙古；国外分布于中亚和南亚北部地区
保藏地点	中国科学院新疆生态与地理研究所标本馆

鉴别特征

北山羊栖息于海拔3500~6000 m的高原裸岩和山腰碎石嶙峋的地带，非常善于攀登和跳跃，蹄子极为坚实，有弹性的踵关节和像钳子一样的脚趾。

鹅喉羚 *Gazella subgutturosa* (Guldenstaedt, 1780)

分类地位	脊索动物门 Chordata，哺乳纲 Mammalia，偶蹄目 Artiodactyla，牛科 Bovidae，瞪羚属 *Gazella*
保护级别及濒危程度	国家二级重点保护野生动物，中国物种红色名录列为易危（VU）
生活习性	鹅喉羚栖息在海拔 300~6000 m 之间干燥荒凉的沙漠和半沙漠地区，从不进入到草甸草原或沼泽草甸生活。由于植物种类匮乏，依靠生长在荒漠上的红柳、梭梭草、骆驼刺和极少量的水存活下来并繁衍后代。冬季发情交配，怀孕期约半年，胎产 1~2 仔，寿命约 10 年
分布现状	我国分布于新疆、内蒙古、甘肃和青海；国外分布于蒙古国
馆藏独特性	采集于青海柴达木盆地
保藏地点	中国科学院西北高原生物所青藏高原生物标本馆

鉴别特征

鹅喉羚属典型的荒漠、半荒漠区域生存的动物，因雄羚在发情期喉部肥大，状如鹅喉，故得名“鹅喉羚”。上体毛色沙黄色或棕黄色，吻鼻部由上唇到眼平线白色，额部、眼间至角基及枕部均棕灰，其间杂以少许黑毛，耳外面沙黄色，下唇及喉中线亦为白色，而与胸部、腹部及四肢内侧之白色相连。

鉴别特征

普氏原羚体形似藏原羚但较其粗壮，雄羚长有一对具有环棱的黑色硬角，角尖相向内弯，角的下半段粗壮。嘴唇黑色，颌下白色，雌性无角。夏毛短而光亮，呈沙黄色并略带赭石色，秋末换毛，冬季毛色较浅，略呈棕黄色或乳白色。四肢内侧和腹部着白色毛被，尾巴较短，呈棕黑色。

普氏原羚 *Procapra przewalskii* (Buechner, 1891)

分类地位	脊索动物门 Chordata，哺乳纲 Mammalia，偶蹄目 Artiodactyla，牛科 Bovidae，原羚属 *Procapra*
保护级别及濒危程度	国家一级重点保护动物，中国物种红色名录列为濒危（EN）
生活习性	普氏原羚有同性聚群现象，在非繁殖季节，同一性别的个体聚在一起活动，冬季成群向南迁移，到植被较丰富、雪薄和有水源的地区，夏季复又北返。在植物生长季节非常挑食，仅选择性地啃食禾草、苔草的柔嫩部分和杂类草
分布现状	只分布于中国青海省，包括青海湖周围
馆藏独特性	采集于青海省海北藏族自治州刚察县
保藏地点	中国科学院西北高原生物所青藏高原生物标本馆

高鼻羚羊 *Saiga tatarica* (Linnaeus, 1766)

分类地位	脊索动物门 Chordata，哺乳纲 Mammalia，偶蹄目 Artiodactyla，牛科 Bovidae
保护级别及濒危程度	国家一级重点保护野生动物，中国物种红色名录列为野外灭绝（EW）
生活习性	栖息于荒漠、半荒漠地带。结成小群生活，有时形成数百只甚至上千只的大群迁移。冬季多在白天活动，夏季主要在晨昏活动。善于奔跑，速度快，且有耐力
分布现状	原分布于俄罗斯南部、蒙古国及我国新疆北部，现仅见于俄罗斯
保藏地点	中国科学院新疆生态与地理研究所标本馆

鉴别特征

鼻部宽阔略隆起，以适应高原低温环境。

野牦牛 *Bos mutus* (Przewalski, 1883)

分类地位	脊索动物门 Chordata，哺乳纲 Mammalia，偶蹄目 Artiodactyla，牛科 Bovidae，牛属 *Bos*
保护级别及濒危程度	国家一级重点保护野生动物，中国物种红色名录列为易危（VU），《濒危野生动植物种国际贸易公约》（CITES）列入附录 I
生活习性	栖息于海拔 3000~6000 m 的高山草甸地带，是典型的高寒动物，主要见于人迹罕至的高山大峰、山间盆地、高寒草原、高寒荒漠草原等各种环境中，性极耐寒。通常 20~30 只在草原上游荡、觅食，有时也会结成 200~300 头的大群活动。野牦牛的嗅觉十分敏锐，有危险时，雄兽负责护卫群体，将幼仔安置在群体中间。一旦天敌接近，野牦牛会头向下、尾朝空，马上狂奔乱跑，一下子消失得无影无踪
分布现状	我国分布于新疆南部、青海、西藏、甘肃西北部和四川西部；国外见于印度
馆藏独特性	采集于青海省海北藏族自治州祁连县
保藏地点	中国科学院西北高原生物所青藏高原生物标本馆

鉴别特征

野牦牛是青藏高原特有牛种，是家牦牛的野生同类，四肢强壮，身被长毛，胸腹部的毛几乎垂到地上，可遮风挡雨。雌、雄个体均有角，角形相似，但雄体的角明显比雌性的角大而粗壮，凶猛善战。

野骆驼 *Camelus ferus* Przewalski, 1878

分类地位	脊索动物门 Chordata，哺乳纲 Mammalia，偶蹄目 Artiodactyla，骆驼科 Camelidae，骆驼属 *Camelus*
保护级别及濒危程度	国家一级重点保护野生动物，中国物种红色名录列为极危（CR）
生活习性	在冬季颈部和驼峰丛生长毛，有双行长长的眼睫毛和耳内毛抵挡沙尘，而缝隙状的鼻孔在发生沙尘暴时能够关闭
分布现状	现仅存于中国新疆、甘肃及这两个省（区）与蒙古国交界地带的荒漠戈壁极狭小的“孤岛”地区
馆藏独特性	作为独特的物种，野骆驼已成为地球上比大熊猫更为珍稀的野生动物。据中外科学家们调查，当前全世界的野骆驼只剩下不到 1000 只
保藏地点	中国科学院新疆生态与地理研究所标本馆

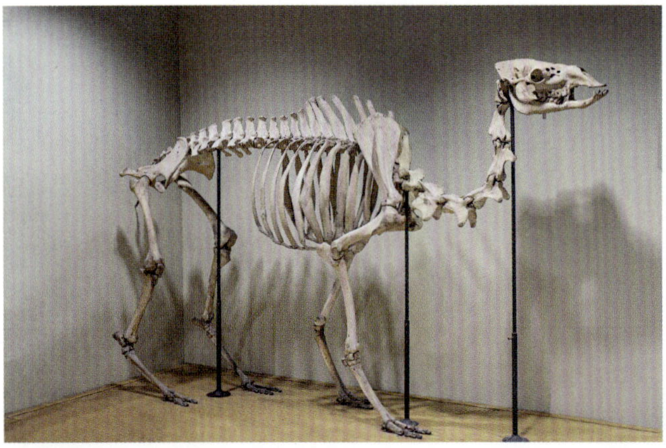

鉴别特征

巨大的有蹄类动物，背上有两个驼峰。头小，颈长而且向上弯曲。野生驼比家养的体形较小而轻捷，它的驼峰明显较小且更接近圆锥形，毛被也较薄。

鉴别特征

外形似骡，体形介于家驴和家马之间，典型荒漠动物。

蒙古野驴 *Equus hemionus* Pallas, 1775

分类地位	脊索动物门 Chordata，哺乳纲 Mammalia，奇蹄目 Perissodactyla，马科 Equidae，马属 *Equus*
保护级别及濒危程度	国家一级重点保护野生动物，中国物种红色名录列为易危（VU），《濒危野生动植物种国际贸易公约》（CITES）列入附录 I
生活习性	蒙古野驴多栖息于海拔 3000~5000 m 的高原亚寒带。具有极强的耐力，既能耐冷耐热，又能耐饥耐渴，并且具有敏锐的视觉、听觉和嗅觉
分布现状	我国分布于内蒙古、甘肃和新疆，仅限于与蒙古国的边境沿线；国外分布于中亚及西亚各国
保藏地点	中国科学院新疆生态与地理研究所标本馆

普氏野马 *Equus ferus* Boddaert, 1785

分类地位	脊索动物门 Chordata，哺乳纲 Mammalia，奇蹄目 Perissodactyla，马科 Equidae，马属 *Equus*
保护级别及濒危程度	国家一级重点保护野生动物，中国物种红色名录列为野外灭绝（EW），《濒危野生动植物种国际贸易公约》（CITES）列入附录 I
生活习性	常栖息于山地草原和荒漠。性机警，善奔跑。一般由强壮雄马为首领结成 5~20 头马群，营游移生活
分布现状	原分布于中国新疆准噶尔盆地北塔山及甘肃、内蒙古交界的马鬃山一带
馆藏独特性	野生种群现已灭绝
保藏地点	中国科学院新疆生态与地理研究所标本馆

鉴别特征

普氏野马的染色体为66个，比家马多出一对。整体外形像马，但额部无长毛，颈鬃短而直立。体毛为棕黄色，向腹部渐渐变为黄白色，腰背中央有一条黑褐色的脊中线。鬃毛短硬，呈暗棕色，逆生直立，不似家马垂于颈部的两侧。尾巴自尾基部开始长毛，上半部毛短，下半部毛长。

红耳鼠兔 *Ochotona erythrotis* (Büchner, 1890)

分类地位	脊索动物门 Chordata，哺乳纲 Mammalia，兔形目 Lagomorpha，鼠兔科 Ochotonidae，鼠兔属 *Ochotana*
生活习性	栖息于海拔 2000~4000 m 高山和高原草甸、高山砾石和裸岩地带。冬不蛰眠，常白天活动，除繁殖期外，多单独活动，行动敏捷。在石隙、石缝中做巢，冬季洞内贮有大量干草
分布现状	中国特有种，仅分布在甘肃、青海、四川、新疆、云南
馆藏独特性	此标本 1981 年 10 月 14 日采集于青海省海东市互助土族自治县
保藏地点	中国科学院西北高原生物所青藏高原生物标本馆

鉴别特征

鼠兔中较大的物种，体形粗壮，耳壳大而圆，后肢稍长于前肢，足趾垫大。红耳鼠兔躯体毛色可随季节不同而有显著变化，夏毛从吻端、颈侧、额部至臀部为鲜明的红褐色、红棕色或锈黄色，冬毛除耳壳仍为浅锈黄色或红褐色外，吻部、额部或多或少染有淡黄色或棕黄色，其余部分为灰褐色或灰色。

高原鼢鼠 *Myospalax baileyi* Thomas, 1911

分类地位	脊索动物门 Chordata，哺乳纲 Mammalia，啮齿目 Rodentia，鼹形鼠科 Spalacidae，鼢鼠属 *Myospalax*
生活习性	栖息于高寒草甸、高寒灌丛、高原农田、荒坡，并长期生活于黑暗、封闭的环境中。非冬眠动物，一年四季均有活动，其中春季以繁殖活动为主，秋季以贮粮为主，并且都伴有大量的挖掘活动。主要采食植物的地下根系，尤其喜食杂类草肥大的轴根、根茎和根蘖的地下部分，也常将植物地上部分的茎叶拖入洞道内食用或作巢内铺垫之用
分布现状	青藏高原特有种，分布于高原地区，自祁连山到甘肃南部、青海以及四川西北部
馆藏独特性	此标本 1966 年 5 月 5 日采集于青海省海北藏族自治州门源回族自治县
保藏地点	中国科学院西北高原生物所青藏高原生物标本馆

鉴别特征

体形粗圆，吻短；眼小几乎隐于毛内，视觉差，有“瞎老鼠”之称，耳壳退化为环绕耳孔的皮褶；鼻垫三叶形。躯体被毛柔软，具光泽。四肢短粗，前后足上面覆以短毛，前足2~4趾爪发达，适应地下挖掘活动。

喜马拉雅旱獭 *Marmota himalayana* (Hodgson, 1841)

分类地位	脊索动物门 Chordata，哺乳纲 Mammalia，啮齿目 Rodentia，松鼠科 Sciuridae，旱獭属 *Marmota*
生活习性	栖息于海拔1500~4500 m的高山草原，营白昼活动。初春出蛰时，待日出地面气温较高后，出洞先取暖，然后开始寻食；午间在洞外趴伏，日落前即入洞。夏季天暖后，以晨曦和黄昏出洞较多。雨雪（春雪）时尚有活动。冬季堵塞洞口入洞冬眠。活动常以巢域为中心，活动范围的半径一般不超过500 m，有较固定的路线。主要采食草本植物维持生存，但较少取食洞口附近的草
分布现状	青藏高原的特有种
馆藏独特性	此标本采集于青海省海北藏族自治州刚察县、门源回族自治县
保藏地点	中国科学院西北高原生物所青藏高原生物标本馆

鉴别特征

大型地栖啮齿类动物，体形粗壮而肥胖，呈棕黄褐色，并具散在黑色斑纹，毛色随年龄、地区不同而变异，有少数白化个体。头部宽短，耳壳短而小；尾巴短小且末端略扁；前足有4趾，后足有5趾，趾端具爪，爪发达适于掘土。

中国科学院生物标本馆
精品集萃

Selected Biological Collections of the Chinese Academy of Sciences

科学传播局标本馆科普网络委员会 编

Science Popularization Committee of Biological Museums, Chinese Academy of Sciences | Edit

北京出版集团
北京出版社

一、中国科学院古脊椎动物与古人类研究所中国古动物馆、标本中心

中国古动物馆隶属于中国科学院古脊椎动物与古人类研究所，该所是1994年创建的中国第一家以古生物化石为载体，系统普及古生物学、古生态学、古人类学及进化论知识的国家级自然科学类专题博物馆。中国古动物馆是全国青少年科技教育基地、北京市青少年教育基地、中国古生物学会科普教育基地和国家中央机关思想教育基地。中国古动物馆坐落于北京市西城区西直门外大街，东邻北京天文馆，北与北京动物园隔街相望，其外观为青色古堡式建筑；总建筑面积3000 m^2，其中展览面积近2000 m^2。1995年12月，中国古动物馆正式对公众开放。

中国古动物馆下设展教部、策划与发展部和技术部。展教部负责与开放相关的博物馆管理，以及馆内特展、科普活动、科普项目、文创产品研发等各项工作。策划与发展部负责博物馆的国内外特展和巡展、行业内的博物馆及展厅建设、化石修理修复、模型雕塑制作和复原装架项目的承接，以及其他科技开发的相关工作。技术部为博物馆各项工作提供全方位的技术支撑。

中国古动物馆展品之精美、种类之齐全，堪称亚洲第一、中国之最。近年来观众人数逐年递增，在全国地质古生物学科普方面取得了良好的示范作用。博物馆还创办了小达尔

第三部分

中国科学院
生物标本馆各馆简介

◀ 古哺乳动物展厅的师氏剑齿象

vertebrate fossils. It was founded in 1956 and was originally named as Specimen Room under the care and guidance of Prof. Yang Zhongjian (C. C. Young), the pioneer of Chinese vertebrate paleontology and paleoanthropology. It can be traced back to 1922 when a fossil exhibition room was added in the Geological Survey of China. The Specimen Center consists of the Department of Collection (DC), the Department of Technical Service (DTSE) and the Department of Digital Visualization Research and Development (DDVRD).

The main functions of DC include effective management of the collections, scientific protection, development and utilization, social collection, and database construction. At present, the collection has more than 400,000 specimens, mainly including human and other vertebrate fossils, Paleolithic cultural relics, modern human and other vertebrate bones. The collection of type fossil specimens and modern vertebrate specimens is the most complete and abundant national-wide, and it has a good reputation in the world. DTSE is responsible for the preparation and restoration of specimens, reconstruction and installation, model making, field investigations, and research and development of protective materials. DDVRD is responsible for integrating various resources and establishing a 3D visualization specimen database that is shared globally and oriented to researchers and the public at different levels.

Relying on the rich collection, IVPP has established the 3,000-square-meter Paleozoological Museum of China. The museum exhibits more than 1,000 specimens, including fossils and models of various categories from the Cambrian period more than 500 million years ago to 10,000 years ago, covering fish, amphibians, reptiles, birds, mammals and ancient human fossils and Paleolithic tools, etc. They fully display the natural remains of prehistoric animals and ancient humans and the grand course of the evolution of life.

联系方式

地址：北京市西城区西直门外大街 142 号
开放时间：周二至周日 9:00—16:30
网址：www.paleozoo.cn
联系邮箱：pmc@ivpp.ac.cn
联系电话：010-88369210
传真：010-68337001
微信公众号：中国古动物馆
标本中心：010-88369219

Contact us: 142 Xi-Zhi-Men-Wai St., Xicheng District, Beijing
Opening time: 9:00-16:30, Tuesday through Sunday
Museum website: www.paleozoo.cn
E-mail: pmc@ivpp.ac.cn
Phone: +86-10-88369210
Fax: +86-10- 68337001
WeChat: 中国古动物馆
Specimen Center: +86-10-88369219

二、中国科学院南京地质古生物研究所南京古生物博物馆、标本馆

中国科学院南京地质古生物研究所标本馆是在1928年前中央研究院地质调查所标本室的基础上发展起来的世界上重要的古无脊椎动物和古植物化石标本收藏中心之一，现有馆藏古无脊椎动物和古植物化石标本20余万件，其中16万件是经过研究并在国内外刊物上公开发表的极具科学价值的模式标本。

标本馆以门类齐全、种类繁多和重要的科学价值驰名中外，许多我国古生物学的开拓者，如李四光、葛利普、孙云铸、黄汲清、赵亚曾、尹赞勋、斯行健等采集研究的标本以及与苏联、瑞典、德国、美国、英国和加拿大等数十个国家交流合作研究的标本都保存在该馆。这些宝贵的标本资源，一直是国内外古生物学者和有关科研、生产、教育部门在科研和其他工作中作为查考和应用的重要基础资料。近年来，包括澄江动物群、热河生物群、瓮安生物群、埃迪卡拉生物群等在内的多项重大发现和进展，在国际学术界均引起很大的轰动，使人们进一步认识到古生物化石的收集和积累、标本资源的共享和利用，对于提高古生物学的不断创新和可持续发展，增强国家科技综合竞争能力和促进社会科技进步具有重大而深远的意义。

▲ 恐龙天地展厅

建立现代化保存和管理体系，实现化石标本资源的信息共享和实物共享，始终是我所标本馆明确的任务和目标。标本库312个（5304个抽屉）轨道式标本密集柜可满足未来10年模式标本的库容需求，160套木柜200 m^{2}的待研标本库，珍稀标本库以及征集和交流的特色标本库，为标本的有序保护、收藏、展示奠定了持续发展的良好基础。馆内有良好的工作设施和系统的刊物资料、标本数据库的综合信息化系统，对科学研究发挥了重要的支撑作用，为推动古生物标本资源的全球共享起到了积极的影响。

在中国科学院和国家科技部的资助下，

▲ 南京古生物博物馆外景

标本馆建设了具有收集储藏功能、检索查询功能和资源共享功能的标本数据库综合信息系统。围绕数字化的建设已逐步地深入和完善，标本数据库已成为我所信息化建设的重要组成部分和古生物标本资源共享的重要平台，无论是标本的查询使用，或者是更新馆藏标本的信息，标本数据库都极大地发挥了不可替代的作用，为数字化标本馆的建设奠定了良好的基础。

南京古生物博物馆是中国科学院和江苏省人民政府合作共建项目，是一个集展览、研究和教育为一体的现代化博物馆，是自然科学普及和教育的重要基地，具有科学性、知识性、观赏性和趣味性。总建筑面积8500 m^2，其中展览区面积近4200 m^2。

博物馆以古生物化石为本，以古无脊椎动物、古植物和微体古生物为主，是目前世界上最大的古生物专业博物馆之一。博物馆藏品丰富，展品精美，其中尤以澄江动物群和包括“中华龙鸟”在内的热河生物群化石标本最为珍贵，堪称国宝级的化石精品。博物馆展览讲述了地球和生命的演化历史，内容包括“生命的进化”主题展和专题展等20余个展厅（区）。主题展由门厅、上山之路、化石奥秘、地球的起源、前寒武纪、古生代、中生代、新生代为轴线。专题展分别有世界精品化石、恐龙世界、微观世界、生物登陆、无脊椎动物化石明星、生物大灭绝、绿色征程、从龙到鸟、热河生物群、和政动物群以及南京直立人等。整个展览引人入胜，精彩生动，寓教于乐。

标本馆和博物馆热忱欢迎国内外学者来馆参观和指导工作，并竭诚为有关地矿、石油、高校等地科学研究机构服务，期待专家们将研究发表的化石标本惠赠我馆珍藏，编目共享。

Collection and Museum of Nanjing Institute of Geology and Palaeontology, CAS

The collection is developed on the basis of the repository room of the former Institute of Geology, Academia Sinica founded in 1928. There are over 200,000 pieces of fossils referring to invertebrate and plants, being stored in the present house. Among them, over 160,000 are type specimens with highly scientific value that have been studied and illustrated in publications both in China and abroad.

The collections are characterized by taxa variety and important scientific value. Many specimens were collected and studied by the pioneers in this field in China, like Lee J. S., A.W. Grabau, Huang T. K., Sun Y. C., Chao Y. T., Yin T. H., Sze H. C and others. Besides, there are specimens of international exchanges and cooperative studies with colleagues from Canada, Germany, Sweden, former Soviet Union, the United Kingdom, the United States of America, and other countries. These valuable specimen resources have always been important basic data for investigation and application in scientific research and other work by palaeontologists and relevant scientific research, production, and education departments at home and abroad. Recently, the advanced study and discovery of the Chengjiang Fauna, the Jehol Biota, the Weng' an Biota, and the Ediacaran Biota has brought academic and public attention of the world. It also represents that the collection and accumulation of fossils, and the sharing resource of specimens is important for continuous innovation and sustainable development of palaeontology, enhancing integrative ability of national science and technology and the social progress of science and technology.

▲ 世界级精品化石展厅

Modernized administration for the collection and resources sharing of fossils is our main target. There are 312 track-way mobile cabinets with 5304 drawers in the storeroom, which can satisfy 10 years' storage requirement; a 200 m^2 storeroom with 160 wooden cabinets is built for storing the specimens which are waiting for study; and the special room for rare and treasure specimens and publicly collected or exchanging specimens. The administrative system has been established a good condition for specimens storing, protecting and exhibition. The comfortable working environment and systematically provided archives, the comprehensive information system of the specimen database has played an important supporting role in scientific research and has played a positive impact on the promotion of the global sharing of palaeontological specimen resources.

Under the subsidization of the project of Information and Network System for Biological Collections of CAS and the Ministry of Science and Technology, P.R.C , the integrative information and administration system including the function of information storage, searching and inquiring, and resources sharing has been established. The digitization has been gradually deepened and improved. The specimen database has become an important part of our institute's information construction and an important platform for sharing palaeontological specimen resources, whether it is for the inquiry and use of specimens, or updating the information of specimens in the collection. The specimen database has played an irreplaceable role and laid a good foundation for the construction of the digital herbarium.

The Nanjing Museum of Palaeontology, subordinate to the Nanjing Institute of Geology and Palaeontology, CAS, which is jointly sponsored by the CAS and the Government of Jiangsu Province. It is a modern museum of palaeontology with integrative functions in exhibition, collection, research and education. It is an important base for the popularization and education of natural sciences, which is scientific, knowledgeable, ornamental and interesting. The total area of the museum is about 8,500 m^2, including an exhibition area of about 4,200 m^2.

Nanjing Museum of Palaeontology majors in invertebrate palaeontology, focuses on ancient invertebrates, ancient plants, and micro paleontology. It is currently one of the largest palaeontological museums in the world. The museum has a rich collection and exquisite exhibits, among them, the most remarkable collections are the state treasure collections of the Chengjiang fauna and those of the Johel biota including Sinosauropteryx. The museum has about 20 exhibitions, including the main exhibition "Evolutionary History of Life" and other special exhibitions, it tells the evolution history of the earth and life. The thematic exhibition is axised by the geological time, including the road to the mountain, the mystery of fossils, the origin of the earth, the Precambrian, Paleozoic, Mesozoic, and Cenozoic. Other special themed exhibition include Exhibition of Unique Fossils, Dinosaur World, Life and Fossils, Early Life on Earth, Great Diversification of Invertebrates, Colonization of Land, Kingdom of Amphibians, Sad Melody of Life-Mass Extinctions, Reptile' s Age, Predominance of Mammalians, Invertebrate Stars, Microscopic World-Microfossils, Green Journey-World of Ancient Plants, Applications of Paleontology, from Dinosaur to Birds, the Jehol Biota, Hezheng Biota, and Nanjing *Homo erectus*. The exhibition contents are rich and various, delivering plenty of enjoyable information about the origin, diversity, and evolution of the ancient life.

The Museum warmly welcomes scientists at home and abroad to visit, your advisory, comments and suggestions, we are willing to serve relevant geoscience research institutions such as geology, petroleum, universities, etc. and expecting your published specimens being stored in our museum. We committed to serve you at the best.

联系方式

地址： 南京市北京东路 39 号
传真： 025-83357026
标本馆电话： 025-83282289, 83282195
博物馆电话： 025-83282242, 83282253

Address： No.39, East Beijing Road, Nanjing, P.R. of China
Fax： +86 25 3357026
Collection Tel.： 025-83282289, 83282195
Museum Tel.： 025-83282242, 83282253

三、中国科学院微生物研究所菌物标本馆

中科院微生物研究所菌物标本馆创建于1953年，由原中央研究院、北平研究院、清华大学和金陵大学收藏的菌物标本合并而成，是我国唯一收藏全面的菌物标本馆，也是亚洲收藏量最大的菌物标本馆。目前已收藏菌物标本536065份，隶属于2051属15580种，其中模式标本4481份。馆藏标本来自全国34个省区市及包括南北极在内的世界111个国家和地区，其中中国标本占73%，国外标本占27%。保藏范围包括鞭毛菌、接合菌、子囊菌、担子菌、半知菌、地衣和黏菌等，保藏最早的标本是1786年采集于墨西哥的一份黑粉菌标本。

菌物标本馆已经建立了完备的标本管理制度和操作规程。在2007年随微生物所迁入新址后，现有馆区面积1200㎡，配备了先进的标本密集柜，保藏能力增加到100万份以上，保藏环境和设施也都得到了很大改善，为今后标本收藏提供了更大的空间和更便利的条件。

标本馆内配备了完备的数字化系统，全部入库标本都已实现计算机化管理，标本信息可在标本馆网站（http://nmdc.cn/fungarium）上查询。在此基础上，标本馆广泛收集菌物数据和信息，构建了多个菌物数据库。其中，“中国菌物名录数据库”立足于收集文献中的中

▲ 菌物标本馆大楼

▲ 菌物标本馆库区

国菌物信息，目前已收录菌物信息28万余条，囊括了文献报道中国分布的菌物物种26642种，隶属于15门56纲192目585科3534属。菌物名称注册网站（Fungal Names，http://www.fungalinfo.net/）具有菌物新名称注册和查询的功能，是《国际藻类、菌物和植物命名法规》认可的国际三大菌物注册网站之一。

菌物标本馆依托的真菌学国家重点实验室，由我国戴芳澜院士和邓叔群院士等老一辈菌物学家创建，自成立以来，一直是我国菌物学研究的核心力量。目前，实验室拥有一支包括魏江春院士、郑儒永院士和庄文颖院士在内的门类较齐全的分类研究队伍，为标本馆的建设和工作的开展奠定了坚实的学科基础。标本馆已与22个国家57个标本馆建立了标本交换、借用等业务联系，每年接待大批国内外学者来访，为世界各地的菌物学者提供标本查询和借阅服务，为广大菌物学工作者提供了良好的科研平台，在国际菌物学研究领域占据着越来越重要的地位。

建馆以来，标本馆组织和参与了一系列的科学考察，收集到大量有重要学术价值的标本，稳步扩充了馆藏标本量。依托馆藏标本，全国学者开展了大量菌物学研究工作，为我国菌物资源、分布格局及系统演化的澄清提供了重要的研究材料。迄今为止，依托馆藏标本，已出版《中国真菌志》59卷（1987—2020，包括《黏菌志》2卷）、《中国的真菌》（1963，1996）、《中国真菌总汇》（1979）、《中国地衣综览》（1991）、《横断山区真菌》（1996）、*An*

Enumeration of Lichenized & Lichenicolous Fungi in China（2018）、*State of the World's Fungi Chapter 7: Country focus-China*（2018）、《中国生物物种名录 第三卷 菌物》4个分册（2018—2019）等一大批菌物学专著，以及大量的科研论文，不仅在很大程度上澄清了我国的菌物多样性，而且推动了整个菌物学科的发展。2018年5月22日，由菌物标本馆牵头完成编写《中国生物多样性红色名录——大型真菌卷》，由生态环境部和中国科学院联合正式发布，是我国第一部官方真菌红色名录，涵盖了我国9302种大型真菌和地衣，分属于2门14纲62目227科1298属，其中97种（疑似灭绝1种、极危9种、濒危25种、易危62种）被评估为受威胁物种。

科普工作是菌物标本馆的一项重要工作内容。除每年的科技开放日和日常的科普宣传外，本馆还参与研究所网络中心承担的微生物所科普网站的建设工作，推进了菌物学知识的普及。为更好地开展科普活动，标本馆建立了"真菌与人类"展厅，该展厅自2008年7月正式对公众开放以来，已接待大批国内外参观者，成为国内重要的菌物知识科普基地。中央和地方领导也多次来展厅视察，并对标本馆的科普工作给予肯定。随着新媒体的发展，标本馆也通过报刊、电视台、公众号、视频号等平台进行科普宣传。其中与中央电视台合作完成《真菌的诱惑》和《给"仙草"正名》2集科普纪录片的拍摄工作，在中央电视台科教频道《走近科学》栏目中播出，受到了广泛的关注。菌物标本馆将在今后的科研和科普工作中扮演更为重要的角色。

Fungarium of Institute of Microbiology, CAS (HMAS)

The Fungarium, Institute of Microbiology, Chinese Academy of Sciences, also named Herbarium Mycologicum, Academia Sinicae (HMAS), was found in 1953 based on fungal collections previously preserved in Academia Sinica, National Academy of Peking, Tsinghua University and University of Nanking. It is the most comprehensive mycological herbarium in China, housing the largest collection of fungal specimens in Asia. Currently, there are 536,065 specimens belong to 2,051 genera and 15,580 species, including 4,481 type specimens, preserved in the Herbarium. The collection includes specimens from all the 34 provinces of China, as well as 111 countries and regions, including both Polar Regions of the Earth. The Chinese specimens account for 73% and the foreign specimens occupy 27%. The biological groups preserved in HMAS conclude flagellated fungi, zygomycetes, ascomycetes, basidiomycetes, imperfect fungi, lichens, and slime molds. One of the earliest dates of the collections was in 1786, a *Ustilago* specimen collected from Mexico.

A sophisticate managing system is operated in the Herbarium. All the activities handling the collections are regulated by the operating rules. After the move into the new site at the current address with the whole institute in early 2007, the floor area of the Herbarium has increased to 1200 m^2 equipped with compact storage cabinets having the capacity of housing more than one million specimens. The infrastructure of the Herbarium and the condition for preserving collections has greatly improved, providing more space and better facilities for future development.

The information of all the specimens is now computerized and readily accessible across the Internet (http://nmdc.cn/fungarium). The HMAS has collected data and information of fungi extensively, and constructed a series of fungal databases. "The Checklist of Fungi in China" collected the fungal information in China from the literatures. At present, more than 280,000 records have been included in the database, including 26,642 species of fungi distributed in China reported in the literatures, belonging to 15 phyla, 56 classes, 192 orders, 585 families and 3,534 genera. Fungal Name registration website (http://www.fungalinfo.net/) have the function of new fungal name registration and query, which is one of the three fungal repositories recognized by the "International Code of Nomenclature for algae, fungi, and plants".

The HMAS is supported by a strong research team based in the State Key Laboratory of Mycology, which was fostered by the two pioneer mycologists in China, Professors Tai Fanglan and Teng Shuchun, both were Member (Academician) of CAS. The team has been playing a very important and leading role in the development of mycological research in China. At the present, the taxonomic team within the laboratory is led by Professors Wei Jiangchun, Zheng Ruyong and Zhuang Wenying, all are Academician of CAS, with research areas covering all the major groups of fungi providing effective scientific advice on curation, management and further plans of the Herbarium. As a mycological research platform, the Herbarium receives a large number of visitors from both home and abroad every year, providing services for specimen search, loan and investigation. The Herbarium has now established business links with more than 57 herbaria in 22 foreign countries around the world for specimen loans and exchanges. It is playing an ever more important role in the mycological research internationally.

HMAS has organized a series of field surveys, collecting a large number of specimens of high academic value. Thanks to the rich collections in HMAS, many studies on fungal resources and distribution in China, and on fungal phylogeny, have been carried out by Chinese mycologists. Numerous publications have been produced from these studies, especially those mycological monographs, e.g. 59 volumes of *Flora Fungorum Sinicorum* (1987-2020, including two volumes of myxomycetes), *Fungi of China* (1963, 1996), *Sylloge Fungorum Sinicorum* (1979), *An Enumeriation of Lichens in China* (1991), *Fungi of the Hengduan Mountains* (1996), *An Enumeration of Lichenized & Lichenicolous Fungi in China* (2018), *State of the World's Fungi Chapter 7: Country focus – China* (2018)、4 fascicules of *Species Catalogue of China Volume 3 Fungi* (2018-2019) and so on. These publications have clarified many aspects of fungal diversity in China

▲ "真菌与人类" 科普展厅

and promoted mycology as a whole. On May 22, 2018, the *Red List of China's Biodiversity – Macrofungi*, conducted by HMAS, and was released by the Ministry of Environment and Ecology of the People's Republic of China and the Chinese Academy of Sciences. The list is the first officially red list of fungi in China. It assessed the threatened status of 9302 macrofungal species, belonging to 2 phyla, 14 classes, 62 orders, 227 families and 1298 genera. Ninety-seven species are under threatened including 1 Possibly Extinct species, 9 Critically Endangered species, 25 Endangered species and 62 Vulnerable species.

Popularization of mycological knowledge is also one of the important roles of the Herbarium. In addition to the annual public science Day, the Herbarium participated in the development of popular microbiological network of the institute for public education. In order to furtherly improve popularization of mycological knowledge, the Herbarium established the first scientific exhibition of mycological research in China, "Fungi and Humankind". Since the opening to the public in July 2008, many native and overseas visitors, including leaders from central and local governments, have visited the exhibition. The exhibition has become a key arena for popularization of mycology and received high praise from visitors. With the development of new media, HMAS also carries out science popularization through newspapers, TV stations, public accounts, video accounts and other platforms. Cooperated with China Central Television Station (CCTV), the HMAS produced two documentary television films, i.e., "Allure of Fungi" and "Rectifying the Name of 'Lingzhi'". These two films were showed on the famous program "Approaching Science" of CCTV and received wide attention. The HMAS will play more and more important roles in the fungal research and in mycological popularization.

联系方式

地址： 北京市朝阳区北辰西路 1 号院 3 号，中国科学院微生物研究所菌物标本馆
电话： 010-64807473

Address: Fungarium of Institute of Microbiology, Chinese Academy of Sciences (Herbarium Mycologicum, Academia Sinicae, HMAS) No.1 West Beichen Road, Chaoyang District, Beijing, China
Tel.: 86-10-64807473

四、中国科学院植物研究所植物标本馆

中国科学院植物研究所植物标本馆（PE）位于北京西郊中科院北京植物园内，建筑面积1.1万平方米。该馆的历史可追溯到1928年成立的北平静生生物调查所植物部标本室和1929年成立的北平研究院植物研究所标本室。1950年上述两家学术机构合并，成立中国科学院植物分类研究所，两个植物标本室随之重组，即为现标本馆的前身。

植物标本馆具有标本收集与保藏、科学研究和社会服务等功能。通过采集、交换及赠送等途径，目前收藏了约295万份植物标本，包括7万号化石标本、8万号种子标本和近2万份珍贵的模式标本，以及来自海外138个国家和地区的22万份标本。馆藏标本涵盖了中国80%的苔藓植物、约95%的蕨类植物和90%的种子植物种类，是我国植物多样性保护的战略基因库和现存各类植物的完整信息库。馆藏标本按Engle分类系统（1936年版本）排列，

▼ 标本馆楼外景

如同一部巨大的立体式植物百科全书。90多年来，经过几代科研工作者的艰苦奋斗和积累，植物标本馆已经发展为亚洲最大规模的植物标本馆和国际植物学界研究亚洲植物的重要基地。

植物标本馆是开展分类学研究的主要场所。植物分类学的任务是对植物进行分门别类，研究植物之间的亲缘关系、起源和演化，这个过程中须以植物标本为研究素材和凭证。一直以来，植物标本馆的老、中、青分类学者十分重视植物标本，坚持从标本资料着手进行课题研究，并出版和发表了一大批高水平的论著，如目前世界上最大型的植物学专著《中国植物志》（共80卷126册，1958—2004年陆续面世）。同时，获得了一批国家级奖励，如中科院植物所主持的“中国高等植物图鉴及中国高等植物科属检索表”“中国蕨类植物科属的系统排列和历史来源”“中国植物志”项目分别于1987年、1993年和2009年荣获国家自

▲ 模式标本

然科学奖一等奖。

为实现标本信息交流与共享，标本馆于1999年启动了数字化植物标本馆建设工程，迄今已收录标本信息214万份和图像信息204万张，建立了集标本采集、物种类别、植物图像及其地理分布等综合信息为一体的信息管理系统，该系统既能协助用户快捷、准确地查询和检索，还为环境保护、资源可持续利用和政府部门的决策提供相关信息。

植物标本馆一直为经济和社会的发展服务，如为商贸、检疫、公安和国防等部门提供科技咨询和科学指导。此外，丰富的标本馆藏资源是普及植物科学知识的最佳教材。标本馆常年向社会开放，通过举办夏令营、科普讲座等多种形式，向公众传播植物科学知识和科学精神，倡导植物与环境、人类与自然的和谐关系，提高公众保护植物多样性的意识。标本馆每年接待国内外专家学者、学生、普通民众来访约3000人次，已在社会上、学界内树立良好口碑。

Herbarium of Institute of Botany, CAS (PE)

The Herbarium (PE), Institute of Botany, was located in Botanical Garden (CAS) of western Beijing. The main building of PE was built in 1984 with the area of 11,000 m^2. Its history can be traced back to the Herbarium, Department of Botany, the Peking Fan Memorial Institute of Biology founded in 1928, and the Herbarium, Institute of Botany, the National Academy of Peking in 1929. The two institutes were united in 1950, and the two herbaria merged into PE.

The major functions of herbarium include plant collection and preservation, scientific research and social services. Through the specimen collection, exchange and gifts, there are more than 2,800,000 specimens in PE, including 20,000 type specimens, 70,000 plant fossil samples, 80,000 seed collections and 220,000 sheets from 138 countries and regions. The collections cover about 80% mosses, about 95% ferns and 90% seed plants recorded plant species in China. Definitely, PE is an essential genoplasm bank of the Chinese plant biodiversity conservation and tremendous information bank for all kinds of extant plants. All specimens are arranged by the Engler's classification systems (1936 version), alike one set of huge, and three-dimensional plant encyclopedia. After more than 90 years of hard work and accumulation of several generations of scientific research staffs, PE is now the largest Herbarium in Asia and among the largest ones in the world.

The Herbarium is an important platform of plant taxonomy research. The task of plant taxonomy is to classify plants and illustrate relationship, origin and evolution between plants. In this process, plant specimens must be used as research materials and evidence. During the past decades, the most famous Chinese scientists on plant taxonomy have made great achievements and published lots of high-quality articles, monographs and books. The largest flora of the world, *Flora Reipublicae Popularis Sinicae* was completed in 2004 with 80 volumes and 126 issues. The *Iconographia Cormophytorum Sinicorum*, *Claves Familiarum Generumque Cormophytorum Sinicorum*, *The Chinese Fern Families and Genera: Systematic Arrangement and Historical origin*, and *Flora Reipublicae Popularis Sinicae*, had received the first Prize of Chinese National Natural Sciences, in 1987, 1993 and 2009, respectively.

In order to share the biodiversity information around the world, PE started to digitalize specimens since 1999. Up to now, data of more than 2,140,000 sheets of specimens and 2,040,000 images have been shared via Chinse Virtual Herbarium. All the data can be searched efficiently and precisely, offering a very useful data for environmental conservation, sustainable utilization of plant resources and government strategic decisions.

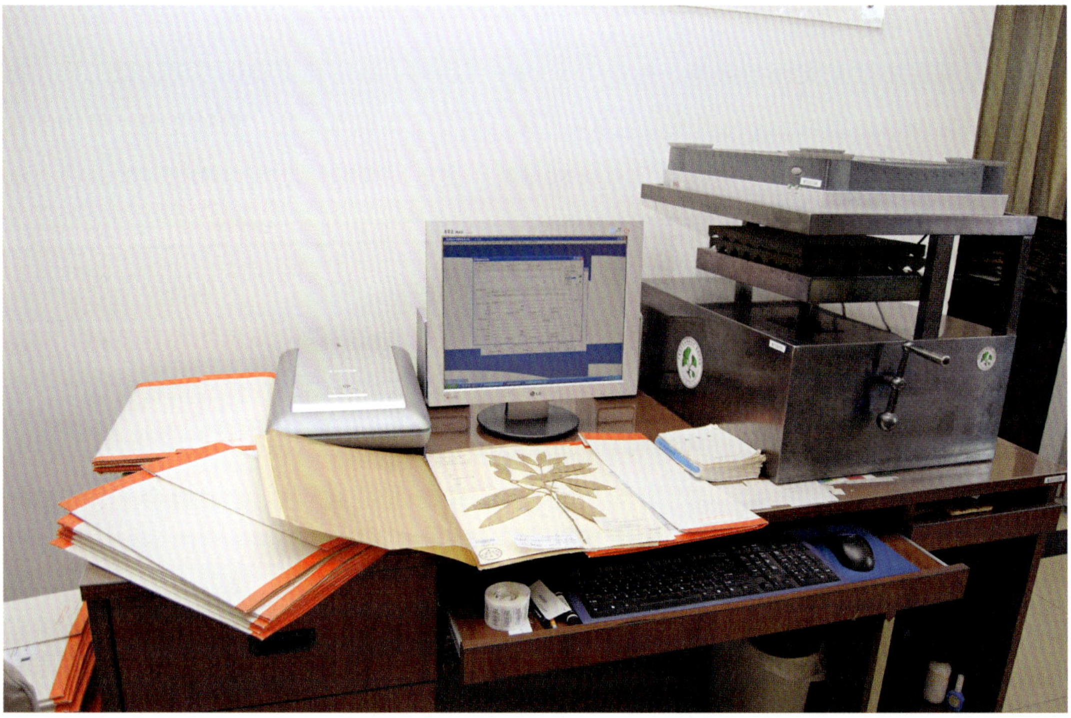

▲ 自行设计的扫描仪翻拍架极大提高了标本信息化的效率

PE provide services for economic and social development, such as quarantine, conservation and so on. As one of the best bases for popular science education on plants, PE is featured by its rich collections. It is open to public consistently, and propagates and popularizes plant knowledge by the means such as summer camps and lectures, promoting knowledge of the harmony between plants and environment as well as human being and nature, improving the public recognition on plant biodiversity conservation. In total, approximately 3,000 experts, researchers and students visit PE every year.

联系方式

地址： 北京市海淀区香山南辛村 20 号中国科学院植物研究所植物标本馆
邮编： 100093
电话： 010–62836706
传真： 010–62830843

Address: Herbarium, Institute of Botany, the CAS, #20 Nanxincun, Haidian district, Xiangshan, Beijing
Zip code: 100093
Tel.: +86 10 62836706
Fax: +86 10 62830843

五、中国科学院昆明植物研究所标本馆

中国科学院昆明植物研究所标本馆（代码：KUN），由我国现代植物学奠基人之一的胡先骕先生于1938年创建，并在蔡希陶、汪发缵、郑万钧、俞德浚、吴征镒等多位植物学家的辛勤耕耘下，历经80多年的持续积累，逐步形成了以我国西南地区为标本收藏中心，采集范围覆盖全国、辐射东南亚及“一带一路”等地区，具有国际知名度的区域性标本馆，在我国植物分类、生物地理及生物多样性保护等研究领域中具有重要的学术地位。

标本馆馆藏标本总量达155万余份，包括125万份种子植物标本，5万余份蕨类植物标本，9.7万号苔藓标本，10万号真菌标本以及7万号地衣标本，涵盖各类模式标本1.3万余份，为我国收集植物类群最全的标本馆，是我国三大植物标本馆之一。这些植物标本采自全国各地，以西南及横断山地区的最为丰富；此外，也有部分通过采集和交换获得的东南亚、日本、欧洲、北美以及其他国家和地区的标本。KUN收藏了蔡希陶、王启无、俞德浚、冯国楣、陈谋、吴中伦、蒋英、刘瑛、李鸣岗、汪发缵、毛品一、邱炳云、吴征镒、简焯坡、

▼ 标本馆外观

▲ 标本陈列

刘德仪等老一辈著名植物学家或著名标本采集人在云南所采集的云南植物标本。

以馆藏标本为依托，本所植物学家所出版重要著作有：《中国植物志》（总论、樟科、罂粟科、紫堇科、唇形科、杜鹃花科、豆科、葫芦科、漆树科、冬青科、天南星科、禾本科、竹亚科等部分卷册）、《中国苔藓志》（参编第1—2卷、主编第3—4卷）、《云南植物志》（共21卷）、《云南种子植物名录》（上、下册）、《西藏植物志》（1—5卷）、《西藏苔藓植物志》、《西藏真菌志》、《横断山区真菌》、《云南の植物》（日文版）、《中国植被》、《中国自然地理——植物地理（上）》、《云南植物采集史略》、《中国被子植物科属综论》等70余卷册。基于本标本馆的标本，本所有32项次科研成果获得国家、科学院、省部级奖励。

近5年来，以本标本馆为主发表植物及菌物的新属24个、新种151个以及发表新组合64个，被*Flora of Pan-Himalaya*、《中国高等植物彩色图鉴》、《云南省生物物种名录》、《神农架植物志》和《湖北植物大全》等收载！

为所内外科学家的日常查阅、类群的经典分类及系统学研究以及植物资源利用的比对查阅提供了优质服务；目前已完成了100多万份标本的数字化工作，为植物学工作者查阅KUN馆藏标本提供了极大的便利。

Herbarium, Kunming Institute of Botany, CAS (Code: KUN)

The herbarium KUN was founded in 1938 by Dr. HU Xiansu, one of the founders of modern botany in China. With the hard work of many botanists such as CAI Xitao, WANG Fazhen, ZHENG Wanjun, YU Dejun, and WU Zhengyi, more than 80 years of continuous accumulation, KUN gradually becomes a specimen collection center in southwest China, with additional interests in Southeast Asia as well as countries along the "belt and road" region. KUN gained its international recognition and leading academic reputation as a regional herbarium through the contribution to plant taxonomy, biogeography and the biodiversity conservation.

The total number of specimens in the collection reaches 1.5 million, ranking the second in China, including 1.2 million seed plant specimens, more than 50,000 fern specimens, 99,000 bryophyte specimens, 100,000 fungal specimens, and 70,000 lichen specimens, totally more than 13,000 type specimens in KUN. KUN is the most comprehensive herbarium in terms of major plant groups. These plant specimens are collected from all regions of the country, with the richest from the Himalaya-Hengduan Mountains region. In addition, some specimens from Southeast Asia, Japan, Europe, North America, Central Asia and other countries and regions obtained mainly collected by field trips and exchanges. The earliest specimens were collected in 1932 by Dr. Cai Xitao from Yunnan (although there are some even earlier collections made by foreigners in Yunnan but later donated to KUN by foreign herbariums), along with other collections by CHEN Mou, WU Zhonglun, and JIANG Ying which were rather incomplete. Early important collections mainly include those by distinguished collectors such as CAI Xitao, WANG Qiwu, YU Dejun, FENG Guomei, LIU Ying, LI Minggang, WANG Fazuan, MAO Pinyi, QIU Bingyun, WU Zhengyi, JIAN Yipo, LIU Deyi, etc.

▲ 标本室

Based on the KUN specimens, more than 70 important monographic works have been published by staff members of the institution: e.g. *Flora of China* (General, Camphor, Poppy, Corydaceae, Labiatae, Rhododendron, Leguminous, Cucurbitaceae), Anacardiaceae, Hollyceae, Araceae, Gramineae, Bamboo Subfamily, etc.), *Bryophyte of China* (volume 1-2, editor 3-4), *Flora of Yunnan* (21 volumes in total), *Checklist of Seed Plant in Yunnan* (Volume I and Volume II) , *Flora of Tibet* (volumes 1-5), *Bryoflora of Tibet*, *Fungi of Tibet*, *Fungi of Hengduan Mountain*, *Plants in Yunnan* (Japanese version), *Chinese Vegetation*, *Natural Geography of China — Plant Geography* (Part 1), *A Brief History of Plant Collection in Yunnan*, *Synthesis of Angiosperms in China*, etc. 32 scientific research achievements have received national, CAS, provincial and ministerial awards.

Recent five years, KUN published 24 new genera, 151 new species and 64 new combinations of plants and fungi, which have been cited in *Flora of Pan-Himalaya*, Atlas *of Chinese Higher Plants*, *Checklist of the Yunnan province*, *Flora of Shennongjia* and *Plants of Hubei*.

KUN provides high-quality services for the research on taxonomy and systematics, and plant resource utilization by botanists; more than one million specimens have been digitized, providing great convenience for botanists accessing the KUN collection.

联系方式

地址：云南省昆明市北郊黑龙潭蓝黑路 132 号
电话：0871-65223110
传真：0871-65239856
电子邮件：herbarium@mail.kib.ac.cn

Address: Herbarium of Kunming Institute of Botany, CAS 132 Lanhei Road, Kunming, Yunnan, P. R. China
Phone: +86 871 65223110
Fax: +86 871 65239856
E-mail: herbarium@mail.kib.ac.cn

六、中国科学院武汉植物园标本馆

中国科学院武汉植物园标本馆始建于1956年。1972年12月，由湖北省政府专项经费建设的植物标本馆正式投入使用，2001年10月，由国家财政部专项支持的标本馆扩建维修竣工。2013年，以武汉植物园为依托单位，中国科学院成立了“中国科学院中—非联合研究中心”，武汉植物园承担了在非洲组织开展植物资源考察和标本采集的任务，为保证非洲植物标本的保存空间，标本馆于2014年5月增建了非洲植物标本室，馆藏面积增加约100 m^2。目前，标本馆总建筑面积为1800 m^2，其中用于标本储藏的面积共851 m^2。

至2020年，标本馆收藏保存了维管植物标本共30余万份。包括蕨类植物标本9000余份，裸子植物标本3000余份，被子植物标本25万余份，非洲植物标本4万余份（近期保持单独存放）；保存有各类模式标本652份。

标本馆目前主要研究方向包括：山毛榉科、豆科、葫芦科、猕猴桃科、睡莲科、景天科、凤仙花科、百合科、天南星科、樟科、禾本科和兰科等的系统分类学研究；华中地区维管植物的区系地理学研究；中国特有植物三大分布中心之一的川东—鄂西中国特有属分

▲ 标本馆外景

布中心的保育遗传学和系统与进化植物学研究；东非植物区系研究和《肯尼亚植物志》等非洲区域性植物志的编研等。

著名植物分类学家陈封怀、刘玉壶、傅书遐、郑重等曾在本馆工作，并为标本馆的建立和发展做出了重要的贡献。本馆现有工作人员8人，其中研究人员6人，管理人员2人，主持和参加国家级科研项目10余项，出版专著8部，发表学术论文100余篇，大部分论文发表在国际著名学术刊物上。其中，“神农架植物考察研究”曾获得1989年度中国科学院自然科学奖三等奖；湖北植物区系研究和《湖北植物志》编研曾获得2005年度湖北省自然科学奖二等奖。

本标本馆在我国华中地区植物资源研究中占有重要地位，同时也给华中地区经济和社会的发展起到了直接或间接的促进作用。为三峡工程对环境的影响研究项目提供了翔实的三峡库区植被类型和植物区系资料；为宜昌大老岭国家森林公园的建设提供了有关该区域植被类型和植物区系状况资料。本馆拥有最丰富的神农架地区和三峡库区的植物标本，仍将继续为三峡工程和南水北调中线工程的建设和生态安全问题、华中地区的稀有濒危和特有植物的保育研究及植物学方面的知识普及工作等做出新的贡献。

近年来，标本馆设立了非洲植物标本室后，先后承担了中—非联合研究中心设立的“非洲植物资源调查”和“《肯尼亚植物志》编研”及国家自然科学面上项目等课题，与非洲国家的许多大学和研究机构建立了合作伙伴关系，已在肯尼亚、坦桑尼亚、埃塞俄比亚、乌干达、纳米比亚和马达加斯加等非洲国家开展了植物多样性野外联合科学考察40余次，

主标本室内景

采集非洲植物标本4万余份，已发现和正式命名非洲植物新类群10余个，为东非植物多样性分布格局及形成机制的研究以及撰写《肯尼亚植物志》积累了重要的本底资料，也大大丰富了武汉植物园对非洲植物标本的收藏，成为国内收藏非洲植物标本最多的标本馆，在国内同类植物标本馆中独树一帜，这些特色收藏及在非洲开展的植物分类学研究使本馆在国际上的影响和地位不断提升。

本馆与国内外主要植物标本馆建立了标本交换和借阅关系，并接待了来自美国哈佛大学、俄亥俄州立大学、密苏里植物园、英国皇家植物园（邱园）、日本东京大学等大学和科研机构的植物学家来馆查阅标本。同时，本馆的科研人员也分别赴这些研究机构开展植物分类学研究工作。本馆平均每年接待国内外植物学专家学者查阅标本约100人次，同时接待大批学生（约400人次）参观学习，并向社会提供全面且高水平的科技咨询和科普宣传服务，发挥了应有的社会价值。

Herbarium of Wuhan Botanical Garden, CAS (HIB)

The herbarium was founded as early as 1956. In December 1972, granted by the Government of Hubei Province, the building of the herbarium was completed and put into use. In 2001, the herbarium was expanded under the support by special grant funds from Ministry of Finance, People's Republic of China. In 2013, Sino-Africa Joint Research Center, CAS was established and attached to Wuhan Botanical Garden. CAS. From then on, Wuhan Botanical Garden undertook the task of organizing investigations on plant resources in Africa and the herbarium (HIB) expanded the specimens store space for 100 m^2. After that, the total building area of the herbarium was increased to 1, 800 m^2, and the area for specimen storage is 851 m^2.

At present, 300,000 specimens of vascular plants are deposited at the herbarium, including ca. 9,000 Pteridophytes, ca. 3,000 Gymnosperms, and 250,000 Angiosperms, and 40,000 specimens of African plants (stored separately recently). Among them, there are 652 type specimens.

The herbarium's research mainly concerns the systematics of Fagaceae, Leguminosae, Cucurbitaceae, Actinidiaceae, Nymphaeaceae, Crassulaceae, Balsaminaceae, Liliaceae, Araceae, Lauraceae, Poaceae and Orchidaceae, the flora of Central China as well as the conservation genetics of the endemic genera in Eastern Sichuan and Western Hubei, which is one of the three endemic centers in China; and the flora of the East Africa and compiling *Flora of Kenya*.

Some famous botanists such as Chen Feng-hwai, Law Yuh-wu, Fu Shu-xia and Zheng Zhong were worked in the herbarium and made great contributions. There are eight staff members in the herbarium today, including six research scientists and two administrators. More than 10 national scientific research projects have been managed and over 100 papers have been published on famous academic journals including *Proceedings of the National Academy of Science, Annals of Botany, Journal of Systematics and Evolution, Botanical Journal of the Linnean Society, Systematic Botany, Molecular Ecology, International Journal of Plant Sciences, Genetica, Plants, PhytoKeys, Phytotaxa, Nordic Journal of Botany*, *Novon, Annales Botanici Fennici*. Besides, eight monographs have been edited and published. The herbarium won CAS Natural Science Award (third class) for the study on the plants in Shennongjia in 1989 and The Second Prize of Natural Science of Hubei Province for the study on flora of Hubei in 2005.

The herbarium of Wuhan Botanical Garden (HIB) occupies an important position on studies of plant resources in this area. At the same time, the herbarium has been making a positive effect on both social and economic level to central China. For example, detailed materials about the vegetation types and flora in the three-gorge region were offered to do researches on the impact of the three-gorge project on the environment, as well as such report for the establishment of Dalaoling National Forest Park in Yichang, Hubei Province. The Herbarium have the most abundant collections of specimens from Shennongjia and three-gorge region. Therefore, it will continue serving the study on the ecological safety of the construction of the three-gorge project and middle route of South-to-North Water Diversion Project in the future, and make more contributions to the conservation genetics of the rare and endemic plants in Central China as well as popularization of plant science, etc.

In recent years, after the database of the herbarium has been established and integrated with those of other herbaria of CAS, the Herbarium organized more than 40 field investigations in Africa. These investigations collected more than 40,000 plant specimens and discovered more than 10 new plant taxa. The study and its achievements in Africa have been improving the reputation and international influence of the Herbarium.

The herbarium have established relationship with the main herbaria in the world on specimen exchanging and borrowing programs. There were visitors from Harvard University, Ohio State University, University of Florida, Missouri Botanical Garden, Royal Botanic Gardens, Kew, University of Tokyo and other universities and scientific institutions; and taxonomists from HIB were also sent to these organizations to carry out research projects. Every year, about 100 scholars come to the herbarium to examine specimens and more than 400 students visit the herbarium. In addition, the herbarium provides high-level scientific and technological consultation and science popularization to the public, making its resources into good use.

联系方式

地址： 武汉市磨山，中国科学院武汉植物园
邮编： 430074
电话： 027-87510330

Address: Herbarium, Wuhan Botanical Garden, the CAS
Moshan, Wuhan, Hubei, China
Postcode: 430074
Tel.: +86 27 87510330

七、中国科学院西双版纳热带植物园植物标本馆

功能

中国科学院西双版纳热带植物园植物标本馆为中国科学院西双版纳热带植物园（以下简称：版纳植物园）的重要支撑机构之一，对本园的学科发展提供技术支撑服务，同时也为地方林业、环保、园林、海关、公安和科普等机构提供技术服务。

标本类型和属性

版纳植物园标本馆收藏以滇南热带地区为中心，以云南亚热带和东南亚热带地区为辐射范围的维管植物标本，同时也收藏地区性森林群落定位研究凭证标本、种子标本及园林保育凭证标本，属于地方性热带植物标本馆，具有鲜明的热带植物收藏特色。目前共收藏有维管植物标本23.22万份，约19000种。

发展历史

版纳植物园标本馆于1959年由著名植物学家蔡希陶教授创建，在当时称为“植物资源组”。植物资源组致力于西双版纳地区热带植物资源调查和开发利用，随着研究工作的不断开展，标本逐渐增加，到1966年，共采集存储植物标本14000多份。“文革”期间，科研工作基本停止，7年间新采集的标本仅有约5700份。1974年6月，版纳植物园成立了“植物分类研究室”，由裴盛基教授任室主任，直到1983年12月，其间，在1976年为标本馆新建了一栋房子，使标本存储面积达到490 m^2，增加了标本的存储空间，在这9年时间里共新采集增加标本34000多份。1984—1986年，由李延辉担任植物分类室主任。1987年1月，版纳植物园归并中国科学院昆明植物研究所，但标本馆得以保留，只是将复份标本送至昆明植物研究所保存。标本馆归属于新成立的“种质资源保护研究室”，由陶国达任室主任直至1995年底。1996年11月—1998年12月，版纳植物园与昆明植物研究所分离，而与中国科学院昆明生态所合并，标本馆归属“植物多样性保护研究室”，由殷寿华任室主任，朱华负责标本馆工作。

2000年，标本馆归属植物地理研究组，由朱华任馆长。2012年以后挂靠新成立的“综合保护中心”，为全园科学研究、园林园艺和科普教育服务，由殷建涛任常务副馆长直至2017年。2018年起由李剑武任代理副馆长，其间于2000年动工，2002年4月竣工并投入使用标本馆独栋建筑，建筑面积达到1200 m^2，设有正、复号标本室，浸泡标本室，标本制作室等。正号标本室563 m^2，设计容纳标本50万份，所有标本柜为可移动密集柜。

▲ 标本馆外景

对社会的贡献

（1）研究成果：标本馆从成立至今，参加了很多地方性和全国性的志书编写。如20世纪70—80年代的《西双版纳地区植物名录》、《西双版纳高等植物名录》第一版、《中国植物志》、《云南植物志》、《西双版纳傣药志》、《中国树木志》等。90年代以后主编《西双版纳高等植物名录》第二版（李延辉，1996）、《云南哀牢山种子植物》（朱华等，2009）、《云南西双版纳野生种子植物》（朱华等，2012）、《中国野生兰科植物原色图鉴》（金效华等，2019）；参编了《中国高等植物彩色图鉴》、《中国珍稀濒危植物》。曾在标本馆工作的蔡希陶教授（创始人）、裴盛基教授（棕榈科）、李延辉教授（热带植物分类，肉豆蔻科）、陶国达教授（热带植物分类，龙脑香科）、朱华教授（植物区系地理，茜草科粗叶木属）等，为我国植物分类学和版纳植物园标本馆的建设与发展做出了重要贡献。

（2）保护区建立：20世纪八九十年代，在版纳植物园标本馆的建议下，在西双版纳傣族自治州新建立了纳板河流域国家级自然保护区、布龙州级自然保护区和易武州级自然保护区，并积极参与到植物多样性的调查中。

（3）科普：版纳植物园属于国家5A级旅游风景区，科普由一个专门的机构负责，版纳植物园标本馆积极配合、参与，提供标本、相关数据等为之服务，同时每年吸纳数量不等的学生来实习，开展项目和撰写毕业论文。

（4）社会机构服务：版纳植物园标本馆每年为地方林业、海关、公安、企业等单位提供物种鉴定、野外支撑、来馆查阅标本等服务。较大规模的如20世纪80年代服务保护区管护所的保护区科考、2014年服务云南省林业和草原局进行全国重点保护植物第二次普查、2019年西双版纳州国家级自然保护区管护所进行第二次本底资源综合科学考察等。

存放系统

西园标本馆所收藏的主要是维管植物标本。蕨类植物标本存放按秦仁昌系统（1978），裸子植物按郑万钧系统（1978），被子植物按J. Hutchinson系统（1926，1934），在每个科下按字母顺序排列属和种，未鉴定标本存放于其所属科的最后。

标本类别和来源

版纳植物园标本馆主要收藏中国热带及周边亚热带地区、东南亚热带地区的维管植物标本，到目前为止共收藏有标本23.22万份，大部分采自云南省热带及周边亚热带地区，通过交换、赠予等方式获得了一批其他地区的标本，如中国（广东省、海南省、四川省、广西壮族自治区等）、泰国、老挝、马来西亚等国家的标本，同时也获得了一些采集时间较早的标本，最老的标本采自1865年。其中相对较多的是来自泰国和老挝的标本，目前分别共有4745份和4412份。近年来，随着“一带一路”的推广，版纳植物园在东南亚的缅甸、老挝等国设立海外机构“东南亚生物多样性研究中心”，通过中心的工作，采集到了大量的标本，共8500余号25000余份。

数据查询

版纳植物园所有标本已经数字化，近年来开始建设自己的数据库，目前数据正逐步上线，可通过http://hitbc.xtbg.ac.cn进行查阅。在建成数据库之前的数据，通过中国数字植物标本馆（CVH）进行发布，可通过http://www.cvh.ac.cn/her/hitbc/search进行查阅。

工作人员

版纳植物园标本馆著名的分类学家有蔡希陶教授（标本馆创始人）、裴盛基教授、李延辉教授、陶国达教授、朱华教授、童韶全教授等，他们都是我国植物分类学界著名的专家，为植物分类学和版纳植物园标本馆的建设与发展做出了重要贡献。

目前版纳植物园标本馆有分类研究人员4人，标本管理人员2人。

Herbarium of Xishuangbanna Tropical Botanical Garden, CAS (HITBC)

Function

The herbarium (HITBC) of Xishuangbanna Tropical Botanical Garden, Chinese Academy of Sciences (XTBG, CAS), is one of the key components of the technical support system for scientific research in XTBG. It aims to meet the needs of the botanical research in XTBG, as well as providing technical services to public organizations, such as forestry, environment protection and management, horticulture, the customs office, security, and public education.

Status

HITBC exhibits typical tropical features for its regional tropical plant collections. The collections mainly include the vascular plants from the tropical areas of southern Yunnan, as well as plants from the subtropical areas of Yunnan and tropical areas of Southeast Asia. HITBC also collects voucher specimens for studies on the positioning of the regional forest communities, voucher specimens for gardening and plant conservation, as well as seed specimens. Up to the present, HITBC has collected 232,200 vascular plant specimens which includes about 19,000 species.

History

HITBC initially named the "Plant Resources Group", was founded in 1959 by Professor Cai Xitao, a famous botanist in Chinese history. The staff of the group were devoted to the plant resource investigation, as well as their exploitation and utilization. As a result of the continuous plant investigation, the number of specimens increased gradually, by 1966, more the 14,000 plant specimens had been collected by the group and stored in the herbarium. From 1967, in the period of the Cultural Revolution, only 5,700 specimens were collected during seven years because of the stagnation of scientific research.

◀◀ 标本室

◀ 标本处理

In June 1974, XTBG established a Department of Taxonomy and Professor Pei Shengji was the Director until December 1983. In 1976, a new building was set up serving as the Library and Herbarium. The herbarium, with 490 m^2 area, had more storage space than before, the number of specimens greatly increased more than 34,000 during the following nine years. From 1984 to 1986, Professor Li Yanhui took the position of Director.

In January 1987, XTBG attached to the Kunming Institute of Botany, CAS. The herbarium was under the supervision of the Department of Germplasm Resources and Professor Tao Guoda was the Director until 1995.

From November 1996 to December 1998, XTBG separated from the Kunming Institute of Botany and combined with the Kunming Institute of Ecology, CAS. The herbarium was then a group attached to the Department of Plant Diversity, with Professor Yin Shouhua as the Director and Dr. Zhu Hua in charge of the herbarium. HITBC was one unit of the "Innovation Base". After 2000, HITBC belonged to the Phytogeography Research Group, with Professor Zhu Hua as the Director of the herbarium. Since 2012, HITBC has been part of the Center for Integrative Conservation in XTBG and continues to support all research groups, the horticultural department, and popular science. Mr. Yin Jian-tao was the executive deputy curator until 2017, then, from 2018, Mr. Li Jianwu took the position. In April 2002, a new building for HITBC was completed, which is 1200 m^2 in area, including the proper specimen room, the duplicate specimen room, the pickled specimen room and an administration office. The proper specimen room covers an area of 563 m^2, and can store 500 thousand specimens. All the specimen cabinets are movable racks to save space.

Contributions

(1) Achievements: Since the establishment of HITBC, the staff members have participated in compiling many plant checklists and Floras. For example, during the 1970s and 1980s, they participated in compiling *The Plant Checklist of Xishuangbanna*, *Higher Plants Checklist of Xishuangbanna* (First edition), *Flora Reipublicae Popularis Sinicae*, *Flora Yunnanica*, *Medicinal Plants of the Dai Nationality* and *Tree Flora of China*. After the 1990s, HITBC published several books as the editor, including, *Higher Plants Checklist of Xishuangbanna* (Second edition, Li Yan-hui, 1996), *List of Seed Plants in the Ailao Mts. of Yunnan Province, China* (Zhu Hua et al. 2009), *Native Seed Plants in Xishuangbanna of Yunnan* (Zhu Hua et al. 2012), *Atlas of*

浸泡标本

种子标本

Native Orchids in China (Jin Xiao-hua et al. 2019), and also participated in compiling *Higher Plants of China in Colour* and *Rare and Endangered Plants in China*.

The outstanding contributors from HITBC include Prof. Cai Xitao (Founder), Prof. Pei Shengji (Arecaceae), Prof. Li Yanhui (Tropical plant taxonomy, Myristicaceae), Prof. Tao Guoda (Tropical plant taxonomy, Dipterocarpaceae), and Prof. Zhu Hua (Floristic geography, *Lasianthus*). They not only made great achievements in plant taxonomy research, but also made important contributions to the construction and development of HITBC.

(2) Establishment of Nature Reserve: In the 1980s and 1990s, based on HITBC staff suggestions, Naban River Watershed National Nature Reserve, Bulong State Nature Reserve, and Yiwu State Nature Reserve were established in Xishuangbanna. HITBC played an important role in biodiversity investigation.

(3) Popular science: XTBG is one of the "AAAAA" tourist scenic areas in China. There is a professional working group for popular science, and the herbarium makes contributions by offering specimens, data, and training for the students.

(4) Services: HITBC offers services on plant identification, field work for local Ministry of Forestry and Grassland, Custom Office, Public Security, and other social organizations every year. For example in 1980s, plant survey for National Nature Reserve; in 2014, the second key protected plant survey for Ministry of Forestry and Grassland of Yunnan; in 2019, the second plant survey for Xishuangbanna National Nature Reserve.

Systems management of specimens

Specimens in HITBC are mainly vascular plant. Families of Fern specimens are arranged following Chin Renchang system (1978), gymnosperms in Zheng Wanjun system (1978) and angiosperms in J. Hutchinson system (1926, 1934). Genus and species are arranged alphabetically, and the unidentified specimens are deposited at the end of the respective families.

Types and sources of specimens

So far, we have deposited more than 232,200 vascular specimens in HITBC, most are collected from tropical and subtropical Yunnan. The collection also includes some older specimens from exchange and donation with other herbaria, such as Guangdong, Sichuan, and Guangxi in China, as well as Thailand, Laos, and Malaysia. The earliest specimen in HITBC was collected in 1865. These specimens are mainly from Thailand and Laos, with totals of 4,745

and 4,412 respectively. Recently, XTBG has been taking part in the development of the Belt and Road Initiative, and has established overseas branches or offices in Myanmar and Laos, especially the Southeast Asia Biodiversity Research Institute, CAS (CAS-SEABRI) in Myanmar. Based on the cooperation with CAS-SEABRI, HITBC has collected as many as 25000 plant specimens which contain 8500 record numbers.

Data services

So far, all specimens had been digitized, the database build from 2018, most data can be accessed by http://hitbc.xtbg.ac.cn. And all data can be accessed by Chinese Virtual Herbarium (CVH), http://www.cvh.ac.cn/her/hitbc/search.

Staffs

The former staffs included several famous scientists such as Professor Cai Xi-tao, the founder of XTBG, Professor Pei Shengji, Professor Li Yanhui, Professor Tao Guoda, Professor Zhu Hua, and Professor Tong Shaoquan etc. They are famous botanists in Chinese taxonomic field and had made important contributions to plant taxonomy and to HITBC.

Currently, the staff in HITBC includes 4 researchers and 2 managers.

联系方式

地址：云南省西双版纳州勐腊县勐仑镇中国科学院西双版纳热带植物园
网址：http://hitbc.xtbg.ac.cn
联系电话：(86) 691-8715480

Address：Menglun town, Mengla County, Yunnan Province, China
URL：http://hitbc.xtbg.ac.cn
Tel.：(86) 691-8715480

八、中国科学院华南植物园标本馆

中国科学院华南植物园标本馆，由著名植物学家陈焕镛院士于1928年创建，是国内最早的植物标本馆之一。1954年中山大学农林植物研究所改隶中国科学院并更名为中国科学院华南植物研究所，2003年更名为中国科学院华南植物园，标本馆也随之归属华南植物研究所（园）。

在过去数十年里，随着科学事业的蓬勃发展和在经济需求的推动下，华南植物研究所（园）的植物学家与专业采集队参与了全国范围内开展的许多大型综合科学考察，采集了大量标本。如今，标本馆收藏植物标本超过115万份，其中种子植物87万份、苔藓4万份、蕨类4万份、模式标本超7000份、液浸标本6400份、复份标本近20万份。

▼ 标本馆正面

标本馆非常注重增加馆藏量，除馆内坚持派员到各地采集之外，也积极与国内、国外各大标本馆进行交换。在建馆之初，陈焕镛教授就与美国、英国、德国、法国等建立了正常的标本交换关系。美国哈佛大学著名的植物学家E. D. Merrill教授与陈焕镛教授非常友好，往年他在东南亚采集的大量植物标本，都与我馆进行了交换，特别是有一批菲律宾标本，其本国标本已毁于第二次世界大战，而我馆在抗日战争期间由于将标本转移到香港而得以完好保存。如今，与我馆有交换关系的国家和地区已达60多个；馆内收藏的东南亚国家（印度尼西亚、马来西亚、菲律宾、越南、老挝、柬埔寨、泰国等）植物标本占馆藏量的8%。

▲ 标本馆外景

标本馆于建馆之初就注重科学的管理方法，吸收了美国哈佛大学标本馆以及其他世界先进标本馆的管理经验，制定了一套完善的管理方法，标本从科、属、种、不同的国家和地区，有条不紊地进行分类管理。在过去无电脑管理的年代，建立了三套完善的卡片系统，可根据植物的名称、采集人、标本号、地区分布等，从三套卡片系统中可迅速查到所需的标本。在标本内还附有大量的原始记载、重要专著等文献资料，为研究工作提供了有利条件。近年来，我们积极推进馆藏标本数字化，目前超过85万份标本已经完成数字化。

华南植物园标本馆的发展目标是创建一个世界水平的区域性标本馆，宗旨是使馆藏标本极富华南区域特色，使华南及东南亚地区植物标本科属收集齐备，华南尽可能收齐到种，并集齐热带亚热带重要科属的全世界植物标本。

Herbarium of South China Botanical Garden, CAS

The IBSC herbarium was founded by renowned botanist academician Woon-Young Chun in 1928, which is one of the earliest herbariums in China. In the past few decades, with the vigorous development of scientific undertakings and the promotion of economic demand, botanists and professional collection teams from the Herbarium of South China Botanical Garden have participated in many large-scale comprehensive scientific investigations nationwide and collected a large number of specimens. As one of the three largest and most prestigious herbaria in China, IBSC has a collection of more than 1.15 million vascular plant specimens specialized in tropical and sub-tropical plants, including 870,000 seed plants, 40,000 mosses, 40,000 ferns, over 7,000 type specimens, 6,400 liquid immersion specimens, and nearly 200,000 duplicate specimens. The collection is still growing up by programs of joint work, expeditions, gifts and exchanges with other institutes at home and abroad.

Research programs at IBSC cover taxonomic and evolutionary studies on mosses and vascular plants, and the conservation of the rare and endangered species in tropical and subtropical areas.

Today, more than 60 countries and regions have exchange relationships with our museum; the collection of botanical specimens from Southeast Asian countries (Indonesia, Malaysia, the Philippines, Vietnam, Laos, Cambodia, Thailand, etc.) in the museum accounts for 8% of the collection. The first English botanical journal in China, *Sunyatsenia*, and the first local flora, *Flora of Guangzhou* were published by IBSC in 1930 and 1956 respectively. IBSC also has compiled 27 volumes of *Flora Reipublicae Popularis Sinicae*.

In order to meet the needs of development in science and society, we have been digitalizing all of our collections, including more than 850,000 specimens.

The herbarium, with an ever increasing of duplicate specimens, maintains an active exchange relationship with herbaria at home and abroad.

联系方式

地址：广州市兴科路 723 号中国科学院华南植物园标本馆
电话：020-37252548, 37252692

Address: Herbarium, South China Botanical Garden, CAS
Xingke Rd. 723, Guangzhou, P. R. China
Tel.: 020-37252548, 37252692

九、中国科学院沈阳应用生态研究所东北生物标本馆

中国科学院沈阳应用生态研究所东北生物标本馆始建于1954年。经过几代人的艰辛努力，目前已成为中国东北地区标本保藏量最大、门类齐全的综合性生物标本馆。

东北生物标本馆的收藏以东北地区的标本最为齐全，占馆藏标本的50%以上。同时，也广泛收集国内其他各省区的标本，并与国外的一些标本馆建立标本交流关系。馆藏面积1500 m^2。现藏有各类标本60万份。其中，维管束植物标本29万份，苔藓标本12.6万份，地衣标本3万份，高等真菌标本3.8万份，昆虫标本6.5万份，病害标本1万份，木材标本1000份，微生物标本2万份及土壤标本2万份。此外还收藏生物分类区系方面的文献资料1万多册。

东北生物标本馆是科研工作的重要平台。本馆主要开展生物系统与进化、生物多样性保护和持续利用、森林病虫害、微生物资源的系统学及应用开发等方面的研究工作。建馆60多年来硕果累累，馆藏的大量标本为《中国植物志》《辽宁植物志》等植物学专著的编写、生物多样性和生态学的研究、植物资源的开发和保护方面的工作创造了有利条件，37项科研成果获省部级以上奖励，出版专著80余部，发表学术论文千余篇。本馆已成为我国东北

▲ 标本馆外景

标本柜

地区生物资源研究和开发利用的重要基地。

目前，东北生物标本馆网络信息系统已基本建成，采用条形码技术对馆藏标本进行数字化管理。目前已对超过60%的馆藏标本进行了数字化，分别建立了中国东北植物物种数据库、中国东北植物标本数据库、植物标本图像数据库和电子版检索表，并通过网络向国内外用户提供共享服务。使用者很容易查到植物名称、分布、形态特征和图像等相关信息。

东北生物标本馆是中国科学院沈阳应用生态研究所的重要窗口，得到了政府和社会各界的重视。党和国家领导人、中科院以及当地各级政府领导多次莅临我馆参观指导。我馆与许多国家学术机构保持着友好的学术联系，每年接待外宾百人以上，每年接待大中专学生以及社会各界参观者达2000人。2000年被沈阳市教委和沈阳市科协评为沈阳市青少年科技活动实践基地；2008年被辽宁省科学技术厅和辽宁省科学技术协会评为辽宁省科学技术普及基地；2018年被中华人民共和国教育部评为全国中小学生研学实践教育基地。

东北生物标本馆是辽宁省科普教育重要基地。标本馆经常开展科普活动，设置固定科普展板和活动展板，展出标本照片，举办科普展览，开展公众科学日活动，与中小学校合作开展科普进校园科普讲座，并在标本馆的网站上开辟资源检索、科学研究和科普论坛三个互动版块，目前在网上载有新闻动态、科考日记、标本展示三方面内容。

本馆现有职工11人，其中研究人员7人，标本管理人员4人。博士研究生3人，硕士研究生5人。

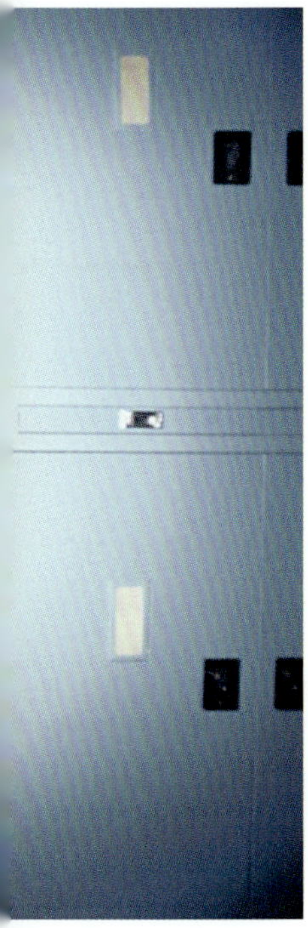

Herbarium of Northeast China, Shengyang Institute of Applied Ecology, CAS (IFP)

The Herbarium of Northeast China of Institute of Applied Ecology, CAS (IFP) was founded in 1954. Thanks to the prominent efforts of the scientists, IFP has developed into the largest and most comprehensive herbarium in Northeast China.

The collections of IFP are mainly from Northeast China, which account for more than 50% of the total. We also extensively collect specimens from other provinces and have set up specimen exchange relationship with other herbaria at home and abroad.

The area for storage of IFP is about 1500 m^2. It holds about 600,000 specimens, including 290,000 of vascular plants, 126,000 of bryophytes, 30,000 of lichens, 38,000 of fungi, 65,000 of insects, 10,000 of disease-infected plants, 20,000 of microbe strains, 1,000 of woods, 20,000 of soil, as well as more than 10,000 books and literatures on taxonomy and flora.

The herbarium has become an important base for research on exploitation and utilization of biological resources in Northeast China. It mainly focuses on systematic and evolution of plants, conservation and sustainable utilization of biodiversity, insects and diseases of forests, and systematic and utilization of microbial resources. Since the 60 years history of the herbarium, the large number of specimens in the collection have created favorable conditions for the compilation of botanical monographs such as *Flora of China* and *Flora of Liaoning*, the study of biodiversity and ecology, and the development and protection of plant resources. More than 80 monographs and about 1,000 articles have been published, and 37 research achievements won prizes since the foundation of the herbarium.

IFP has established information network system, and has realized digital management of specimens by using barcode technique. Up to now, we have digitized more than 60% specimens and established plant

数据处理室

species database of Northeast China, specimens' database of Northeast China, specimen images database of Northeast China, and electronic edition of "Plant Key of Northeast China" respectively. Users can easily find the name, distribution, morphological features, images and other related information of plant through internet.

The Herbarium of Northeast China is an important window of Institute of Applied Ecology, CAS, which has received the attention of the government and all walks of life. Recently, the State Leaders, CAS leaders, local government leaders have visited IFP. Up to now, IFP has maintained relationship with a lot of institutions in many countries. More than 100 international guests and 2,000 college students visit IFP every year. Therefore, IFP has won the reward as a practice base for Liaoning's youth science and technology activity in 2000 and a practice base for Shenyang's Science and Technology popularizing in 2008. In 2018, it won national primary and middle school students' research and practice education base by the Ministry of Education, PRC.

As an important practice base for science and technology popularizing, IFP often holds exhibitions for the public. Set up fixed science popularization exhibition boards and event exhibition boards, exhibit specimen photos, hold popular science exhibitions, and launch public science day activities, and cooperates with middle and primary schools to carry out lectures on science popularization in campus.

Three interactive sections of resource retrieval, scientific research and popular science forum are set up on the herbarium's website. In addition, three aspects of content of contains news, scientific diary and specimen display were on the website.

There are eleven staffs at the IFP at present, including seven scientific research staffs, four technicians. Besides this, there are three PhD students and five master students.

联系方式

地址：辽宁省沈阳市沈河区文化路 72 号
邮政编码：110016
网址：http://ifp-cas.cn/kepu.php
电话：（024）83970348

Address: 72 Wenhua Road, Shenhe District, Shenyang, P. R.China
Post Code: 110016
Web: http://ifp-cas.cn/kepu.php
Tel.: （024）83970348

十、江苏省·中国科学院植物研究所标本馆

江苏省·中国科学院植物研究所标本馆（NAS）的前身可追溯至1923年我国第一个生物研究机构——中国科学社生物研究所的标本室和1934年的原中央研究院动植物研究所的标本室。抗战期间，标本室随动植物研究所西迁至重庆北碚；1946年，标本室随植物研究所暂设于上海，并接管了上海自然科学研究所、上海沪江大学植物标本室（SHB）、上海震旦大学植物标本室（SHMH）的标本。1954年，与孙中山先生纪念植物园合并，中山植物园（NSM）标本转入我馆。90年代以后，植物所实行江苏省与中国科学院双重领导，标本馆改名为江苏省·中国科学院植物研究所标本馆。

NAS是我国最早的植物标本馆之一，收藏目标为全球维管束植物。目前已收藏高等植物腊叶标本73万份和模式标本5500份，另有2200余份药材标本和约3000份种子标本。NAS保存有一个多世纪以来来自全国及世界各大洲的标本，尤以华东地区的植物标本较为全面和丰富。馆内还收藏有多位重要的分类学家和博物学家采集的标本，如C. E. Devol, C. C. Courtois, H. Migo, Y. Yabe及钱崇澍、秦仁昌、郑万钧、蔡希陶、陈焕镛、王启无、方文培、

▲ 标本馆外景

贺贤育、耿以礼、裴鉴和单人骅等。NAS是研究植物分类学、植物信息、历史调查、植物多样性和植被资源的重要平台。

在中科院“标本数字化平台”、科技部“国家科技基础条件平台”等项目的支持下，NAS已完成了60%的植物标本数字化并建立了数据库，其中包含模式标本资源约4322份及其图片。数据已通过中国国家标本资源平台NSII及中国数字植物标本馆CVH实现网络共享。

数十年来，NAS在植物分类与演化及重要资源植物的研究方面做出了出色的工作，主持了《中国植物志》中伞形科、禾本科、十字花科、薯蓣科和马鞭草科的编著工作，并参编*Flora of China*，还先后出版了《华东水生维管植物》《中国药用植物志》《江苏南部种子植物手册》《江苏植物志》《中国伞形科花粉图志》等一批专著，并在国内外各种期刊上发表了数百篇学术论文。

NAS广泛开展野外调查、标本保存、数字化工作，重点关注植物分类学、系统发育学和植被空间分布的研究工作，并向社会提供公众自然教育、植物多样性保护、鉴定等服务。

▲ 标本库

▲ 药材标本库

The Herbarium, Institute of Botany, Jiangsu Province and Chinese Academy of Sciences (NAS)

In 1923, the Biological Laboratory of Science Society of China, the earliest biological institute in China, was the start point of the herbarium. The specimens and collections were transferred to Institute of Zoology and Botany, Academic Sinica (1934) subsequently. During WWII, specimen collections were move to Beibei, Chongqing with the institute temporarily, then move back to Shanghai in 1946. The Herbarium of Shanghai Science Institute, Shanghai Baptist College (SHB) and Université l'Aurore (including collection of Musée Heude, SHMH) were added in same year. In 1954, it was combined with herbarium of Nanjing Botanical Garden Mem. Sun Yat-Sen (NSM). From1990s, the herbarium was belonged simultaneously to Jiangsu Provincial Government and Chinese Academy of Science.

NAS herbarium collection, one of the earliest in China, is representative of global vascular plant diversity, containing around 730,000 specimens and 5,500 of types, which serve as standards for identifying for plant. Furthermore, 2,200 herbal specimens and around 3,000 seeds collections also are deposited. The herbarium holds the largest number of specimens which collected during past century from all over China and continents of the world, especially Eastern China. The collectors include numerous important taxonomist and naturalists, such as C. E. Devol, C. C. Courtois, H. Migo, Y. Yabe, C. S. Qian, C. R. Ching, W. C. Cheng, H. T. Tsai, H. Y. Chen, C. W. Wang, W. P. Fang, Y. Y. Ho, Y. L. Geng, J. Pei, and R. H Shan. NAS herbarium therefore acts as an immense resource of taxonomy, information, historical survey, plant diversity, and vegetation.

Around 60% of the Herbarium collection has been databased; this includes 4,322 type specimens which also been imaged. The digitalize herbarium project which supports by Chinese Academy of Science is carrying out during recent years. The collection information can be accessed via NSII and CVH database.

The NAS herbarium taxonomists play an important role, who act as chief editor of Apiaceae, Poaceae, Brassicaceae, Dioscoreaceae, and Verbenaceae in Flora Reipublicae Popularis Sinicae (FRPS) and as authors in *Flora of China (FOC)*. A number of books and research papers, such as *Aquatic Vascular Plants of East China*, *Flora of medical plants in China*, *Manual of the Flowering Plants in Southern Jiangsu*, *Flora of Jiangsu*, *Pollen photographs and Flora of Umbelliferae in China*, and so on, have been published.

The NAS herbarium is carrying out field survey, specimens preserve, digitalize work and focus on taxonomy, phylogeny, and spatial vegetation distribution. Based on our work, the herbarium also serves as a resource face to nature education for public, conservation of plant diversity, service of identification.

联系方式

地址：江苏省南京市中山门外前湖后村 1 号
电话：84347030, 84347045
网址：http://www.cnbg.net

Address: No. 1, Qianhuhoucun , Nanjing, Jiangsu, P. R. China
Tel.: 84347030, 84347045
Website: http://www.cnbg.net

十一、中国科学院庐山植物园标本馆

中国科学院庐山植物园标本馆成立于1934年，由我国著名植物学家胡先骕、秦仁昌和陈封怀等老一辈植物学家为创建庐山植物园而成立，首任标本室主任由秦仁昌教授兼任。早期曾用代号LUS，现用代号LBG。

庐山植物园标本馆是江西省目前最大的植物标本馆，保存有被子植物、裸子植物和蕨类植物标本20万份，其中包括模式标本500多份。这些标本采自全国，尤其以江西省植物标本收集最为全面。现保存有20世纪20—50年代我国早期植物学家秦仁昌、王启无、方文培、陈少卿、蔡希陶、冯国楣、郑万钧、胡启明、熊耀国、熊杰、赖书绅、聂敏祥等在我国西南、华中及华东、华南等地采集的大量标本。本馆最古老的标本收藏是由静生生物调查所早期交换来的杨柳科灰柳*Salix cinerea* Linn.标本，采于1792年。标本馆还保存有少量国外标本，如日本、越南、韩国、美国、丹麦、瑞典、新加坡、缅甸、朝鲜、俄罗斯及部分东南亚国家。另有少量种子标本和木材标本。已经完成标本数字化14万份。

依托标本馆出版的编撰的专著有《江西经济植物志》、《江西树木志》、《中国植物志》（大风子科和旌节花科）、《江西植物志》、《江西植被》、《江西杜鹃花》、《庐山树木》、《江西中草药》、《庐山中草药》、《庐山植物名录》、《江西维管植物多样性编目》等。

▼ 标本馆外景

The Herbarium of Lushan Botanical Garden

▲ 科普活动

In 1934, a team of renowned botanists namely, Prof. Hu Hsen-Hsu, Prof. Ching Ren-Chang and Prof. Chen Feng-Hwai established the herbarium at Lushan Botanical Garden and Prof. Ching Ren-Chang was the first director of the herbarium. Previously it was coded as LUS, now it is known as Lushan Botanical Garden (LBG).

Currently LBG is the largest herbarium in Jiangxi Province and preserve more than 200,000 vouchered specimens, including angiosperms, gymnosperms, and ferns, and more than 500 type specimens. All these specimens were collected national wide, especially from Jiangxi Province. Several famous pioneer botanists Ching Ren-Chang, Wang Chi-Wu, Fang Wen-Pei, Chen Shao-Qing, Tsai Hse-Tao, Feng Huo-Mei, Cheng Wan-Chun, Hu Chi-Ming, Hsiung Yao-Kuo, Xiong Jie, Lai Shu-Shen, Nie Min-Xiang etc. have significantly contributed in collecting the herbarium specimens. The oldest specimen collection in this museum is *Salix cinerea Linn*, collected in 1792, which was exchanged from Fan Memorial Institute of Biology.

Besides this, LBG has also collected and preserved some specimens from foreign countries such as Japan, Vietnam, South Korea, the United States of America, Denmark, Sweden, Singapore, Myanmar, North Korea, Russia, and some other Southeast Asian countries. A small number of seed and wood specimens have also been preserved at LBG. 140,000 specimens have been digitized.

Based on LBG herbarium database, the researchers have completed some monographs such as *Economic Flora of Jiangxi, Woody Flora of Jiangxi, Flora of China (Flacourtiaceae and Stachyuraceae), Flora of Jiangxi, Jiangxi Forest, Rhododendron of Jiangxi, Trees of Lushan, Herbal Medicine of Jiangxi, Herbal Medicine of Lushan, and Plant List of Lushan* etc.

联系方式

地址： 江西省九江市濂溪区威家镇中国科学院庐山植物园鄱阳湖分园
邮编： 332900
电话： 0792–8282223
传真： 0792–8282223

Address: Poyang lake branch, Lushan botanical garden, Chinese academy of sciences, Weijia town, Lianxi district, Jiujiang city, Jiangxi province
Post Code: 332900
Tel.: 0792–8282223
Fax: 0792–8282223

十二、中国科学院动物研究所国家动物标本资源库、国家动物博物馆

中国科学院动物研究所国家动物标本资源库、国家动物博物馆是集动物系统与进化研究、动物标本收藏和动物科学知识普及三位一体的国立学术机构，也是目前亚洲最大的动物标本收藏中心。国家动物博物馆由动物标本馆和标本展示馆组成。2019年6月，以中国科学院动物研究所为依托，联合国内13家单位共同申请建立“国家动物标本资源库”，并获得科技部和财政部批准，中国科学院动物研究所标本馆为主库，成为全国首批30个国家科技资源共享服务平台之一。标本展示馆则沿用了“国家动物博物馆”的名称。

标本馆

动物标本馆是我国最悠久的标本收藏机构，其历史可追溯至1868年由法国传教士韩伯禄（P. M. Heude, 1836—1902）在上海创建的徐家汇博物馆（Musée de Zi-Ka-Wei），1930年迁址至震旦大学内，遂改称震旦博物院（Musée de Heude）。新中国成立之后，大部分标本北上至本馆；其余部分留在上海，成为上海自然博物馆的馆藏。

动物标本馆是在震旦博物院、北平静生生物调查所（1928年成立）、北平研究院动物学研究所（1929年成立）、中央研究院自然历史博物馆（1930年成立，1934年更名为中央研究院动植物研究所，1944年分建为中央研究院动物研究所和植物研究所）及故宫博物院等机构所属标本馆的基础上，经过几代科学家近百年的努力，逐步建立和发展起来的。

▼ 博物馆外景

2007年12月，中科院动物研究所在“三期知识创新工程”学科调整时，将动物标本馆和标本展示馆合并组建国家动物博物馆。标本馆有独立的标本楼，建筑面积8800平方米，分为7层，其中2~7层分别为鱼类及两栖爬行类标本分馆、无脊椎动物标本分馆、兽类标本分馆、鸟类标本分馆、昆虫标本分馆（6~7层），一层为数字化分馆用房及馆员办公空间。在标本保藏方面，使用了先进的高强度金属密集柜，其空间可满足标本馆未来数十年发展的需要。

截至2019年底，标本馆统计现有各类动物标本930万号（见表1），约占中国科学院生物标本收藏总量的1/4，几乎包括了在我国分布的各主要类群和代表性种类。如无脊椎动物标本包括扁形动物门、线形动物门、节肢动物门等10多个门20余纲动物；昆虫标本则包括了除重舌目以外的所有33个目的昆虫，是我国目前唯一收藏有33个目昆虫标本的单位；鱼类标本物种数超过我国已知鱼类物种数的2/3；鸟类标本物种数为我国已知物种数的3/4。标本收藏范围则包括了台湾省在内的全国各地的标本以及20余个国家的标本，此外，部分国外赠送或交换的珍贵标本也收藏在本馆。

表1　中国科学院动物研究所国家动物标本资源库、国家动物博物馆馆藏情况（截至2019年12月）

类群	馆藏标本量（万号）	定名物种数（种）	模式标本物种数（种/亚种）	已数字化标本数（万号）	国外标本数（号）	珍稀、濒危动物标本（种）
无脊椎动物	148	7520	2214	50	1500	未统计
昆虫	655	53310	8074	174	32140	16
鱼类	40	3060	113	20	未统计	未统计
两栖爬行类	1	160	2	1	未统计	未统计
鸟类	7	1155	27	6	575	168
兽类	6	450	34	4	未统计	未统计

▲ 鸟类展厅

动物标本馆先后有秉志、陈桢、陈世骧、刘崇乐、蔡邦华、郑作新、张广学、宋大祥等研究员当选为中国科学院学部委员或院士，还有一批如寿振黄研究员、张春霖研究员、朱弘复研究员、沈嘉瑞研究员、张玺研究员等为中国动物学事业做出过开创性贡献的著名专家、学者。中国近现代生物学研究、大规模的生物资源调查，概莫在这些大家的直接参与或指导下发展起来或完成。

新中国成立以来，结合馆藏标本的研究，科研人员先后发表了各类研究论文6000余篇、专著300余部，先后获得全国科学大会奖8项、国家自然科学奖4项、国家科技进步奖5项、中国科学院自然科学奖和科技进步奖54项、省部委级科研成果奖数百项。

标本馆馆藏标本除主要供本所专家从事相关研究以外，每年还接待大量来自国内其他科研单位和世界各地的学者、政府相关部门的专家、动物爱好者、一般公众等，进行科学研究、学术交流、参观访问等；此外，还配合新闻媒体开展多方位的科普宣传活动。

标本展示馆

标本展示馆总建筑面积7300 m^2，主要分为三层；下设动物多样性与进化、无脊椎动物、鸟类、濒危动物、蝴蝶、昆虫、动物与人、动物所发展历程（后改为国门生物安全）、精品（后改为中科院党员教育基地）、临展交流等10个独立的展厅，另设可供参观者休闲娱乐的咖啡厅和4D动感影院、可使参观者来此汲取专业知识的动物科学主题书店和开放式讲堂。

动物多样性与进化展厅：展示什么是生物多样性，描述了现有生物类群的特点、命名原则和分类体系，解释了生物的起源，回顾了人们对生物起源的认识和进化论的发展历史，阐述了大陆漂移与动物分布的关系，等等。

无脊椎动物展厅：通过展示一些代表性类群，如珊瑚、章鱼、乌贼、贝类、蚯蚓、蜘蛛，以及有孔虫模型等，将多姿多彩的无脊椎动物标本展示给观众，让观众对无脊椎动物有一个较为全面的认识。

鸟类展厅：重点介绍了鸟类适应飞翔、适应不同生活环境及成功繁衍后代所具有的一些适应性特化；重点展示了我国的特有鸟类、珍稀鸟类和鸟类多样性；通过三个景窗真实再现了湿地、海洋和高原鸟类的生活场景。

濒危动物展厅：主要以我国哺乳动物为展示对象，包括著名的本土兽类物种，大熊猫、金丝猴、羚牛、虎、豹、灵长类、穿山甲、有蹄类动物等等；还兼顾了两栖爬行动物标本的展示，以及海关罚没的动物标本，旨在向观众展示我国特有、濒危哺乳动物标本，介绍濒危动物的现状、保护等级，宣传保护野生动物的重要性。

动物与人展厅：就动物与人类之间的诸多关系进行了系统的介绍，从人与动物共同从远古走来、人类的生存空间、资源昆虫、现代人类生活的宠物伴侣、实验动物、生物入侵中的动物、和谐之道等，让观众真正感受到人与自然和谐相处的重要性。

昆虫展厅：突出表现了地球上最繁盛、种数超过130万种的昆虫的代表性类群。有色泽鲜艳的“会移动的宝石”——甲虫，有多姿多彩的“夜之精灵”——蛾类；有凶猛的捕食性昆虫，如虎甲、螳螂、齿蛉、胡蜂，有温文尔雅却置其他动物于死地的寄生蜂、寄生蝇；有伪装植物枝叶的竹节虫、螽斯，有善于警戒恐吓的蜡蝉、蛾子、食蚜蝇等。

蝴蝶展厅：展示了绚丽色彩、舞姿优美的各类蝴蝶以及相关的科普知识；同时还展出了世界各国的蝴蝶标本2200多种及部分国家的国蝶，使用多媒体技术营造了浪漫的蝴蝶谷气氛。

动物所发展历程展厅：曾重点展示了与中科院动物研究所90年辉煌历史有关的重大历史性贡献，目前该展厅已经改造为“国门生物安全展厅”，主要介绍生物安全、动植物检验检疫、外来物种入侵等方面的知识，标本主要来自于海关总署。

精品展厅：曾收藏和展示了本馆的镇馆之宝，每一份展品都极其珍贵，包含了特殊的科学意义和珍贵的历史意义，每一份展品的背后隐藏了一个鲜为人知的故事。目前，该展厅已经改造为“中国科学院党员教育基地”，重点展示动物所的历史、科学家贡献，以及动物所优秀共产党员的先进事迹、杰出贡献等。

4D动感影院：播放4D电影的专门场所，共有48个座位，本影院以动物学为主题，重点播放与动物进化和多样性有关的影片，使观众在娱乐的同时感受到生命的伟大与震撼。

精品展厅

鱼类液浸标本柜

National Zoological Museum of China, Institute of Zoology, CAS

The National Zoological Museum of China (NZMC), Institute of Zoology, CAS is a national academic institution integrated with research on zoological systematics and biological evolution, animal specimens' collection and public education. NZMC is composed of the Animal Specimen Collection Division and the Exhibition Center.

Specimens Collection

The Animal Specimens Collection of NZMC has the oldest collections in China. The collection began in 1868 when Father P. M. Heude established the first natural history museum in Shanghai (Musée de Zi-Ka-Wei, which was renamed as Musée de Heude in 1930), and was subsequently combined with several other collections, such as the Fan Memorial Institute of Biology (1928), and the Institute of Zoology, National Academy of Peking (1929), to become a national collection of animal specimens.

The Animal Specimens Collection includes Divisions of Invertebrates Collection, Insect Collection, Fish, Amphibian and Reptile Collection, Birds Collection, Mammal Collection, and Digital Specimens Management. Currently all specimens are stored in movable metal cabinets and the space could meet the need of further collection in a few decades in future.

There are 8.56 million specimens deposited in the collection. The number almost equals to the 1/4 of the total number of the specimens of the CAS. The collection almost contains specimens of all main animal groups and representative species occurring in China, and has a countrywide geographic coverage including Taiwan Province, as well as more than 20 foreign countries. In addition, many rare specimens exchanged with or donated by foreigners are kept in the collection.

Members of the CAS, Bin Zhi, Chen Zhen, Chen Shixiang, Liu Chongle, Cai Banghua, Zheng Zuoxin, Zhang Guangxue and Song Daxiang, and other famous scientists such as Shou Zhenhuang, Zhang Chunlin, Zhu Hongfu, Shen Jiarui and Zhang Xi, etc., who made important contribution to China's zoological research, have worked in this collection. With their efforts, modern biological research was developed and extensive surveys of biological resource were carried out in China.

Since 1949, the stuff of the collection have published more than six thousands research papers and three hundreds monographs, and obtained five National Awards of National Science Congress Awards, four National Awards of Natural Sciences, five National Awards of National Science and Technology Improvements, 54 Awards of Natural Science and Science and Technology Improvements of CAS, and Congress Awards and eight other national prizes, one Special-Class and six First-Class Natural Sciences Awards by CAS, 30 Awards for Scientific and Technological Improvements, and more than one hundred awards for scientific and technological achievements at the ministry level.

The Exhibition Center

The Exhibition Center contains 10 sections: Animal diversity and evolution, Invertebrates, Birds, Endangered species of animals, Butterflies, Insects, Animals and human, The development course of Institute of Zoology in CAS, The cream of the exhibition hall and the section for temporal exhibition. Besides the 10 independent sections showing specimens, habitats, and illustrations, there are a Café, a 4D cinema, a bookstore (subjected to Zoology), and a few lecture rooms for visitors.

Section of the animal diversity and evolution — illustrates the concept of biodiversity, representative animal species, and species classification system. In this section, the origin of the life and species evolution is explained. The exhibition also elaborates the relationship between the geographical distribution of animals and the continental drift.

Section of the invertebrates — exhibits some representatives such as corals, shells, earthworms and spiders, which provides the general knowledge of the invertebrates for visitors.

Section of the birds — introduces the specification of birds for flying and surviving. It focuses the exhibition on the endemic and rare birds in China. The three scenery windows respectively show the habitat of birds living in the marshland, sea and plateau, separately.

Section of the endangered species of animals — shows the rare specimens, which represent the endemic and endangered species, especially mammals, protected by the Chinese government.

Section of the animals and human — introduces many aspects of the relationships between animals and human, such as food animals, insect resources, pets, experimental animals, and invasive alien species and so on.

Section of insects — exhibits the biodiversity of insects, which are the most diverse and numerous creatures on the planet, comprising more than 70% of all the species in the animal kingdom. Visitors will see the beetles, moths, wasps, parasites, ants, cicadas, stick insects and so on.

Section of butterflies — shows the specimens of over 2000 species in the world. Butterflies are gifts of nature, symbols of happiness, peace and good luck, whose colors and grace seem to bring a vital force and beauty to human.

Section of the development courses of Institute of Zoology in CAS — introduces the great contributions of the institute to zoological research.

Section of the cream of the exhibition hall — shows the gems of the museum, in which each item has a distinguish story.

Four-dimensional cinema has 48 seats, showing the zoological films. Visitors will sense the life's mighty while enjoying the films.

联系方式

地址：北京市朝阳区北辰西路 1 号院 5 号中国科学院奥运科技园区
电话和传真：010-64807267, 010-64806899

Address: National Zoological Museum of China, Institute of Zoology, CAS 1-5 Beichen West Road, Chaoyang District, Beijing, P. R. China
Tel. & Fax: +86 10 64807267, +86 10 64806899

十三、中国科学院昆明动物研究所昆明动物博物馆

中国科学院昆明动物研究所昆明动物博物馆（以下简称“昆明动物博物馆”）由标本馆和展示馆两部分组成，是国家二级博物馆、国家科普教育基地，我国西南地区规模最大、收藏量最为丰富的动物专题博物馆。

标本馆与昆明动物研究所同期建于1959年。60年来，历经几代科学工作者的艰苦努力，现保藏各类动物标本近90万号（其中模式标本613种/亚种6518号），脊椎动物标本约占馆藏量的1/3，其中鱼类约22万号，两栖爬行类约4.7万号，鸟类约2.6万号，哺乳类约2.3万号；无脊椎动物中，昆虫约56.7万号，软体动物约1.6万号。定名标本数量43万余号（约占馆藏49%，脊椎动物定名率高达90%），涵盖约6650种，是目前我国西南地区

▼ 博物馆外景

▲ 亚洲象标本展厅

规模最大、收藏量最为丰富、类群最为齐全的动物标本馆，涵盖了哺乳类、鸟类、两栖类、爬行类、鱼类、昆虫、软体动物等多个动物类群，建筑总面积为2460 m^2（其中贮藏面积2111 m^2）。

昆明动物研究所20世纪70年代初在花红洞园区建立了动物标本陈列馆，1997年被云南省人民政府第一批认定为“云南省科普教育基地”。基于几代科学家的标本积累和科研积累，1998年与其他单位合作9月正式展出的“云南动物王国”展览及开展的一系列科普活动，引起了社会极好的反响，收到了很好的社会效益，为立项昆明动物博物馆（展示馆）奠定了基础。昆明动物博物馆展示馆是中国科学院知识创新工程的重要项目，也是中国科学院与云南省院地合作的结晶，筹建于2000年，并于2006年11月正式对公众开放。展示馆大楼建筑面积7350 m^2（其中展示和公共服务面积约6500 m^2），展出各类动物标本，包括中国一、二级重点保护动物90余种，还有许多珍稀种、濒危种、观赏种、药用种、资源种及食用种类等，这些陈列标本充分展现了云南“动物王国”的风采和中国南方动物的概貌。

昆明动物博物馆馆藏动物标本以假剥制标本、皮张、骨骼、浸泡标本、姿态标本、生态景观标本、动物巢穴、鸟卵等类型组成。标本的采集范围主要以中国南方热带、亚热带为主，基本涵盖了中国西南地区所有生态环境各种类型的标本，具有浓郁的西南地区特色。同时，根据昆明动物研究所的特色动物研究类群需要，也有不少采自新疆、内蒙古、黑龙江等地的种类，覆盖了中国33个省区1200个县，还有部分采自老挝、缅甸、越南、泰国、肯尼亚、日本、美国等10多个国家的标本。

本馆保存着20世纪50年代以来采集的数万号脊椎动物标本，具有重要的科研价值和历史意义。这些标本来自数次大规模、具有重大意义的野外考察，见证了昆明动物研究所第一批科学家在西南地区进行生物多样性考察的历史，记载了科学家在艰苦岁月中的科研成果，也逐渐揭开了云南生物多样性的面纱。

作为国家战略生物资源保藏机构和科学普及传播重地，昆明动物博物馆每年为近千名国内外学者提供标本查阅、咨询服务，支撑服务科研和科普事业。60年来，昆明动物研究所及全球学者依托馆藏标本资源，发表论文1000多篇，出版专著数十部，发现和描述新种近430种，支撑项目数百项，并荣获国家级、中科院级、省部级等多项科研成果奖。同时，为国家公园和各级自然保护区的建立、动物多样性本底调查、珍稀物种的监测保护等提供了第一手资料和基础支撑，为生物多样性编目与保护、动物资源调查、生物多样性信息库的建设、收集与保存等方面做出了突出的贡献，为地方产业提供了技术支撑服务。同时，昆明动物博物馆团队积极开展STEAM科普创作，积极与高校、艺术家、软件公司、出版集团、媒体等合作开发科普漫画、科普视频、科普游戏、科普绘画、文创衍生品等，深受社会好评。

昆明动物博物馆近5年来，获得全国科普教育基地、云南省精品教育基地、云南省生态文明科普教育基地称号和中科院巾帼建功集体、云南省科学技术奖（科技进步奖）三等奖、中科院科学优秀微视频等省部级奖项10余项；获得全国先进科普工作者、中国科协科学使者等个人奖项百余项。

Kunming Natural History Museum of Zoology, Kunming Institute of Zoology, CAS

Kunming Natural History Museum of Zoology (KNHMZ) of KIZ, CAS consists of a specimen museum and an exhibition hall. It is a national second-level museum and a national science education base. It is the largest and most abundant animal thematic museum in Southwest China.

The specimen museum of KNHMZ was established in 1959, at the same time as the KIZ, and is one of the oldest supporting departments of KIZ. Over the past 60 years, the KNHMZ has collected nearly 900,000 animal specimens (including 613 species/6,518 subspecies model specimens) through the crucial work of several generations of scientists, in terms of mammals, birds, amphibians, reptiles, fish, insects, mollusks, etc.

The KNHMZ, as a national strategic biological resource preservation institution, consists of a mammal specimen collection room, bird specimen collection room, amphibian and reptile specimen collection room, fish collection room, insect collection room, alien invasive species collection room, life barcode voucher specimen bank, and Tibetan Plateau specimen bank. The KNHMZ also contains a picture library and animal audiovisual archive. The total construction area of the herbarium is 2,460 m^2 (including a storage area of 2,111 m^2). The KNHMZ has collected nearly 900,000 animal specimens, 430,000 of which are identified specimens (accounting for 49% of all the collection), covering 6,650 species, with 90% of the identified vertebrates. The vertebrate specimens consist nearly 1/3 of all preserved collections, including about 220,000 fish, 47,000 amphibians, 26,000 birds, 23,000 mammals; besides, there are 567,000 insects, and 16,000 mollusks. The types of animal specimens are composed of bare replica specimens, skins, skeletons, immersed specimens, postured specimens, ecological landscape specimens, animal nests, bird eggs, etc. Owning the most

▲ 恐龙展厅

abundant collection and most complete animal specimen types, KNHMZ is the largest library in Southwest China.

The exhibition hall was jointly established by CAS and Yunnan Province, and was officially opened to the public in November 2006. The exhibition building covers 7,350 ㎡ (including an exhibition and public service area of approximately 6,500 ㎡). It exhibits various animal specimens, including more than 90 Chinese first- and second-class on the List of endangered and protected species of China, as well as many rare, endangered, ornamental, medicinal, resource, and edible species. These exhibitions highlights Yunnan as an "Animal Kingdom" and provides an excellent overview of animals from southern China.

The collection ranges of mainly tropical and subtropical areas in southern China, covering almost all types of specimens and all kinds of ecological environments in Southwest China. At the same time, according to the needs of animal research groups from KIZ, the collection also contains many species collected from Xinjiang, Inner Mongolia, Heilongjiang and other regions, covering 1,200 counties from 33 provinces of China, as well as some specimens from Laos, Myanmar, Vietnam, Thailand, Kenya, Japan and the United States. The KNHMZ had provided specimen reviews and consultation services to thousands of scholars at home and abroad each year relying on its talented team and excellent collection, to support scientific research and promotion.

Relying on more than 900,000 collected specimens, The KNHMZ has also supported hundreds of projects, including the establishment of national parks and nature reserves at all levels, animal diversity Baseline surveys and monitoring and protection of rare species., as well as the revision of the "Wildlife Protection Law of the People's Republic of China", which has made outstanding contributions in biodiversity cataloging and protection, animal resource survey, construction, collection and preservation of

▲ 鸟类展厅

▲ 兽类皮张标本库

▲ 寒温带生境柜

biodiversity information databases.

In the past five years, 12 popular science exhibitions and more than 100 popular science education activities have been launched, with the participation of about 2,000,000 audiences. The science popularization team of KNHMZ have actively developed STEAM(Science, Technology, Engineering, Art and Mathematics) popular science content. Recently, the KNHMZ has actively cooperated with universities, artists, software companies and publishing groups to develop popular science comics, micro videos, games, posters, and peripheral products, which has been well-recognized by the community. Meanwhile, the KNHMZ has won more than ten provincial and ministerial awards, such as the National Popular Science Education Base, Excellent Education Base of Yunnan Province, Popular Science Education Base of Ecological Civilization of Yunnan Province, Women's Merit Group of the CAS, Third Prize of the Yunnan Science and Technology Award (Science and Technology Progress Award) and the CAS' excellent micro video award; and also more than 100 individual awards, such as National Advanced Science Popularization Workers and Science Emissaries of the Chinese Association of Science and Technology.

联系方式

地址：中国云南省昆明市教场东路 32 号
网址：http://museum.kiz.cas.cn/
电话 / 传真：0871—65199680

Address: 32 Jiaochang Donglu Kunming, Yunnan
Web: http://museum.kiz.cas.cn/
Tel./Fax: +86 871 65199680

十四、中国科学院分子植物科学卓越创新中心上海昆虫博物馆

上海昆虫博物馆隶属中国科学院分子植物科学卓越创新中心。其前身是法国神父韩伯禄（P. Heude）1868年筹建的徐家汇博物院（Musee Heude），1930年更名为震旦博物院，历史上曾有“亚洲的大英博物馆”之美称。1953年归属中国科学院上海昆虫研究所，2000年并入中国科学院植物生理生态研究所。2002年由上海市和中国科学院共同投资2000万元专项资金建成新馆，并正式组建为中国科学院上海昆虫博物馆。经过60多年的创业和发展，上海昆虫博物馆目前有馆藏面积1500 m^2，收藏昆虫标本120余万号，定名标本1万多种，模式标本1119种，其中包括一大批濒危珍稀昆虫标本及国际和国内的危险性检疫害虫标本，是我国的大型专业昆虫馆。

上海昆虫博物馆迄今已经完成38.3万号昆虫标本的标准化整理和数字化表达，涉及9个目4552个物种。除了作为昆虫标本保藏中心，上海昆虫博物馆已逐步建立数字化、网络化共享体系。

上海昆虫博物馆还是我国昆虫分类学的重要研究基地，拥有杨平澜、范兹德、夏凯龄、

▲ 新馆外景

尹文英等一大批享誉国内外的昆虫学家。在原尾纲、弹尾纲及双尾纲的系统进化研究领域，处于国际领先地位。另外在直翅目系统分类研究领域，上海昆虫博物馆在国内也具有十分重要的地位，先后主编和参编了《中国蝗科分类概要》、《中国螳螂目分类概要》、《中国蟋蟀总科和蝼蛄总科分类概要》、《中国动物志　昆虫纲　第四卷》和《中国动物志　昆虫纲　第十卷》等专著。国内直翅目昆虫标本馆藏非常丰富和全面，并基本定名到种级阶元。双翅目蝇类研究在国内外也享有较高的知名度，相继出版《中国常见蝇类检索表》《中国经济昆虫志　第三十七册》《中国动物志　昆虫纲　第六卷》《中国动物志　昆虫纲　第四十九卷》，馆藏蝇类标本每年吸引众多研究者前来访问和研究。半翅目蚧总科的分类研究在国内同样具有较高的影响。

在社会服务方面，上海昆虫博物馆还承担着向公众提供害虫防治、咨询、指导等工作。每年都要提供防治服务、接待市民咨询上百批次。此外，上海昆虫博物馆曾是我国重要的白蚁防治研究中心，为我国白蚁的防治工作做出过杰出贡献。同时兼顾其他卫生害虫，如德国小蠊、跳蚤、臭虫等的防治。

上海昆虫博物馆在注重昆虫标本收藏的系统积累和昆虫学研究的基础上，充分利用自身的科技资源优势，为社会大众服务，让丰富的收藏资源和科学研究与大众科普有效结合，使之成为提高国民科学素养必不可少的教育场所。近年来，上海昆虫博物馆由于科普工作的出色业绩，相继获得上海市科学教育普及基地、全国青少年科普教育基地和全国青少年走进科学世界科技活动示范基地称号。并于2004年、2005年分别获上海市政府科普实事工程项目、科普二期建设项目的重点支持，新建2000 m^2的昆虫科普专题展馆，各类展教设备近2万件，为上海市科普教育事业建设与发展做出了重要贡献。2010—2020年上海昆虫博物馆连续10年被授予“上海市科普教育先进集体”，并荣获地方各级政府授予的集体、个人荣誉奖项50余项。

自2004年昆虫科普展馆向社会开放以来，已累计接待100万人次，参观人次呈逐年上升态势。由于昆虫科普教育成绩显著，上海昆虫博物馆得到了地方政府、科学院及社会各界的广泛好评和支持。

Shanghai Entomological Museum, Center for Excellence in Molecular Plant Sciences, CAS

Shanghai Entomological Museum is affiliated to CAS Center for Excellence in Molecular Plant Sciences. Its previous existence is Zi-Ka-Wei Museum that was established by French priest P. Heude in 1868. In 1930, it renamed Heude Museum. In history, this museum ever known as the “the British Museum

▲ 博物馆内景

in Asia". In 1953, this museum became a part of Shanghai Entomological Institute, CAS. In 2000, with the institute combination, Shanghai Entomological Museum was moved into the institute of Plant Physiology and Ecology, CAS. In 2002, Shanghai government and CAS invested special fund 20 million CNY to set up the new Shanghai Entomological Museum, CAS. With over sixty years of development, Shanghai Entomological Museum owns a total built-up area of 1,500 square meters for permanent specimen's reservoir. More than 1.2 million insect specimens were preserved in museum, including about 10,000 known insect species and 1,119 species' type materials. In these collections, there are a great number of rare and threatened insect species and international and national quarantinable insect specimens.

Supported by the project of 'Information Network System for Biological Collections of CAS', the network system of Shanghai Entomological Museum gradually begins to take shape. Now the standard digital information of 383,000 specimens, which concerning 9 orders and 4552 species, has been recorded and inputted into the system. Except for insect specimen, Shanghai Entomological Museum has built an online digital platform for public accessing these resources.

Shanghai Entomological Museum is also an important research base of entomological taxonomy in China. Many famous taxonomists had worked or are working there: they are Yang Ping-lan, Fan Zi-de, Xia Kai-ling, Yin Wen-ying etc. The phylogenetic study of Diplura, Collembola, generally accepted and highly praised by other entomologists worldwide. Researchers in Shanghai Entomological Museum also greatly contribute to the taxonomy of Orthoptera in China. They successively edited monographs such as *Synopsis of the classification on Acridoidea from China*, *Synopsis on the classification of Mantodea from China*, *Synopsis on the classification of Grylloidea and Gryllotalpoidea from China*, *Fauna Sinica, Insecta Vol. 4*, *Fauna Sinica, Insecta Vol. 10* and so on. The Orthoptera specimens in collections are very abundant and mostly identified to species level. The taxonomical study of Diptera in Shanghai Entomological Museum also enjoys high reputation at home and abroad. Research published *Key to the common flies of China*, *Economic insect fauna of China, Vol. 37*, *Fauna Sinica, Insecta Vol. 6* and *Fauna Sinica, Insecta Vol. 49*. Every year, many taxonomists visit Shanghai Entomological Museum to study the Diptera specimens. The Shanghai Entomological Museum plays an important role in the taxonomical study of scale insects (Hemiptera, Coccoidea) in China.

Except for insect taxonomy, Shanghai Entomological Museum also provided consultations and directions on pest prevention and control as well as other social services. Every year, staffs of the museum provide more than 100 professional consultations for Shanghai citizens. Shanghai Entomological Museum had been the important research central of termite and achieved a great fruition in the control of termites in China. Its work also includes providing the prevention service of domestic pests all year, such as cockroach, flea, and bedbug, etc.

Making use of its predominance in science resource and specimen collection, Shanghai Entomological Museum successfully connects science research with popular science and provides excellent science education to people. In recent years, Shanghai Entomological Museum has been named "the science educational base of Shanghai", "the national base of popular science education" and "the national demonstration base of young people engaging in science and technology" for its excellent work. In 2004 and 2005, the museum was respectively supported by the project of "practical project of popular science of Shanghai government" and "second term construction of popular science". A 2000 m^2 Exhibition Hall with 20 000 educational equipment has been set up and put into use. Since 2010, Shanghai Entomological Museum has been successively named ten times "the advanced collectivity of Shanghai popular science education" by Shanghai association of popular science base and won more than 50 collective or individual prizes from different level local government.

Since the exhibition hall open to public in 2004, Shanghai Entomological Museum has welcomed more than one million visitors with distinct increasing numbers every year. For its contribution in science education, Shanghai Entomological Museum is highly praised by local government, CAS and community.

联系方式

地址： 上海市徐汇区枫林路 300 号中国科学院上海昆虫博物馆
电话： 办公室：54924201，科研：54924278，收藏：54924185，科普：54924190
网址： http://www.shem.com.cn

Address: Shanghai Entomological Museum, CAS
300 Fenglin Road, Xuhui District, Shanghai, P. R. China
Tel.: 54924201, 54924278, 54924185, 54924190
Website: http://www.shem.com.cn

十五、中国科学院海洋研究所海洋生物标本馆

中国科学院海洋生物标本馆隶属中国科学院海洋研究所，始建于1950年，是集海洋生物标本收藏、海洋生物分类系统学与生物多样性研究、海洋生物科普知识宣传于一体的大型多功能现代化标本馆，是目前全国规模最大、收藏量最为丰富的海洋生物标本馆。

海洋生物标本馆建筑总面积4920 m^2，分为储藏区、研究区、技术区、展示区4个区域。分别设有模式标本库、珍贵（历史）标本库、海藻腊叶标本库、海藻液浸标本库、浮游生物标本库、无脊椎动物标本库、软体干壳标本库、鱼类标本库、极地生物标本库、DNA凭证标本库、深海生物标本库、超低温标本库等。按海洋生物系统分类系统，分别存放着液浸、腊叶、干壳、干制（剥制）、冷冻标本等。此外，标本馆还设有分类学实验室、标本处理室、图书资料室、数据库机房和学术报告厅等辅助设施。

▼ 中国科学院海洋生物标本馆外景

截止到2019年底，海洋生物标本馆收藏了各类海洋生物标本80.10万号，最早的标本采集于1889年。标本的采集范围包括整个中国海域、西太平洋及南、北极在内的57个国家和地区。包含了潮间带、浅海、深海、极地、珊瑚礁、红树林、河口等各种海洋环境类型，底栖、浮游、游泳等各种海洋生态类型的海洋生物标本。

收藏主体是我国2000年前进行过的几乎所有大型海洋生物调查采获的全部或大部分标本，以及1950年建馆以来通过其他调查项目采集及国际合作、交换等补充的世界各地的标本。特别是依托中国科学院先导A类专项“热带西太平洋海洋物质能量交换及其影响”和国家科技基础调查专项“西太平洋典型海山生态系统科学调查”等建立了目前国内最大规模的深海生物标本库，先后在西太平洋马里亚纳、雅浦、卡罗琳、麦哲伦海山区和玛努斯海盆、南海冷泉区、冲绳海槽热液区等采集了5922号、超过800种大型深海生物标本和8000余株微生物样品。

标本馆馆藏标本门类齐全，现行的生物六界分类系统中，除真菌界外，其余五界（细菌、原生动物、色素、植物、动物）的标本均有收藏。收藏的主要类群有海藻、海洋微生物、原生动物（纤毛虫、有孔虫、放射虫等）、无脊椎动物（浮游、多孔、刺胞、环节、蛤虫、星虫、软体、节肢、苔藓、腕足、棘皮、半索动物门等）、脊椎动物（鱼类、哺乳类、海鸟、爬行类等）等。这些珍贵的标本显示了我国丰富的海洋生物资源蕴藏和高生物多样性特点。它们是全球生态变化的实物见证，是当前几个热点研究领域的重要材料。由于当今海洋生态环境发生了很大变化，许多标本即使是在同一地点、同一季节也不一定能再采集到，更加显示出海洋生物标本馆所收藏标本的珍贵。

海洋生物标本馆已陆续对504440号馆藏标本进行了数字化整合，占馆藏标本总量的62.94%。分别建立了中国沿海海洋生物信息数据库、模式标本数据库、海藻标本数据库、全国海洋普查标本、无脊椎动物标本数据库、海洋鱼类标本数据库、极地标本数据库、海洋生物DNA条形码数据库等专业数据库。使用“中国科学院海洋生物标本管理信息系统”，采用条形码及分类码技术对馆藏标本实现了数字化管理。通过“中国科学院海洋生物标本馆标本资源共享平台”（网址：www.mbmcas.com），向国内外用户提供网络共享服务，是目前国内海洋生物学领域规模最大、最为权威的数据库服务系统。

海洋生物分类系统学研究是海洋研究所的传统优势学科，集中了我国乃至世界著名的海洋生物学家，如曾呈奎、张玺、张福绥、刘瑞玉、郑守仪等。已编辑出版了有关我国海洋生物分类系统学和区系研究的专著140余部，研究论文2000余篇，发表海洋生物新物种1个新亚纲、6个新科、92个新属、1770个新种，获省部级以上成果奖40余项。内容涉及海洋生物形态、分类、区系、系统学、生物多样性、生物地理学、生态学、生物海洋学等学科领域，基本摸清了我国近海海洋生物的物种、多样性构成、区系特点和资源状况，为我国海洋科学和社会经济发展做出了重大贡献。同时，也为国内外的海洋生物分类学和区

▲ 标本馆内景

系研究培养了大批高级研究人才。每年接待数位国际同行前来合作研究，促进了学术交流。奠定了我国海洋生物分类系统学和区系研究的基础，是我国海洋生物多样性研究的中心和策源地。

海洋生物标本馆依靠丰富的海洋生物标本资源，广泛开展海洋生物科学知识宣传工作，让海洋生物科普走向大众。所属的海洋生物科普馆（展厅）、珍贵海洋生物标本展厅等设施免费（预约）对公众开放，每年接待近万人次的学生和市民前来参观。

The Marine Biological Museum of the Chinese Academy of Sciences (MBMCAS)

The Marine Biological Museum of the Chinese Academy of Sciences (MBMCAS) is subordinate to the *Institute of Oceanology, CAS* (IOCAS) in Qingdao. The MBMCAS was founded in 1950, it is now the largest marine biological museum in China, a multi-functional modern museum which serve as a depository of marine specimens, a base of research on taxonomy, ecology, biosystematics and biodiversity of marine plants and animals, and also a museum for popularization of marine biology to the public.

The MBMCAS covers an area of 4,920 square meters, consisting of four functional areas: storage, research, technical and exhibition. The storage area is composed of several rooms for different kinds of specimens: type specimen, unique (historical) specimen, dried and formalin immersed macro-algal specimen,

invertebrate specimen, specimen shell, fish specimen and polar specimen, etc. In addition, supplementary facilities include taxonomical lab, specimen disposal room, reference room, database room and meeting room are also set up in the building (Fig. 2,3).

The earliest collection can be tracked back to 1889, when several thousands of specimens were brought back from the former Institute of Zoology of National Peking Institution and Jingsheng Biological Institute. Specimen collections were carried out from different habitats: seashore, intertidal zones, water column to thousands of meters depth on the sea bottom, and from benthic, demersal to pelagic realms (Fig.4), which reflect the rich biological resources and high biodiversity of the China seas perfectly.

The present museum houses a collection of some 730,000 catalogued marine organism specimens with type specimens amounting to 1,475 samples; 130,000 marine algae, 500,000 marine invertebrates, and 100,000 marine vertebrates (mainly fish). The specimens from entire China seas, along with other 57 countries and regions around the west pacific and Polar Regions are all well covered.

With the setup of network information system, the museum has established a specimen digital management system via barcode and classified code techniques. So far over 60% of specimens has been digitally integrated to the system, many professional databases were also finished, including Chinese inshore marine organism database, type materials database, marine algae database, invertebrate database, marine fish database and polar specimen database, which are available for people from all over the world through network service.

Many well-known taxonomists, such as Prof. Zhang Xi, Prof. Chengkui Zeng (C. K. Tseng), as well as members of the Chinese Academy of Sciences, Ruiyu Liu (J. Y. Liu), and Shouyi Zheng affiliated with the museum since the early 1950s, contributed much to the progress of IOCAS, MBMCAS research/teaching base and center of marine faunal study, biogeography and biodiversity. Experts have devoted themselves to the collections enrichment of the museum for working on their respective fields. As of 2008, more than 1,500 papers and 120 monographs in related fields, including morphology, taxonomy, faunistic studies, phylogeny, biodiversity, biogeography, ecology and biological oceanography were published. These works have provided important basic academic data that are useful to subsequent oceanographic investigations, the Chinese territorial maritime laws formulation, and regulations of the protection and sustainable development of marine resources. It contributed much to the advancement of marine science and technology, as well as bringing up many senior researchers from home and abroad on taxonomy and faunal research. Their outstanding

鱼类标本库

珍贵海洋生物标本库

achievements won 33 awards above provincial and ministerial level. As a platform of exchanging knowledge and cooperative research, the museum has been opening to researchers on marine biology and receiving dozens of taxonomists domestic and international every year.

MBMCAS also has an 800 square meters exhibition hall for science popularization, consisting of six exhibition themes (Marine Plants, Marine Protozoa, Marine Invertebrate, Marine Vertebrate, Marine Biodiversity and Conservation), providing a high level, omnidirectional service for systematically exhibition a colorful marine biology world to the public. Together with multi-media equipment, projection room, marine ecology simulation site and an oceanarium with an area of 300 square meters, it is manifested for the public to experience a share of the vivid beauty of marine life in this museum. MBMCAS welcome thousands of visitors each year, including students and tourists around the world. It is becoming an important national science popularization and education base of marine biology.

联系方式

地址： 中国科学院海洋生物标本馆，山东省青岛市南海路 7 号
电话： 0532-82898911，82898782
邮箱： mbm@qdio.ac.cn

Contact: 7 Nanhai Road, Qingdao, Shandong, China
Tel.: 0532-82898911, 82898782
E-mail: mbm@qdio.ac.cn

十六、中国科学院南海海洋研究所南海海洋生物标本馆

中国科学院南海海洋研究所南海海洋生物标本馆创建于1979年，建筑面积2200 m^2，其中标本库1500 m^2，科普展厅700 m^2，是目前国内收藏标本种类和数量繁多并富有热带海洋特色的大型海洋生物标本馆。

标本馆立足南海，面向印度—西太平洋，收藏了自1950年以来采集的门类齐全的热带海洋生物标本22.6万号，主要类群从海洋藻类、海草、海洋无脊椎动物、海洋鱼类、爬行类到大型鲸豚类动物标本，种类达5700余种。馆藏丰富的南海珊瑚礁、海草床和红树林等生态系统的生物标本，造礁石珊瑚、珊瑚礁鱼类及其他礁栖生物和潮间带生物标本，凸显了我馆在收集南海热带海洋生物多样性热点区域标本的特色和优势；另外，馆内不乏国家级保护动物和珍稀物种动物标本，例如国家一级重点保护野生动物中华白海豚、海龟、玳瑁、大砗磲和鹦鹉螺等，国家二级重点保护野生动物印太江豚、弗氏海豚等；这些标本具有极高的科研价值和科普价值。馆藏国内外友人赠送的珍稀柳珊瑚和菲律宾海产贝类标本，大多数为我国首次记录，具有较高的科研和观赏价值。此外还有我国海域分布的种类齐全的海龙科以及海蛇标本，这些标本为热带海洋生物资源和生物多样性研究提供科研支撑。

▲ 标本展示

▲ 标本库

标本馆对南海和印度洋海域海洋生物标本的连续采集积累，对我国海洋长远发展具有战略性意义。馆藏标本不仅为热带海洋生物多样性相关研究提供支撑，同时也为摸清南海生物资源及显示主权提供最有利的科学依据。标本馆主要从事海洋浮游生物、软体动物、鱼类等海洋生物的分类学和系统进化研究，近年来依托馆藏历史标本及新增标本资源，发表海洋生物新种39种。

南海海洋生物标本馆是华南地区宣传海洋知识的重要科普基地，该馆充分发挥南海热带特色的自身优势，以“中国科学院公众科学日”及“全国科普日”、“全国科技活动周”等为契机，举办形式多样的科普宣传活动；标本馆于2017年被中国海洋学会评为“全国海洋科普教育基地”；作为广州市科普教育基地，标本馆自2014年开始与广州市科协合作，参与承办了以畅游科学知识殿堂，提升科学文化素质为主题的“广州科普游自由行”和“科普一日游”活动，同时向公众免费开放科普基地，每年科普受众累计超过1万人次。

Marine Biodiversity Collections of South China Sea, CAS

Marine Biodiversity Collections of South China Sea (MBCSCS), *Chinese Academy of Sciences* (CAS) was founded in 1979. The construction area of TMBC building is 2,200 square meters, of which 1,500 square meters are specimen library, and 700 square meters are exhibition hall. It is a large-scale specimen hall with

▲ 展厅

great variety of tropical marine species.

The MBCSCS is mainly focus on marine life in the South China Sea and the Indo-Western Pacific waters, contains more than 226,000 tropical and subtropical marine biological specimens with a wide species range of the seaweed, invertebrates, fish, reptiles, and large marine mammals. The main groups of our collections are including marine algae, seagrass, marine invertebrates, marine fish, reptiles, and large cetacean specimens, for over 5,700 species. The collection is rich in biological specimens from coral reefs, seagrass beds, mangroves, and other ecosystems in the tropical and subtropical regions, especially reef building stone corals, reef fish and other reef organisms and intertidal organisms, which highlights the characteristics and advantages of our collecting specimens from the hot spots area of tropical marine biodiversity, the South China Sea. In addition, preserved specimens of national protected animals of China, such as Chinese white dolphin, sea turtle, hawksbill, giant clam, etc., as well as specimen of rare species such as Chinese horseshoe crab and marine reptile sea snake etc. Most of the rare gorgonians and Philippine marine seashell specimens donated by organizations or individuals from other countries are the first collection record in China. The collection of marine biological specimens from the South China Sea and the Indian-Pacific Ocean has promoted the marine ecological research in the South China Sea and the surrounding waters, which plays significance role in the long-term environmental protection and national sovereignty of the South China Sea and neighboring oceans. These specimens are not only providing support to tropical marine biodiversity-related research, but are also providing scientific basis for the understanding of biological resources in the South China Sea.

The MBCSCS research team is a group with 6 researchers now, mainly engaged in taxonomy and phylogenetic research of marine organisms such as marine plankton, mollusks and marine fish. Based on the collection of specimens in MBCSCS, discovery of 39 new species were published in recent years.

MBCSCS is an important public education base for marine sciences in Southern China. Various kinds of science popularization activities have been held during the open days. We have been nominated as the “National Marine Science Popularization Education Base” by the Chinese Society for Oceanography in 2017. Guangzhou Public Education Day and the Sciences Tour free Line sponsored by Guangzhou Association of science and technology, held on Sunday in the middle of each month. As the Guangzhou Science Popularization Education Base, we host the “Guangzhou Popular science independent travel of the marine science public education station” activity with the theme of “Changing the Temple of Scientific Knowledge and Improving the Quality of Science and Culture” since 2014, and the visitors exceed 10,000 each year.

联系方式

地址： 中国科学研究院南海海洋研究所，广东省广州市海珠区新港西路 164 号
电话： 020-89033198

Address： 164 West Xingang Road, Guangzhou, P. R. China
Tel.： 020-89023198

十七、中国科学院成都生物研究所两栖爬行动物标本馆

中国科学院成都生物研究所两栖爬行动物标本馆包括标本库、模式标本库、两栖爬行动物科普馆等部分，总面积约3700 m^2，是我国唯一以两栖爬行动物冠名的标本馆。标本馆最初为1965年成立的两栖爬行动物研究室的标本室（组），其最早的标本收藏历史可追溯到1938年刘承钊院士在华西协和大学建立的两栖爬行动物研究组。标本馆于2008年完成改造并通过验收，科普馆也正式开馆。

标本馆自建立以来，就以为国内外广大的科学工作者、国家有关部门、政府相关机构、社会大众等提供科学的、专业的标本查询、标本鉴定、物种分类、动物进化、动物地理、生物多样性保护等各项需求服务为己任，为国内外同行、国家有关部门、社会大众等提供了各项优质的专业的科学服务，起到了国家不可或缺的两栖爬行动物研究平台的作用，获得了国内外同行和国家有关部委的肯定和高度赞誉。

标本馆还开展了大量的科学研究，其研究重点是系统分类与系统演化、动物地理、物

▲ 标本馆外景

▲ 扬子鳄标本

种形成与分化等重要的科学热点问题，这些科学研究为进一步提高标本馆的服务功能起到了关键性的支撑作用。自建馆以来，以标本馆为依托发表的科研论文5000余篇，出版专著近百部，这些成果建立了我国两栖爬行动物的分类体系，促进了我国两栖爬行动物的科学研究。其中，“中国两栖动物系统学研究”获2014年度国家自然科学奖二等奖。

目前标本馆馆藏标本11万余号，包括物种850余种，其中两栖类430余种、爬行类420余种，占我国已知两栖爬行类物种数量85%以上。标本采集地覆盖我国全部省、自治区、直辖市和特别行政区。此外，馆藏标本中还有来自国外的标本50余种400余号，包括美国、俄罗斯、菲律宾、老挝、马来西亚、缅甸、越南、泰国、南非、巴西、土库曼斯坦、乌兹别克斯坦、吉尔吉斯斯坦、伊朗等国。标本的种类和数量居同领域全国第一位、亚洲第二位。

标本馆历任馆长（1998年之前为两栖爬行动物研究室主任）为胡淑琴研究员、赵尔宓院士、费梁研究员和王跃招研究员，现任馆长为李家堂研究员。

科普馆是标本馆的对外展览馆，面积660 m^2，于2008年正式开馆。固定开放时间为每周六下午2点30分—5点（法定节假日除外）和每年的科普月、科普周等，参观免费，年接待量约3000人次。

科普馆场馆主体分为3个楼层，一层为两栖动物主题馆：重点揭示脊椎动物“从水到陆”

的进化历程和两栖动物的相关知识；二层为爬行动物主题馆：重点介绍脊椎动物“成功登陆”的进化意义和爬行动物的相关知识；三层为人与动物主题馆：重点介绍人类文化、经济活动与两栖爬行动物的关系及两栖爬行动物所面临的威胁。科普馆内陈列有珍稀的两栖爬行动物标本和模型、精美的图片和展板、珍贵的书籍等实物展品，全面展示了两栖爬行动物的形态结构、功能特征及生态学和行为学特征等，以及两栖爬行动物学研究历程。馆内还有多媒体放映和报告厅，可开展科普讲座，普及两栖爬行动物学知识及保护宣传等内容。

科普馆以传播科学知识、启迪大众智慧，弘扬科学精神为目标，通过展示两栖爬行动物学相关知识，增进人们对这些动物的了解，促使大家关心它们的生存现状，呼吁参观者自发自觉地保护它们，维护身边的自然环境，推进我国生态文明建设进程。

Herpetological Museum, Chengdu Institute of Biology, CAS

The Herpetological Museum of the Chengdu Institute of Biology, CAS, is composed of the Specimen Storeroom, Type Specimen Storeroom, and Herpetological Exhibition etc., with a total area of 3,700 square meter. The Herpetological Museum (abbreviated as the museum below) was officially established in 1965, but the earliest history can be traced back to the Herpetological Research Group established by Dr. LIU Cheng-Chao in West China Union University in 1938. It is the unique museum for herpetology in China. In 2008, the museum completed reconstruction and expanding, the Herpetological Exhibition (abbreviated to exhibition below) was also opened to the public officially.

Since its establishment, the museum has offered capable services in specimen index, specimen identification, taxonomy, evolutionary biology, biogeography, and biodiversity conservation, etc. These services provide scientific assistance to native and international researchers, relevant governmental departments, and the public. The museum is also a responsible platform for the herpetological research in the country, honored domestically and internationally by researchers and relevant departments.

The museum has also established a considerable amount of research, focused on systematics, phylogenetic, biogeography, speciation, and other essential scientific hot spots. These research had critically improved and supported the service abilities of the museum. Since its establishment, more than 5,000 research papers and near 100 monographs were published based on the herpetological collections, which helped built the framework and system of taxonomic research, along with the general view of Chinese herpetology. Among them, “The systematic study on amphibians of China” won the second prize of National Natural Science Prize in 2014.

Currently, the Herpetological Museum of the Chengdu Institute of Biology holds more than 850 species, including more than 430 amphibians and 420 reptiles, with more than 110,000 specimen collections, accounting for more than 85% of the known reptile and amphibian species in China. These specimens were collected from all provinces, autonomous regions, municipalities, and special administrative regions of China. In addition, there are about 400 specimens representing more than 50 species collected from other countries, including the United States of America, Russia, Philippine, Laos, Malaysia, Myanmar, Vietnam, Thailand, Republic of South Africa, Brazil, Turkmenistan, Uzbekistan, Kyrgyzstan, Iran, etc. The species and quantity of specimens lists the first in China and second in Asia in the field.

The previous curators (directors of Herpetological Research Group before 1998) of the museum were Prof. HU Shuqin, Prof. ZHAO Ermi, Prof. FEI Liang, and Prof. WANG Yuezhao. The current curator is Prof. LI Jiatang.

The exhibition hall is the demonstrational department of the museum to the public. The constant opening time is from 2:30 pm to 5:00 pm every Saturday (except legal holidays) and on annual popular science

▲ 标本陈列

▲ 科普活动

month/week. This department is free of charge for visitors, the approximate reception volume is 3,000 people annually.

Rare specimens, models, fine images, presentation boards, published books, and other physical exhibits are exhibited, comprehensively demonstrates the morphology, characteristics, ecology, and behaviors of reptiles and amphibians, as well as the history of herpetology. The department takes the popularization of scientific knowledge, inspiration to the public, and promote the scientific virtue as our duty. We inspire the public understanding of these taxa as well as promotes the public concerns about the survival status of these taxa, also mobilizing the public attention of the general environmental conservation while drives the ecological friendly constitution of the country.

联系方式

地址：四川省成都市武侯区人民南路四段 9 号
邮编：610041
联系电话：028 82890788

Address: No.9 Section 4, Renmin Nan Road, Chengdu, Sichuan, P.R. China
Zip Code：610041
Tel.：+86 28 82890788

十八、中国科学院西北高原生物研究所青藏高原生物标本馆

中国科学院西北高原生物研究所青藏高原生物标本馆作为目前收藏、保存青藏高原这一特殊区域的生物标本数量最多、种类最全、馆藏最丰富的标本馆，其独有的青藏高原特色，在全国乃至世界范围内都是无可替代的。

青藏高原生物标本馆的前身始建于1962年。1999年中国科学院西北高原生物研究所将原动物研究室和植物研究室组建为现在的青藏高原生物标本馆。现标本库总面积2550 m^2，其中动、植物部分各为1125 m^2，科普展厅300 m^2，复份标本库1间约150 m^2，并配有动物标本制作室、植物标本制作室、植物标本鉴定室、标本数字化工作室、网络机房等功能室。

青藏高原生物标本馆主要收藏青藏高原生物标本，还有来自四川、云南、甘肃、新疆、陕西等省区的。近60年来，经过老、中、青几代科学家的不懈努力，其生物标本收藏量已达55万份。其中植物标本（蕨类植物、裸子植物、被子植物）34万份，复份标本4万份；动物标本16.25万号，包括昆虫11万号，兽类0.7万号，鸟类1万号，两栖爬行类约0.85万

▲ 标本馆外景

▲ 科普展厅

号，鱼类2.7万号。在馆藏特色上，除了大量具有青藏高原特色的普通标本外，本标本馆还收藏了许多珍稀、濒危、特有甚至已近灭绝的物种的标本及300余个生物学新分类群的模式标本，其价值是无法衡量的，从而奠定了该馆在国内外独具特色的地位和不可替代性。

有很多标本采集者和研究者为馆藏标本做出了很大的贡献。

通过对馆藏标本的研究，西北高原生物研究所培养了一支由生物区系分类起家，并向生态学、资源生物学、分子生物学、生物化学、生物多样性等多学科交叉、渗透，总体水平较高的研究队伍，为青藏高原乃至全国的生物学教学、科研和生产做出了重要贡献。近60年来，我所的研究人员参加了全国生物“三志”及“泛喜马拉雅植物志”的编研，并相继编著了《世界蝗虫及其近缘种类分布目录》、*A Worldwide Monograph of Gentiana*、*A Worldwide Monograph of Swertia and Its Allies*、《青藏高原的蝗虫》、《青藏高原的鱼类》、《青海经济动物志》、《青藏高原药物图鉴》、《藏药志》、《青海经济植物志》、《青海植物志》、《青海植物名录》、《青海植物检索表》、《青藏高原维管植物及其生态地理分布》、《喀喇昆仑山和昆仑山地区植物》、《喀喇昆仑和昆仑山的禾本科植物》、《喀喇昆仑山和昆仑山地区植物名录》、《青海植被》、《昆仑植物志》、《西藏植物志》、《西藏哺乳类》、《西藏鸟类》等多部学术专著；前后共发表新分类群300余个，并有一些重要类群的研究处于国内外领先水平。

从建馆至今，每年都有众多国内外学者来标本馆进行研究工作。同时，国外许多大的标本馆、博物馆也都与本馆有着标本借阅、交换等业务联系。在增加馆藏量的同时也提高了该馆在世界范围内的知名度和在世界生物标本馆中的地位。

作为科学普及和爱国主义教育的基地，青藏高原生物标本馆也同样发挥了它应有的作用。多年来，该馆以“青藏高原生物多样性”为主题的科普展厅陈列了300余份青藏高原特有的珍稀、濒危和被列为国家保护范围的动植物形态标本，一直面向社会各界，特别是中小学生免费开放，并配有专业人员负责讲解，介绍青藏高原部分特有动植物的知识，宣传生态及生物多样性保护知识，为民众解答生活中的生物学疑惑。一些珍贵标本还被借展到北京等地的大型展览会。科普展厅每年平均接待3000余人次，最多的一年有13600多人次。标本馆发挥中科院单位科研和科普相结合的优势，结合科研进展，每年开展“中国科学院公众科学日”“中国科学院科学节”“全国科技周”“全国科普日”等大型系列科普宣传活动，开展具有特色的科普讲座，开展以中学生为主体的科学探究活动和以小学生为主体的自然体验和自然笔记等实践课程，开展学生野外生态调查报告评选活动，对环境教育和科学传播起到示范和带动的作用。标本馆的科研人员撰写的科普读物，受到了中国科协的肯定和广大读者的好评。标本馆现已同时成为中国科协、中国科学院、共青团中央、全国少工委、青海省和西宁市命名的各类科普教育基地、科研科普基地、

▲ 动物皮张库

爱国主义教育基地。对宣传中国科学院，传播青藏高原的生物学知识和生物多样性保护起到了很好的作用。

目前，标本馆正在进行所有馆藏标本的数据库录入工作，部分动植物标本信息已经可在国家标本资源共享平台“国家动物标本资源库”“中国数字植物标本馆”等网站查询，可查询该馆动物标本记录5.65万号、标本照片15.75万张，植物标本记录23万余份、标本照片13万多张。

Qinghai-Tibet Plateau Museum of Biology, Northwest Institute of Plateau Biology, CAS

The Qinghai-Tibet Plateau Museum of Biology (QTPMB) was founded in 1962 with more than 550,000 specimens (380,000 plant and 162,500 animal specimens of more than 300 types). Most of the specimens were collected from Qinghai, Tibet, Xinjiang, Gansu, western Sichuan and northwestern Yunnan by the scientists of Northwest Institute of Plateau Biology, CAS. The QTPMB is famous for its abundance of species endemic to Qinghai-Tibet Plateau. Other than regular specimens, rare, endangered, almost extinct species specimens and over 300 holotypes are also included in the collections.

There are many collectors and researchers contributed to the QTPMB collections.Because of its richest collections from Qinghai-Tibet Plateau, QTPMB is also the biggest database of Qinghai-Tibet Plateau Biology. Most of the plant species of Qinghai-Tibet Plateau are endemic to the region, many of them are medicinal plants.

Biologists of the QTPMB have been working on the flora and medicinal plants of the region for near 60 years, and have published many monographs, e. g. *The Medicinal Illustration of Qinghai-Tibet Plateau (vol. 1-3).*, *Flora of the Economical Plants of Qinghai.*, *Flora Reipublicae Popularis Sinicae [Vol. 62, 34(2), 77(2), 9(2), 9(3), 59(1), 26].*, *Flora of Tibet (Vol. 1-5).*, *The Grasses of Karakorum and Kunlun Mountains (in English).*, *Index Florae Qinghaiensis.*, *Flora of Qinghaiica (Vol. 1-4).*, *Flora of Xining.*, *Flora of Tibetan Medicine.*, *Flora Kunlunica.*, *The Vegetation of Qinghai*, *A Worldwide Monograph of Gentiana.*, *A Worldwide Monograph of Swertia and Its Allies.*, *The Locusts Qinghai-Tibet Plateau.*, *The Fauna of Economical Animals of Qinghai.*, *The Fishes of the Qinghai-Tibet Plateau.*, *A Synonymic Catalogue of Grasshoppers and Their Allies of the World.*, *The Vascular Plant and Its Eco-Geographical Distribution from the Qinghai-Tibet Plateau.*, etc.

Every year, lots of scientists and researchers from both local and overseas come to visit the QTPMB. Furthermore, many students from primary and middle schools in Xining, Hong Kong, Macao and Taiwan also visit the museum yearly.

Staffs of the QTPMB have taken a lot of slides and pictures of plateau and alpine plants from Qinghai-Tibet Plateau. Since 1991, the research team of the institute exchanged about 6,000 specimens with the botanical gardens, museums, and universities abroad, and have established cooperation relationships with other organizations interested in the Qinghai-Tibet Plateau.

联系方式
地址： 青海省西宁市新宁路23号
电话： 0971-6110067
邮箱： herbarium@nwipb.cas.cn

Address: Northwest Institute of Plateau Biology, the CAS 23 Xinning Road, Xining, Qinghai
Tel.: +86 971 6110067
E-mail: herbarium@nwipb.cas.cn

十九、中国科学院新疆生态与地理研究所标本馆

中国科学院新疆生态与地理研究所标本馆（国际代码XJBI）是一个具有内陆荒漠干旱区域特色、涉及生物学和地理学两大学科，在干旱区生物分类、区系和资源研究领域具有影响的权威学术机构之一。自成立至今已有近60年的历史，馆藏生物标本20万余份，为合理开发利用新疆特色资源，以及珍稀濒危生物的保护生物学研究，提供了极为重要的基础信息和科学依据，是我国西北地区馆藏标本种类、数量最多的综合性标本馆之一，在国际、国内均具有典型的区域代表性。

中国科学院新疆生态与地理研究所标本馆也是集标本保藏、分类学研究和科学普及为一体的多功能科学博物馆。2020年在原标本馆的基础上进行了提升扩建，建设成为具有中国干旱区荒漠特色的新疆自然博物馆。场馆分为独特气候、巍峨山地、潋滟水系、浩瀚荒漠、多彩土壤、缤纷绿洲、数字空间、殷阜矿产、绿色生命、自然精灵共10个主题展示部分，350余块版面，展示植物、动物（含哺乳、爬行、两栖、鸟类、昆虫等）、微生物、土壤、矿产等各类标本3500余份。同时采用球幕投影等互动方式，多角度全面介绍新疆自然

▲ 标本馆外景

▲ 标本馆内景

地理、生态及生物学相关科学知识。

随着新疆自然博物馆的落成，围绕这些自然科学知识的展示，新疆自然博物馆将大力开展各类科学教育和科学普及活动，全面深入推进研学旅行、科学课程等，期待以全新的面貌，为公众展示不一样的科学空间。

The Museum of Xinjiang, Institute of Ecology and Geography, CAS

The Museum of Xinjiang, Institute of Ecology and Geography (international code: XJBI) is a multi-functional scientific research and specimen preservation museum, with the features of inland deserts and arid areas. Its fundamental research focus on two main disciplines, ecology and geography; as one of the top academic institution in arid region, classification of biome and resources research programs in XJBI have high impact globally.

The XJBI became a popular science educational base for 60 years since its establishment. The museum have a collection of over 200,000 specimens, providing important scientific supports for rationally exploiting, utilizing the special resources in Xinjiang, and carrying out the biological research on the conservation of rare and endangered species. As one of the largest comprehensive specimen museums in China, most type and quantity of specimen collections are from the northwest China, which is regionally typical in the field both domestic and international.

The Museum of Xinjiang, Institute of Ecology and Geography opened publicly in December 2020, after reconstruction and extension to the Xinjiang Natural Museum, a popular science venues covering a complete inland desert and arid area theme. The exhibition hall houses an area of 28,000 square feet, divided into ten unique exhibition sections themed on Exotic climate, Lofty mountains, Wavy rivers, Vast deserts, Painted soils, Colorful oasis, Cyber space, Abundant minerals, Green life, and Natural spirits. More than 350 presentation board showing over 3,500 specimens, including plants, animals (Mammals, Reptiles, Amphibians, Birds, Insects, etc.), microorganism, soil and minerals. Apart from the board, interactive methods such as spherical projection exhibition are used to comprehensively introduce related scientific knowledge of physical geography, ecology and biology in Xinjiang from multiple aspects.

With the completion of the Xinjiang Natural Museum, various science education and popularization activities based on the exhibition of natural science knowledge will be carrying out vigorously. With promoting research trips, science courses and et al., the institute will provide a fresh scientific space for the public from different aspects.

▲ 鸟类标本

联系方式

地址： 新疆乌鲁木齐市北京南路 818 号
电话： 0991-7885486

Address： 818 South Beijing Road, Urumqi, Xinjiang, China
Tel.： +86 0991-7885482

二十、中国科学院水生生物研究所水生生物博物馆

水生生物博物馆的前身是1930年成立于南京的中央研究院自然历史博物馆。1934年自然历史博物馆更名为中央研究院动植物研究所。抗战期间，动植物研究所先后迁至湖南南岳、广西阳朔，最后转移到重庆北碚。抗战胜利以后，该研究所迁到上海。1950年，该研究所在上海改组为中国科学院水生生物研究所。1954年，迁至武汉，原标本室发展为淡水鱼类标本馆。2005年，以淡水鱼类标本馆为主体，整合其他收藏标本构成了水生生物博物馆。

目前，水生生物博物馆有库房1500 m^2，收藏有40万号标本，包括我国淡水鱼类标本1000余种30余万号；鱼类模式标本260种；产自国外34个国家和地区的鱼类标本600余种；藻类标本2万多号；以及部分水生无脊椎动物标本。本博物馆的鱼类收藏中，最具特色的是鲤形目和鲤科的标本最为完整，反映了东亚鱼类区系的特点，具有广泛的国际影响力。由于独具特色的收藏和高水平的研究，本博物馆已成为亚洲淡水鱼类多样性研究的中心。

▲ 水生生物博物馆外景

水生生物博物馆展厅面积1000 m^2，展示有白鲟、白鱀豚等灭绝物种；中华鲟、扬子鳄、长江江豚、胭脂鱼等国家重点保护野生动物；被誉为活化石的矛尾鱼标本；此外还设置了一些主题展示，包括馆藏特色标本展示、动物进化展示、长江中下游湿地模型展示、高原湖泊鱼类展示、洞穴鱼类展示、长江鱼类展示、长江珍稀特有鱼类展示、模式标本展示、四大家鱼展示、常见水生经济生物展示、最新研究成果展示、照片墙展示等等。

本博物馆通过图片、视频和文字等方式，展示了藻类、水生植物、水生无脊椎动物、鲸类等水生生物类群。博物馆还展示了部分鱼类和水生生物方面的最新研究成果，如鱼类养殖新品种“中科三号”、“全雄黄颡鱼”和转基因黄河鲤（冠鲤）等。

水生生物博物馆也肩负有科普教育的重任，设有科普课堂，不定期讲座，网上博物馆，博物馆还开通了展厅现场Wi-Fi，推出了微信公众号和展品二维码。现场通过扫码，可进一步了解展品信息。此外，博物馆还开发了手机App，并开通了网站。

水生生物博物馆已整体纳入由科技部和财政部支持建立的国家科技资源共享服务平台——国家动物博物馆，成为“国家动物标本资源库水生生物标本资源分库”。下一步，博物馆将持续增加标本收藏，实现馆藏标本数据化，成为一流的国家水生生物标本资源平台。

▲ 白鱀豚标本

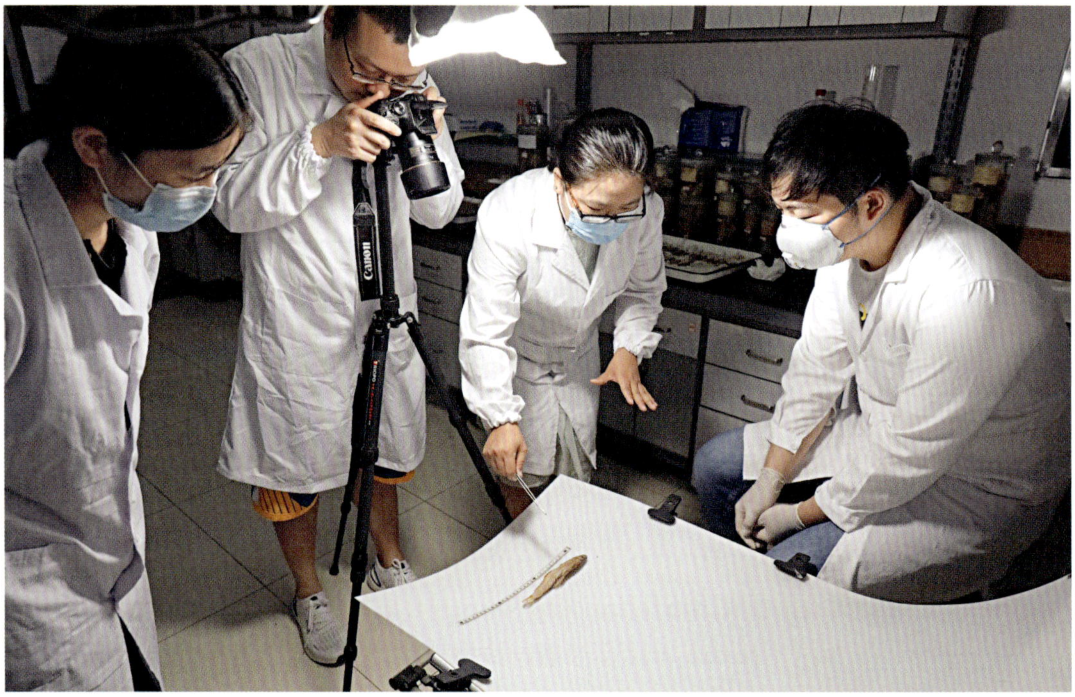

▲ 标本数字化工作

Museum of Hydrobiological Sciences, Institute of Hydrobiology, CAS

The predecessor of the Museum of Hydrobiological Sciences (MHBS) was the Natural Historical Museum, *Academia Sinica* which established in Nanjing in 1930. The museum was renamed as the Institute of Zoology and Botany, *Academia Sinica* in 1934. During the Second World War, due to the invasion of Japanese Empire, the institute was moved to Nanyue in Hunan Province; then to Yangshuo in Guangxi Province; and finally, to Beibei District of Chongqing City. After the war, the museum was moved to Shanghai and reorganized as the Institute of Hydrobiology (IHB) of the Chinese Academy of Sciences (CAS) in 1950. In 1954, the institute moved to Wuhan. The original specimen storage was developed into a freshwater fish museum. In the year 2005, the MHBS was officially constituted through combining the hall with other specimen collections.

At present, MHBS houses 1,500 square meters areas of storerooms, collects 400,000 specimens including more than 300,000 specimens of over 1,000 Chinese freshwater fish species; 260 holotypes of fishes; more than 600 species of fishes from 34 foreign countries/regions; over 20,000 algae specimens and a certain amount of aquatic invertebrate specimens. Of all fish collections, the most distinctive and complete series are Cypriniformes and Cyprinidae, which reflect the characteristics of the fish fauna in East Asia, and have extensive influences worldwide. Due to the unique collections and high-level research programs, MHBS has become the core center of Asian freshwater fish diversity research.

MHBS houses an exhibition hall over 10,000 square feet, with the exhibition of extinct species including the Chinese paddlefish (*Psephurus gladius*) and Baiji (*Lipotes vexillifer*); endangered and protected species of China, such as the Chinese sturgeon (*Acipenser sinensis*), the Chinese alligator (*Alligator sinensis*), the Yangtze finless porpoise (*Neophocaena asiaeorientalis asiaeorientalis*), the Chinese sucker (*Myxocyprinus asiaticu*), etc.; and the so-called "living fossil", coelacanth (*Latimeria chalumnae*). Additionally, theme exhibition are also hold in the hall, such as 7 special specimens, Evolution of animals, The Yangtze wetland, Tibet Plateau fishes, Cave fishes, The diversity of Yangtze River fishes, Rare and endemic fishes of the Yangtze River, Holotype specimens, Four major

▲ 标本馆内景

Chinese carps, Common aquatic economic organism, Recent research findings, and Old photos of IHB, etc.

Other groups of aquatic organisms, such as algae, aquatic plants, aquatic invertebrates and cetaceans, are exhibited by using multi-media approaches including video clips, photographs and in text. In addition, MHBS also exhibits recent findings on fish and aquaculture research, such as Allogynogenetic gibel carp, all-male *Pelteobagrus fulvidraco*, and transgenic common carp, etc.

MHBS also holds the important responsibilities of public popular science education. In particular, MHBS established a popular science classroom, held lectures occasionally and developed an online museum. To better enhance the link between museum and the publics, MHBS setup open WiFi for visitors, helping them to gain more knowledge about exhibits by scanning corresponded two-dimensional barcodes. The museum also developed smartphone APPs and official website for presenting more information.

Now the Museum of Aquatic Biology has been fully integrated into the National Animal Museum system, a national science and technology resource sharing service platform supported by the Ministry of Science and Technology and the Ministry of Finance, as the "Aquatic Organisms Collection Resource Subcenter affiliated to National Animal Collection Resource Center". In the next step, MHBS will continue to increase the collection of specimens, complete specimen digitization, and become the first-class national aquatic specimen resources platform.

联系方式

地址： 湖北省武汉市武昌区东湖南路 7 号
电话： 027-68780985, 027-68780029
网址： http:// mhbs.ihb.ac.cn/

Address: Museum Building, Institute of Hydrobiology, Chinese Academy of Sciences, No. 7 Donghu South Road, Wuchang, Wuhan, Hubei, China
Tel.: +86-27-68780985, +86-27-68780029
Official Website of MHBS: http:// mhbs.ihb.ac.cn/

图书在版编目（CIP）数据

中国科学院生物标本馆精品集萃 / 科学传播局标本馆科普网络委员会编 . -- 北京 : 北京出版社，2022.3
ISBN 978-7-200-15259-3

Ⅰ. ①中… Ⅱ. ①科… Ⅲ. ①生物—标本—中国—图集 Ⅳ. ①Q-34

中国版本图书馆 CIP 数据核字(2019) 第 301781 号

策　　划：刘　可
项目负责：刘　可　王　斐
责任编辑：王　屏　王　斐　杨晓瑞
责任印制：武绽蕾　杨晓瑞　燕雨萌
责任校对：韩　莹
装帧设计：魏建欣
排　　版：品欣工作室

中国科学院生物标本馆精品集萃

ZHONGGUO KEXUEYUAN SHENGWU BIAOBENGUAN JINGPIN JICUI

科学传播局标本馆科普网络委员会　编

出　　版　北京出版集团
　　　　　北 京 出 版 社
地　　址　北京北三环中路 6 号
邮　　编　100120
网　　址　www.bph.com.cn
总 发 行　北京出版集团
经　　销　新华书店
印　　刷　北京华联印刷有限公司
版　　次　2022 年 3 月第 1 版
印　　次　2022 年 3 月第 1 次印刷
成品尺寸　210 毫米 ×285 毫米
印　　张　22
字　　数　550 千字
书　　号　ISBN 978-7-200-15259-3
定　　价　398.00 元
如有印装质量问题，由本社负责调换
质量监督电话　010－58572393
责任编辑电话　010－58572568